本教材第 1 版曾获首届全国教材建设奖
全国优秀教材二等奖

计算机应用基础

JISUANJI YINGYONG JICHU

第 2 版

郑纬民　主编

国家开放大学出版社·北京

图书在版编目（CIP）数据

计算机应用基础 / 郑纬民主编 . -- 北京：国家开放大学出版社，2022.1（2023.11重印）

ISBN 978 - 7 - 304 - 11204 - 2

Ⅰ.①计…　Ⅱ.①郑…　Ⅲ.①电子计算机 - 开放教育 - 教材　Ⅳ.①TP3

中国版本图书馆 CIP 数据核字（2021）第 271916 号

计算机应用基础（第 2 版）

JISUANJI YINGYONG JICHU

郑纬民　主编

出版·发行：国家开放大学出版社

电话：营销中心 010 - 68180820　　　　　总编室 010 - 68182524

网址：http://www.crtvup.com.cn

地址：北京市海淀区西四环中路 45 号　　　邮编：100039

经销：新华书店北京发行所

策划编辑：白　娜		版式设计：何智杰	
责任编辑：白　娜		责任校对：冯　欢	
责任印制：武　鹏　马　严			

印刷：天津嘉恒印务有限公司

版本：2022 年 1 月第 1 版　　　　　　　2023 年 11 月第 5 次印刷

开本：787mm × 1092mm　1/16　插页：8 页　印张：19.5　　字数：457 千字

书号：ISBN 978 - 7 - 304 - 11204 - 2

定价：39.00 元

前　言

从 20 世纪末开始，人类世界逐步进入信息化社会。支持信息化社会基础的微电子技术、计算机技术、通信技术和多媒体技术等，正以前所未有的速度向前发展，特别是以计算机技术与通信技术结合并发展起来的计算机网络技术、计算机技术与电视技术结合并发展起来的多媒体技术正在改变着人们的工作、学习和生活方式。

"计算机应用基础"是专门为国家开放大学学生设置的一门公共基础课程。通过该课程的学习，学生可以掌握计算机基础知识、Windows 操作系统及其应用、计算机网络基础、Office 办公软件以及信息安全与网络道德等内容。

"计算机应用基础"是向学生传授计算机基础知识和培养学生计算机应用能力的入门课程。其内容着重计算机的基础知识、基本概念和基本操作技能，并兼顾实用软件的使用和计算机应用领域的前沿知识。该课程内容的设置不仅考虑了计算机的基础知识和基本概念，更注重计算机实用技术的应用。

随着现代教育技术和远距离教育技术的发展，特别是由于教学主体正在由以教师为中心向以学生为中心的转变，以自主化、个别化学习为主，辅以一种或多种媒体完成学习内容的需要，"计算机应用基础"课程的教学方法与教学媒体的使用就必须紧密配合，并采取适当的教学策略，最终达到学生掌握基础知识和培养学生的应用能力的教学目标。

本教材由清华大学郑纬民教授主编。其中，第 1 章由郑纬民编写，第 2、3、4、7 章由刘小星编写，第 5 章由王娇编写，第 6 章由袁薇编写。刘小星受主编委托，负责全书统稿。

本教材在编写过程中得到了中国石油大学（北京）陈明教授和北方工业大学吴富锁副教授的大力支持和指导。本教材主要为国家开放大学各专业学生编写，亦可作为各类成人高等院校学生和准备参加社会举办的各种水平、等级考试的个人自学使用。

与本教材配合的教学媒体有录像教材、自测课件和网络课程等。

由于作者的写作和知识水平有限，书中难免存在不妥之处，敬请读者批评和指正，以便再版时修正。

编　者

2021 年 7 月

课程说明

本教材的教学内容包括：计算机基础知识、Windows 10 操作系统及其应用、计算机网络应用基础、Word 2016 文字处理系统、Excel 2016 电子表格系统、PowerPoint 2016 电子演示文稿系统和计算机安全共 7 个知识模块。

每个知识模块包括学习内容、学习目标、学习时间安排、本章练习、考核要点。其目的是：

- 在缺少教师的情况下，学生也可以完成学习任务。

- 使学生在学习过程中及时了解自己每一步对知识的理解和运用情况，增强学习的兴趣和信心，发现学习中的不足之处，确定下一步的学习内容和方法，将枯燥无味的习题融入具有一定趣味的自测过程之中。

- 本课程采取无纸化上机考试，自测课件中的学习效果测试题形式与无纸化考试相近，从而为学生适应无纸化考试方式打下基础。

本教材中使用了一些导学图标，用于指导学生的学习活动。

图标	说明
ⅲ	阅读和预习学习内容
⌁	相关的重要提示
✎	本章练习
💻	上机完成实验
⊙	使用自测课件检查学习和掌握情况

✉ 北京市海淀区复兴路 75 号（100039）国家开放大学理工教学部计算机学院

⛓ http://www.ouchn.cn

📧 Xiaoxing@ouchn.edu.cn

CONTENTS 目 录

第 1 章 计算机基础知识

第 2 章 Windows 10 操作系统及其应用

第 3 章 计算机网络应用基础

第 4 章　Word 2016 文字处理系统

第 5 章　Excel 2016 电子表格系统

第 6 章　PowerPoint 2016 电子演示文稿系统

第 7 章　计算机安全

第1章 计算机基础知识

▌▌学习内容

1. 计算机的发展过程、分类、应用范围及特点
2. 信息的基本概念
3. 计算机系统的基本组成
4. 计算机硬件系统和软件系统
5. 数值在计算机中的表示方式
6. 数制转换和字符编码
7. 微型计算机的基本组成
8. 常用外部设备
9. 微型计算机的主要性能指标
10. 多媒体计算机概述
11. 多媒体应用工具
12. 多媒体信息处理工具
13. 新技术的应用

✪ 学习目标

1. 了解 计算机的发展与分类、计算机的主要用途、信息的基本概念；硬件系统的组成及各个部件的主要功能，指令、程序、软件的概念以及软件的分类；数值在计算机中的表示形式、数制转换、字符编码；CPU、内存、接口和总线的概念；多媒体计算机技术的概念及其在网络教育中的作用、多媒体计算机系统的基本构成；文件压缩和解压缩的基本知识、多媒体文件的类型和格式；大数据、物联网、人工智能、移动电子商务等新技术的应用。

2. 理解 计算机的主要特点；计算机系统的基本组成、计算机数据存储的基本概念；微处理器、微型计算机和微型计算机系统的概念；常用外部设备的性能指标；微型计算机的主要性能指标。

🔋 学习时间安排

视频课	实验	定期辅导	自习（包括作业）
1	0	1	4

1.1　计算机的基本概念

　　计算机是 20 世纪的重大科学技术成就之一，它有力地推动着现代工业、农业、国防和科学技术的迅猛发展，是人类生活中不可缺少的先进工具。

　　计算机问世以来，发展异常迅速，应用十分广泛，效果极为显著，从尖端科学领域到人类社会生活，到处都可以看到由计算机所带来的深刻变化和深远的影响。不少科学家认为：计算机的发明和应用，在人类文明史上像蒸汽机的发明一样，具有划时代的历史意义。

1.1.1　计算机的发展过程、分类、应用范围及特点

1. 电子数字计算机的基本概念

　　电子数字计算机是一种不需要人的干预，能够自动连续地、快速地、准确地完成数据存储、数值计算、数据处理和过程控制等多种功能的电子机器。电子逻辑器件是它的物质基础，其基本功能是进行数字化信息处理。人们常将电子数字计算机简称为计算机。又因为其工作方式与人的思维过程十分类似，亦被叫作"电脑"。

　　首先我们对这个定义做一些初步的解释。计算机是能够运算的设备，运算可以分为算术运算与逻辑运算两大类。算术运算的对象是数值型的数据，以四则运算为基础，实际中的许多复杂问题都可以通过相应的算法分解为若干四则运算。逻辑运算是用来解决逻辑型问题的，如判断分析、决策等。因此，通常逻辑运算泛称为对信息进行运算处理。

2. 计算机的发展过程

　　1946 年，在美国宾夕法尼亚大学，由莫克利（John Mauchly）和埃克特（J. P Eckert）领导的为导弹设计服务小组制成了 ENIAC（Electronic Numerical Integrator And Computer，电子数字积分计算机），这是世界上第一台由程序控制的电子数字计算机。它使用了 18 800 只电子管，1 500 多个继电器，耗电 150 kW，占地面积 150 m^2，重量达 30 t，每秒能完成 5 000 次加法运算。这就是第一代电子计算机，虽然它体积大、功耗大，但是它为发展电子计算机奠定了技术基础，如图 1.1 所示。电子计算机的发明和发展对科学技术、生产以及社会生活的发展起了不可估量的促进作用。

图 1.1　ENIAC

（1）1946—1958 年是计算机发展的第一代。其特征是采用电子管作为计算机的逻辑元件；计算机体积庞大，可靠性差，输入/输出设备有限；数据表示主要是定点数；用机器语言或汇编语言编写程序。第一代计算机确立了计算机的基本结构——冯·诺依曼结构。

（2）1958—1964 年是计算机发展的第二代。其特征是用晶体管代替了电子管；用铁氧体磁芯和磁盘作为主存储器；在体积、重量和功耗方面都比电子管计算机小得多，并且运算速度进一步提高，主存容量进一步扩大。在软件方面有了很大发展，出现了 FORTRAN、CO-BOL、ALGOL 等高级语言以简化程序设计；计算机不仅用于科学计算，而且用于数据处理，并开始用于工业控制。这些都对计算机的普及和应用产生了深刻的影响。有代表性的计算机是 IBM 公司生产的 IBM – 7094 和 CDC 公司生产的 CDC 1604。

（3）1964—1970 年是计算机发展的第三代。其特征是集成电路（integrated circuit，IC）代替了分立元件，一般用的 IC 为小规模集成电路（门密度为 1 ~ 10 门/片）和中规模集成电路（门密度为 20 ~ 100 门/片）；用半导体存储器逐渐取代了铁氧体磁芯存储器；采用了微程序控制技术。在软件方面，操作系统日益成熟及其功能的日益强化是第三代计算机的显著特点；多处理机、虚拟存储器系统以及面向用户的应用软件的发展，大大丰富了计算机软件资源。为了充分利用已有的软件，解决软件兼容问题，系列化的计算机出现了。

（4）从 1971 年到现在是计算机发展的第四代。其特征是以大规模集成电路（large scale integrated circuit，LSI）（门密度为几百 ~ 几千门/片）或超大规模集成电路（very large scale integrated circuit，VLSI）为计算机主要功能部件；主存储器也采用集成度很高的半导体存储器。在软件方面，发展了数据库系统、分布式操作系统等。第四代计算机的另一个重要分支是以 LSI 为基础而发展起来的微处理器和微型计算机。

微型计算机体积小、功耗低、成本低，其性能价格比优于其他类型的计算机，因而得到广泛应用。微处理器和微型计算机的出现，使计算机技术以空前的速度渗透社会的各个领域，同时也深刻地影响着计算机技术本身的发展，32 位微型计算机的性能已达到 20 世纪 70 年代大中型计算机的水平。

20 世纪 80 年代以来，随着用户对计算机要求的提高，世界各先进国家正在加紧研制第五代计算机。新一代计算机的特征是什么？计算机科学界正在进行广泛深入的探讨和研究。一般认为新一代计算机不应仅是在原有结构的基础上进行器件的更新换代，而应该突破冯·诺依曼结构，应该是具有知识库管理功能的、高度并行的智能计算机。

3. 计算机的分类

电子计算机是一种通过电子线路对信息进行加工处理以实现其计算功能的机器，它按照不同的原则可以有多种分类方法。

第一种分类方法是按照信息在计算机内的表示形式是模拟还是数字量进行划分的，可以分为电子模拟计算机、电子数字计算机和混合计算机三大类。由于当今世界上的计算机绝大部分是电子数字计算机，通常说的计算机就是指电子数字计算机，所以这种分类方法实际意义不大。

　　第二种分类方法是根据计算机的大小、规模、性能等进行划分的，可以分为巨型、大型、中型、小型和微型计算机等。尽管长期以来这类名称一直在使用，但是这种称呼不确切。这是因为当今计算机技术发展很快，各类计算机间的界限模糊不清。几年前在大型机中使用的技术，今天可能已在微型机中实现，例如，Intel 80386 32 位微处理器就采用了 20 世纪 70 年代只有大型机才采用的技术，其性能已达到 20 世纪 70 年代大中型机的水平。现在的一台智能手机比以前的巨型机运算速度还要快。

　　第三种分类方法是按计算机的设计目的进行划分的，可以分为通用计算机和专用计算机。通用计算机是指用于解决各类问题的计算机。它既可以进行科学计算，又可以用于数据处理等。它是一种用途广泛、结构复杂的计算机系统。专用计算机是指主要为某种特定目的而设计的计算机，如用于工业控制、数控机床、银行存款的计算机。专用计算机针对性强、效率高，结构比通用计算机简单。

　　4. 计算机的应用范围

　　计算机的应用已经渗透我们今天工作、学习和生活的方方面面，计算机的主要应用范围包括以下几个方面：

　　（1）科学计算。科学计算是计算机最原始的应用领域。在科学技术和工程设计中，存在大量的各类数学计算问题，它的特点是数据量不是很大，但计算工作量很大、很复杂，如解几百个线性联立方程组、大型矩阵运算、高阶微分方程组等。如果没有计算机的快速性和精确性，其他计算工具是难以解决这方面问题的。

　　（2）数据处理。现在数据处理常用来泛指在计算机上加工那些非科技工程方面的计算、管理和操纵任何形式的数据资料。数据处理的应用领域十分广泛，如企业管理、情报检索、气象预报、飞机订票、防空预警等。据统计，目前在计算机应用中，数据处理所占的比重最大。数据处理的特点是要处理的原始数据量很大，而运算比较简单，有大量的逻辑运算与判断，其处理结果往往以表格或文件的形式存储或输出。

　　（3）过程控制。采用计算机对连续的工业生产过程进行控制，称为过程控制。电力、冶金、石油化工、机械等工业部门都采用过程控制，可以提高劳动效率、提高产品质量、降低生产成本、缩短生产周期。计算机在过程控制中的应用有：巡回检测、自动记录、统计报表、监视报警、自动启停等。计算机在过程控制中还可以直接与其他设备、仪器相连，对它们的工作进行控制和调节，使其保持最佳的工作状态。

　　（4）计算机辅助设计。计算机辅助设计（computer-aided design，CAD）是使用电子计算机帮助设计人员进行设计。使用 CAD 技术可以提高设计质量、缩短设计周期、提高设计自动化水平。CAD 技术已广泛应用于船舶设计、飞机制造、建筑工程设计、大规模集成电路版图设计、机械制造等行业。CAD 技术迅速发展，在其应用范围日益扩大的同时，也派生出许多新的技术分支，如计算机辅助制造（computer-aided manufacturing，CAM）、计算机辅助测试（computer-aided testing，CAT）、计算机辅助教学（computer-aided instruction，CAI）等。

　　（5）多媒体应用。多媒体计算机的主要特点是集成性和交互性，即集文字、声音、图像等信息于一体，并使信息交流双方能够通过计算机进行交互。多媒体技术的发展大大拓宽了计算机的应用领域，视频和音频信息的数字化，使得计算机逐步走向家庭、走向个人。多媒体技术为人和计算机之间提供了传递自然信息的途径，目前已被广泛应用于教育教学、演示、咨询、管理、出版、办公自动化和网络实时通信等各个方面。多媒体技术的发展和成熟，为人们的学习、工作和生活建立了新的方式，增添了新的风采。

（6）计算机网络。计算机网络就是把分布在不同地理区域的计算机与专门的外部设备用通信线路互联成一个规模大、功能强的系统，从而使众多的计算机可以方便地互相传递信息，共享硬件、软件、数据信息等资源。

（7）人工智能。人工智能（artificial intelligence，AI）是计算机理论科学研究的一个重要领域。人工智能是研究用计算机软硬件系统模拟人类某些智能行为，如感知、推理、学习、理解等理论和技术。其中最具代表性的两个领域是专家系统和机器人。典型应用有阿尔法围棋（AlphaGo）软件等。

······ 5. 计算机的特点 ······

计算机的主要特点如下：

（1）能自动连续地高速运算。由于计算机采用存储程序控制方式，一旦输入编制好的程序，启动计算机后，它就能自动地执行下去。能自动连续地高速运算是计算机最突出的特点，也是它和其他一切计算工具的本质区别。

（2）运算速度快。由于计算机是由高速电子器件组成的，因此它能以极高的速度工作，现在普通的微型计算机每秒可执行几万条指令甚至更多，由 Intel i9 – 7980 打造的巨型机每秒可执行数万亿条指令。随着新技术的开发，计算机的工作速度还在迅速提高。这不仅极大地提高了工作效率，还使许多复杂问题的运算处理有了实现的可能性。

（3）运算精度高。因为计算机采用二进制数表示数据，所以它的精度主要取决于数据表示的位数，一般称为机器字长。机器字长越长，其精度越高。多数计算机的字长为 8 位、16 位、32 位、64 位等。为了获得更高的计算精度，计算机还可以进行双倍字长、多倍字长的运算。

（4）具有记忆能力和逻辑判断能力。计算机的存储器具有存储、记忆大量信息的功能，并能进行快速存取。一般读取时间只需十分之几微秒，甚至百分之几微秒。计算机具有的记忆和高速存取能力是它能够自动高速运行的必要基础。而计算机采用二进制的两个数字（1、0）状态可以很方便地表示逻辑判断的真与假。

（5）通用性强。在计算机上解题时，对于不同的问题，只是执行的计算程序不同。因此，计算机的使用具有很大的灵活性和通用性，同一台计算机能解各式各样的问题，应用于不同的领域。

6. 新技术的应用

基于计算机网络应用的迅猛发展，给人们的生活和工作带来了更多的便利，除了传统的电子邮件、万维网（World Wide Web，WWW）、文件传送协议（file transfer protocol，FTP）、搜索引擎等外，移动互联网、云计算、物联网、大数据（big data）、人工智能和区块链（blockchain）等已成为新的发展方向，也被列入国家新兴战略性产业，以下对这些技术的应用进行简要介绍。

（1）移动互联网。移动互联网是将移动通信和互联网两者深度融合的一种发展模式。近几年，移动通信和互联网成为当今世界发展最快、市场潜力最大、前景最诱人的两大业务，它们的增长速度是任何预测家都未曾预料到的。

狭义的移动互联网，是指用户能够通过手机、个人数字助理（personal digital assistant，PDA）、平板电脑或其他手持终端设备通过通信网络接入互联网。广义的移动互联网，是指用户能够通过手机、掌上电脑、平板电脑或其他手持终端设备以无线的方式通过各种网络（WLAN、WiMAX、GPRS、CDMA 等）接入互联网。

（2）云计算。无论是正式还是非正式对云计算的描述都非常多，很难有一个统一的标准明确云计算所必须包含的实质。这里一个比较好的理解是按照美国国家标准与技术研究院（National Institute of Standards and Technology，NIST）定义的云计算。这是一种按使用量付费的计算资源提供模式。这种模式提供可用的、便捷的、按需的网络访问，进入可配置的计算资源共享池（资源包括网络、服务器、存储、应用软件、服务）。这些资源能够被快速提供，只须投入很少的管理工作，或与服务供应商进行很少的交互。

涉及云计算的相关问题有：如何理解按使用量付费，如何理解云计算的提供模式，如何理解云计算的架构。

① 云计算的核心技术。云计算最重要的核心技术包括对计算机进行虚拟化、对存储资源进行虚拟化、分布式文件系统、云编程环境和云计算的安全技术。

② 云计算的应用。云计算的应用非常广泛，其提供了从搜索引擎、电子商务到社会网络方方面面的功能。为了能够理解云计算的应用场景，可以将云计算的应用按照底层所需要的服务分为弹性计算云服务、云网络服务、云数据库和缓存服务、云存储服务等。

（3）物联网。物联网的英文名称是"internet of things"。按照字面意思理解，物联网是物品之间的联网关系，而不仅仅是计算机的联网。显然，物品能够联系在一起，需要一个互联网的环境基础。物联网扩展了互联网的应用范围，将用户端延伸至物品和物品之间，以及物品与人之间。在维基百科中，物联网的定义如下：

"物联网，通过射频识别、红外感应器、全球定位系统、激光扫描器等信息传感设备，按约定的协议，把任何物品与互联网相连接，进行信息交换和通信，以实现对物品的智能化识别、定位、跟踪、监控和管理的一种网络。"

《现代汉语词典》（第 7 版）中的定义为："物与物相连的互联网。通过射频识别技术和信息传感设备（红外感应器、全球定位系统、激光扫描器等），按照约定的协议，将物品与互联网连接起来，实现物品的自动识别、跟踪、管理以及信息交换等。"

① 物联网的特征。物联网与传统的互联网相比，具有鲜明的特征。首先，物联网是各种

感知技术的广泛应用。物联网上部署了海量的多种类型的传感器，每个传感器都是一个信息源，不同类别的传感器所捕获的信息内容和信息格式亦不同。其次，物联网是一种建立在互联网上的泛在网络，其重要基础和核心仍是互联网。最后，物联网不仅提供了传感器的连接，而且其本身也具有智能处理能力，能够对物品实施智能控制。

② 物联网的架构。物联网的架构可分为 3 个层次：最底层为感知层，感知层之上是网络层，在这两个基础架构层次之上的是应用层。

③ 物联网的应用。物联网可以被广泛应用于环境保护、政府工作、公共安全、智能家居、智能消防、工业监测、环境监测、智能护理、水系监测、食品跟踪、情报侦查收集、智能汽车、智能机器人等各个领域。

（4）大数据。大数据是近年来信息技术（information technology，IT）行业的热词，大数据在各个行业的应用逐渐变得广泛起来。那么，应该怎样理解大数据的概念呢？我们一起来看看吧。

① 大数据的定义。麦肯锡全球研究所（McKinsey & Company）给出的定义是：一种规模大到在获取、存储、管理、分析方面超出了传统数据库软件工具能力范围的数据集合，具有海量的数据规模、快速的数据流转、多样的数据类型和价值密度低四大特征。

② 大数据的采集。科学技术及互联网的发展推动着大数据时代的来临，各行各业每天都在产生数量巨大的数据碎片，数据计量单位已从 MB、GB、TB 发展到用 BB、NB、DB 来衡量。大数据时代数据的采集不再是技术问题，只是在面对如此众多的数据时，如何才能找到其内在规律的问题。

③ 大数据的特点。大数据的特点有数据量大、数据种类多、实时性强、数据所蕴藏的价值大。在各行各业均存在大数据，但信息是纷繁复杂的，需要搜索、处理、分析、归纳、总结其深层次的规律才能加以应用。

④ 大数据的挖掘和处理。大数据无法用人脑推算、估测，或者用单台的计算机进行处理，必须采用分布式计算架构，依托云计算的分布式处理、分布式数据库、云存储和虚拟化技术，因此，大数据的挖掘和处理必须依托云技术。

⑤ 大数据的应用。大数据可应用于各行各业，将收集到的庞大数据进行分析整理，实现信息的有效利用。

⑥ 大数据的意义和前景。总的来说，大数据是对大量、动态、可持续的数据，通过运用新系统、新工具、新模型的挖掘，从而获得的具有洞察力和新价值的数据集合。过去，面对庞大的数据，人们无法了解事物的真正本质，从而在工作中导致错误的推断，而大数据时代的来临，一切真相将会呈现在我们的面前。

（5）人工智能。人工智能是研究、开发用于模拟、延伸和扩展人的智能的理论、方法、技术及应用系统的一门技术科学。人工智能是一门极富挑战性的科学，从事这项工作的人必须懂得计算机知识、心理学和哲学，其研究的一个主要目标是使机器能够胜任一些通常需要人类智能才能完成的复杂工作。

① 技术研究。从 1956 年正式提出该学科算起，人工智能至今已取得了长足的发展，成

为一门广泛的交叉和前沿科学。用来研究人工智能的主要物质基础以及能够实现人工智能技术平台的机器就是计算机，人工智能的发展是与计算机科学技术的发展紧密相连的。除了计算机科学以外，人工智能还涉及信息论、控制论、自动化、仿生学、生物学、心理学、数理逻辑、语言学、医学和哲学等多门学科。人工智能学科研究的主要内容包括：知识表示、自动推理和搜索方法、机器学习和知识获取、知识处理系统、自然语言理解、计算机视觉、智能机器人、自动程序设计等方面。

② 应用领域。其主要有机器翻译、智能控制、专家系统、机器人学、语言和图像理解、遗传编程机器人工厂、自动程序设计、航天应用、庞大的信息处理、存储与管理、执行化合生命体无法执行的或复杂或规模庞大的任务等。

③ 主要成果。其主要有人机对弈、模式识别、自动工程、知识工程等。

（6）区块链。区块链是比特币（Bitcoin）等数字货币的底层技术，它就像一个数据库账本，记载所有的交易记录。这项技术也因其安全、便捷的特性逐渐得到了银行与金融业的关注。

① 区块链的定义。狭义来讲，区块链是一种按照时间顺序将数据区块以顺序相连的方式组合成的一种链式数据结构，并以密码学方式保证的不可篡改和不可伪造的分布式账本。

广义来讲，区块链是利用块链式数据结构验证与存储数据、利用分布式节点共识算法生成和更新数据、利用密码学的方式保证数据传输和访问的安全、利用由自动化脚本代码组成的智能合约来编程和操作数据的一种全新的分布式基础架构与计算方式。

② 区块链的分类。区块链主要分为公有区块链、联合（行业）区块链、私有区块链三类。

③ 区块链的特征。其主要有去中心化、开放性、自治性、信息不可篡改性、匿名性。

④ 区块链的应用。区块链技术已经在很多领域得到实际的应用，例如，艺术行业、法律行业、房地产行业、金融和保险行业等。

⑤ 区块链的发展。区块链诞生自中本聪的比特币，自 2009 年以来，各种各样的数字货币出现了，这些数字货币都是基于公有区块链的。数字货币的现状是百花齐放，如常见的Bitcoin、Litecoin、Dogecoin、Dashcoin 等，除了货币的应用之外，还有各种衍生应用，如Ethereum、Asch 等底层应用开发平台以及 NXT、SIA、MaidSafe、Ripple 等行业应用。

2016 年 1 月 20 日，中国人民银行数字货币研讨会宣布对数字货币研究取得阶段性成果。该会议肯定了数字货币在降低传统货币发行等方面的价值，并表示中国人民银行在探索发行数字货币。

1.1.2 信息的基本概念

（1）信息。广义的信息，是指一切表述（或反映）事物内部或外部互动状态或关系的东西。关于信息的定义，则是五花八门。其中，《辞海》对于信息的定义是："信息是指对于信息的接收者来说事先不知道的报道。"

但目前世界上大多数人都能接受的一种定义，是美国数学家申农在创立信息论时给信息下的定义，他认为，信息是不确定性的减少或消除。

无论哪种定义，实际上都强调了信息的价值在于能帮助人们了解某些事物或对象。从信息存在的形式看，信息包括文字、数字、图片图表、图像、音频、视频等内容。

（2）数据。数据是反映客观事物属性的记录，是信息的具体表现形式。数据经过加工处理之后，就成为信息。数据和信息是不可分的，数据本身没有意义，只有数据对具体的客观事物有了物理意义时才成为信息。而信息需要经过数字化处理转变成数据才能够存储和传输。对计算机而言，可处理的数据包括数值数据和非数值数据。

（3）信息处理。信息处理是对信息进行接收、存储、转化、传送和发布等。随着计算机科学的不断发展，计算机已经从初期的以"计算"为主的一种计算工具，发展成为以信息处理为主的、集计算和信息处理于一体的、与人们的工作、学习和生活密不可分的一种工具。

（4）信息系统。信息系统是一个由人、计算机及其他外围设备等组成的能对信息进行收集、传递、存储、加工、维护和使用的系统。

1.2 计算机系统的组成

1.2.1 计算机系统的基本组成

····· 1. 计算机系统的基本结构 ·········

一个完整的计算机系统是由计算机硬件系统和计算机软件系统两部分组成的。硬件系统是计算机组成部件的总称，是计算机实现其功能的物质基础。软件系统是指挥计算机运行的程序集，按功能分为系统软件和应用软件。如图 1.2 所示。

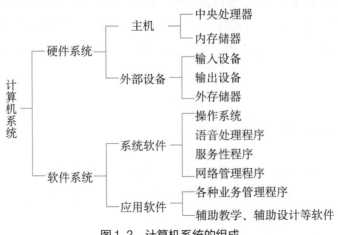

图 1.2　计算机系统的组成

····· 2. 存储程序控制的基本概念 ···

"存储程序控制"的概念是由美籍匈牙利数学家冯·诺依曼（图1.3）等于1946年提出的，概括起来有如下一些要点：

（1）计算机由运算器、控制器、存储器、输入设备和输出设备五大基本部件组成，并规定了这五个部分的基本功能。

（2）采用二进制形式表示数据和指令。

（3）将程序和数据事先放在存储器中，使计算机在工作时能够自动高速地从存储器中取出指令并加以执行。

这就是存储程序控制的概念。这样一些概念奠定了现代计算机的基本结构，并开创了程序设计的时代。半个多世纪以来，虽然计算机结构经历了重大的变化，性能也有了惊人的提高，但就其结构原理来说，至今占有主流地位的仍是以存储程序控制为基础的冯·诺依曼结构计算机，如图1.4所示。

图1.3 冯·诺依曼

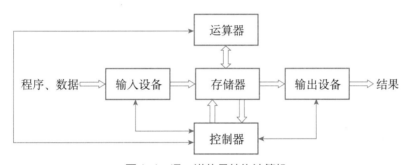

图1.4 冯·诺依曼结构计算机

计算机内所有的信息都是以二进制的形式表示的，单位是位。

位：计算机只认识由0或1组成的二进制数，二进制数中的每个0或1就是信息的最小单位，称为"位"（bit）。

字节：字节是衡量计算机存储容量的单位。一个8位的二进制数据单元称为一个字节（byte）。

存储容量：存储容量是指存储器可以容纳的二进制信息量。存储容量的单位是：1 KB = 1 024 B，1 MB = 1 024 KB，1 GB = 1 024 MB，1 TB = 1 024 GB，1 PB = 1 024 TB，1 EB = 1 024 PB等。

字：计算机在进行数据处理时，一次作为一个整体单元进行存、取和处理的一组二进制数称为字。一个字通常由一个或多个字节构成。

字长：一个字中包含二进制数位数的长度称为字长。字长是标志计算机精度的一项技术指标。一台计算机的字长是固定的。在其他指标相同时，字长越长，表示计算机处理数据的速度就越快。字长分为8位、16位、32位和64位。目前计算机CPU的字长大部分为64位。

计算机硬件系统

1. 计算机硬件系统的组成

计算机硬件系统主要由运算器、控制器、存储器、输入设备、输出设备等部分组成。由于运算器、控制器和存储器这三个部分是信息加工、处理的主要部件，所以把它们合称为"主机"，而输入设备和输出设备则合称为"外部设备"。又因为运算器和控制器无论在逻辑关系上还是在结构工艺上都有十分紧密的联系，往往将两者组装在一起，所以将这两个部分称为"中央处理器"（central processing unit，CPU）。

2. 计算机硬件系统各部件的功能

下面对计算机硬件系统的几个基本部分作简单介绍。

（1）运算器。运算器是一个用于信息加工的部件，它用来对二进制的数据进行算术运算和逻辑运算，所以也叫作"算术逻辑部件"（arithmetic and logic unit，ALU）。

运算器的核心部分是加法器。因为四则运算加、减、乘、除等算法都归结为加法与移位操作，所以加法器的设计是算术逻辑线路设计的关键。

（2）控制器。控制器产生各种控制信号，指挥整个计算机有条不紊地工作。它的主要功能是根据人们预先编制好的程序，控制与协调计算机各部件自动工作。控制器按一定的顺序从主存储器中取出每一条指令并执行，执行一条指令是通过控制器发出相应的控制命令串来实现的。因此，控制器的工作过程就是按预先编好的程序，不断地从主存储器中取出指令、分析指令和执行指令的过程。

（3）存储器。存储器是用来存放指令和数据的部件。对存储器的要求是不仅能保存大量二进制信息，而且能够快速存、取信息。一般计算机存储系统划分为两级，一级为内存储器（主存储器），如半导体存储器，它的存取速度快，但容量小，用于存储正在执行的程序和数据；另一级为外存储器（辅助存储器），如硬盘、磁盘存储器等，它的存储速度慢，但容量很大，用于存储暂未执行的程序和数据。在运算过程中，内存储器直接与CPU 交换信息，而外存储器不能直接与 CPU 交换信息，外存储器只有将信息传送到内存储器后才能由 CPU 进行处理，其性质和输入/输出设备相同，所以一般外存储器归属于外部设备。

（4）输入/输出设备。输入/输出设备又称外部设备，是实现人与计算机之间相互联系的部件。其主要功能是实现人—机对话、输入与输出以及各种形式的数据变换等。

如前所述，计算机要进行信息加工，就要通过输入设备把原始数据和程序存入计算机的内存储器中。输入设备的种类很多，如键盘、鼠标、硬盘、U 盘、光盘、扫描仪、摄像头、麦克风等。

输出设备是将计算机中的二进制信息转换为用户所需要的数据形式的设备。它将计算机中的信息以十进制、字符、图形或表格等形式显示或打印出来，也可记录在磁盘或光盘上。输出设备可以是打印机、显示器、绘图仪、硬盘、U 盘、光盘等。它们的工作原理与输入设备正好相反，它们是将计算机中的二进制信息转换为相应的电信号，以十进制或其他形式记录在媒介物上。常用的外存储器既可以作为输入设备，又可以作为输出设备。

1.2.3 计算机软件系统

从广义上说，软件是指为运行、维护、管理、应用计算机所编制的所有程序和数据的总和。通常按功能可将软件分为系统软件和应用软件，为此首先介绍一些基本概念。

1. 有关的概念

（1）机器语言。机器语言是一种用二进制形式表示的，并且能够直接被计算机硬件识别和执行的语言。机器语言与计算机的具体结构有关，计算机不同，该机器语言也不同。

（2）汇编语言。汇编语言是一种将机器语言符号化的语言，它用便于记忆的字母、符号代替数字编码的机器指令。汇编语言的语句与机器指令一一对应，不同的机器有不同的汇编语言指令集。用汇编语言编写的汇编语言源程序，必须经过汇编程序的翻译将其变换为机器语言目标程序，才能够被机器执行。

（3）指令。指挥计算机进行基本操作的命令称为指令。一条指令包括操作码和地址码两部分，其中操作码部分表示该指令要完成的操作是什么。地址码部分通常用来指明参与操作的操作数所存放的内存地址或寄存器地址。

（4）程序。程序是为解决某一问题而设计的一系列有序的指令或语句的集合。例如，要用计算机解决某个问题时，要将处理步骤编成一条条指令，组成程序。

（5）高级程序设计语言。高级程序设计语言是一类面向用户的，与特定机器指令集相分离的程序设计语言，如 C 语言等。它与机器指令之间没有直接的对应关系，不依赖于具体的计算机，具有较好的可移植性。

（6）语言处理程序。语言处理程序的作用是将用户利用高级语言编写的源程序转换为机器语言代码序列，然后由计算机硬件加以执行。不同的高级语言有不同的语言处理程序。

（7）语言处理方式。语言处理方式有解释和编译。解释方式是指对源程序的每条指令边解释（翻译为一个等价的机器指令）边执行，这种语言处理程序称为解释程序，如 BASIC 语言。

编译方式是指将用户源程序全部翻译成机器语言的指令序列，变为目标程序。执行时，计算机直接执行目标程序。这种语言处理程序称为编译程序，目前，大部分程序设计语言均采用编译方式。

2. 系统软件

系统软件是指控制和协调计算机及外部设备，支持应用软件开发和运行的系统，是用来扩大计算机的功能、提高计算机的工作效率以及方便用户使用计算机的软件，如操作系统、故障诊断程序、语言处理程序等。

操作系统是维持计算机运行的必备软件，它具有三大功能：管理计算机软硬件资源，使之能有效地被应用；组织协调计算机各组成部分的运行，以提高系统的处理能力；提供各种实用的人机界面，为用户操作提供方便。操作系统软件包括进程管理、存储管理、设备管理、文件管理和作业管理共五个部分。

故障诊断程序负责对计算机设备的故障及对某个程序中的错误进行检测、辨认和定位，以便操作者将其排除和纠正。

语言处理程序由汇编程序、编译程序、解释程序和相应的编程环境平台等组成。它是为用户设计编程服务的软件，其作用是将高级语言源程序翻译成计算机能识别的目标程序。

系统软件的功能日趋完善和丰富，并且在不断发展中，因此，计算机的功能也越来越强。

3. 应用软件

应用软件是为解决某个应用领域中的具体任务而编制的程序，如各种科学计算机程序、数据统计与处理程序、情报检索程序、企业管理程序、生产过程自动控制程序等。由于计算机已被应用于几乎所有的领域，因而应用程序是多种多样的。目前应用软件正向标准化、网络化、模块化方向发展，应用软件的架构正在从 C/S（client/server，客户机/服务器）向 B/S（browser/server，浏览器/服务器）转变，许多通用的应用程序可以根据其功能组成不同的程序包供用户选择。应用软件是在系统软件的支持下工作的。

1.3　信息编码

计算机中的信息分为数据与指令。前者是被计算机处理的信息，分为数值型数据与非数值型数据（如字符、图像、视频、音频等）。指令信息则是计算机产生各种控制命令的基本依据。本节介绍数值型数据的进位制、字符和汉字的表示方法。

1.3.1　数值在计算机中的表示方式

日常生活中，经常采用的进位制很多，比如，一打等于 12 个（十二进制）、1 m 等于 10 dm（十进制）等。其中十进制是人们习惯使用的进制，它的特点是有 10 个数码 0 ~ 9，进位关系是"逢十进一"。而在计算机中存储的信息均采用二进制，但为了表示与记忆方便还引入八进制和十六进制，如表 1.1 所示。

表1.1　十进制、二进制、八进制、十六进制对照表

十进制	二进制	八进制	十六进制	十进制	二进制	八进制	十六进制
0	0000	0	0	8	1000	10	8
1	0001	1	1	9	1001	11	9
2	0010	2	2	10	1010	12	A
3	0011	3	3	11	1011	13	B
4	0100	4	4	12	1100	14	C
5	0101	5	5	13	1101	15	D
6	0110	6	6	14	1110	16	E
7	0111	7	7	15	1111	17	F

（1）二进制：二进制是"逢二进一"，所有的数都用两个符号 0 或 1 表示。二进制的每一位只能表示 0 或 1。例如，十进制数 1、2、3 用二进制表示分别为：$(1)_{10} = (0001)_2$、$(2)_{10} = (0010)_2$、$(3)_{10} = (0011)_2$。

计算机采用二进制的原因在于：

● 0 和 1 可分别用电路中的两种状态来表示，很容易用电器元件来实现。例如，开关的接通为 1，断开为 0；高电平为 1，低电平为 0 等。

● 计算机只能直接识别二进制数 0 和 1，而且二进制的运算公式很简单，计算机很容易实现，逻辑判断也容易，还可以节省设备。

（2）八进制：二进制的缺点是表示一个数需要的位数多，书写数据和指令不方便。为方便起见，将二进制数从低向高每三位组成一组。例如，一个二进制数 $(100100001100)_2$，若每三位一组，即 $(100\ 100\ 001\ 100)_2$ 可表示成八进制数 $(4414)_8$，如此表示使得每组的值大小是十进制数 0（000）~ 7（111），正好满足八进制要求的 8 个字符，且数值"逢八进一"，即八进制。

（3）十六进制：若每四位分为一组，即 $(1001\ 0000\ 1100)_2$，每组的值大小是十进制数 0（0000）~ 15（1111），用 A、B、C、D、E、F 分别代表十进制的 10 ~ 15 的 6 个数，正好满足十六进制要求的 16 个字符，且数值"逢十六进一"，即十六进制。上面的二进制数可以表示成十六进制数 $(90C)_{16}$。

1.3.2　数制转换

计算机中常用二进制、八进制、十六进制和十进制。二进制数容易用逻辑线路处理，而用户更容易接受十进制数。两者之间的进制转换是经常遇到的问题。另外，八进制与二进制相互转换，十六进制与二进制相互转换都是在数制转换中常见的，数制转换就是进位制转换，下面分别加以介绍。

1. 十进制数与二进制数相互转换

（1）十进制数—二进制数的转换。通常要区分数的整数部分和小数部分，可以分别按除 2 取余数部分和乘 2 取整数部分两种不同的方法来完成。

整数的转换：采用除 2 取余法，高位在下，直到商为 0 时为止的原则，如图 1.5 所示。

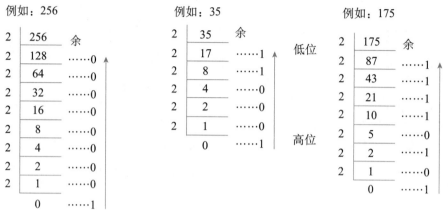

图 1.5　十进制数转换为二进制数

小数的转换：采用乘 2 取整法，高位在上的原则，位数达到要求或小数部分为 0 时结束。

例如，把十进制数 0.375 转换为二进制数，如下所示：

$0.375 \times 2 = 0.75$　　　整数部分为 0 … 高位

$0.75 \times 2 = 1.5$　　　整数部分为 1

$0.5 \times 2 = 1.0$　　　整数部分为 1 … 低位

所以，$(0.375)_{10} = (0.011)_2$

（2）二进制数—十进制数的转换。通常采用对二进制数各位的实际值累加求和。

例如：$(10110)_2 = 1 \times 2^4 + 0 \times 2^3 + 1 \times 2^2 + 1 \times 2^1 + 0 \times 2^0 = (22)_{10}$

$(1101.1)_2 = 1 \times 2^3 + 1 \times 2^2 + 0 \times 2^1 + 1 \times 2^0 + 1 \times 2^{-1} = (13.5)_{10}$

2. 八进制数与二进制数相互转换

（1）八进制数—二进制数的转换。因为 $2^3 = 8$，故 1 个八进制位对应 3 个二进制位，可以把一个八进制数的整数部分和小数部分的每一位分别转换成 3 位二进制数。例如：

$$(103.4)_8 = (001\ 000\ 011.100)_2$$

$$(741)_8 = (111\ 100\ 001)_2$$

（2）二进制数—八进制数的转换。因为 $2^3 = 8$，故 3 个二进制位对应 1 个八进制位，可以从小数点位置分别向左和向右把每 3 位二进制数划分为一组，并转换成 1 位八进制数。注意：小数部分分组时若低位不足 3 位时要用 0 补足，否则会出错。

例如，$(10110110.1)_2 = (266.4)_8$，而不是 $(266.1)_8$。

3. 十六进制数与二进制数相互转换

（1）十六进制数—二进制数的转换。因为 $2^4 = 16$，故 1 个十六进制位对应 4 个二进制位，可以把一个十六进制数的整数部分和小数部分的每一位分别转换成 4 位二进制数。例如：

$$(123)_{16} = (0001\ 0010\ 0011)_2$$

$$(D2C8)_{16} = (1101\ 0010\ 1100\ 1000)_2$$

（2）二进制数—十六进制数的转换。因为 $2^4 = 16$，故 4 个二进制位对应 1 个十六进制位，可以从小数点位置分别向左和向右把每 4 位二进制数划分为一组，并转换成 1 位十六进制数。注意：小数部分分组是若低位不足 4 位要用 0 补足，否则会出错。

例如：$(10110110.11)_2 = (1011\ 0110.1100)_2 = (B6.C)_{16}$，而不是 $(B6.3)_{16}$；

$$(100110111)_2 = (1\ 0011\ 0111)_2 = (137)_{16}$$

4. 八进制数、十六进制数与十进制数相互转换

（1）八进制数、十六进制数—十进制数的转换。可以采用对各位实际值累加求和的方法完成。例如：

$$(123)_{16} = 1 \times 16^2 + 2 \times 16^1 + 3 \times 16^0 = (291)_{10}$$

$$(123)_8 = 1 \times 8^2 + 2 \times 8^1 + 3 \times 8^0 = (83)_{10}$$

（2）十进制数—八进制数、十六进制数的转换。可先将十进制数转换为二进制数，再转换成对应的八进制数、十六进制数；也可以将一个十进制数直接转换为对应的八进制数或十六进制数，例如，对整数采用除 8 取余、高位在下的原则得到八进制数；或采用除 16 取余、高位在下的原则得到十六进制数。

由上述内容可以看到，二进制数与八进制数、十六进制数有很简单的、直观的对应关系，但二进制数位数多，书写、阅读均不方便；八进制数和十六进制数相对简练，易写易记，在开发程序、调试程序、阅读机器内码时，常常也会使用十六进制数或八进制数。

1.3.3　字符编码

因为计算机要用于信息管理，而计算机又只能识别二进制，所以，需要将有关的字符和文字信息进行二进制编码。国际上通用的英文字符编码是 ASCII（American Standard Code for Information Interchange）码，即美国信息交换用标准代码。它采用 7 位或 8 位二进制数编码表示十进制的 10 个阿拉伯数字、英文字母和常用符号，如运算符、括号、标点符号、标识符等，还有一些控制符以及扩展的制表符等。7 位二进制数一共可以表示 128 个字符。

其中，10 个阿拉伯数字 0 ~ 9（ASCII 码的十进制数为 48 ~ 57）、52 个大小写英文字母（A ~ Z 为 65 ~ 90，a ~ z 为 97 ~ 122）、32 个标点符号和运算符，以及 34 个控制符，如图 1.6 所示。

ASCII值	控制字符	ASCII值	控制字符	ASCII值	控制字符	ASCII值	控制字符
0	NUT	32	(space)	64	@	96	`
1	SOH	33	!	65	A	97	a
2	STX	34	"	66	B	98	b
3	ETX	35	#	67	C	99	c
4	EOT	36	$	68	D	100	d
5	ENQ	37	%	69	E	101	e
6	ACK	38	&	70	F	102	f
7	BEL	39	,	71	G	103	g
8	BS	40	(	72	H	104	h
9	HT	41	)	73	I	105	i
10	LF	42	*	74	J	106	j
11	VT	43	+	75	K	107	k
12	FF	44	,	76	L	108	l
13	CR	45	-	77	M	109	m
14	SO	46	.	78	N	110	n
15	SI	47	/	79	O	111	o
16	DLE	48	0	80	P	112	p
17	DCI	49	1	81	Q	113	q
18	DC2	50	2	82	R	114	r
19	DC3	51	3	83	X	115	s
20	DC4	52	4	84	T	116	t
21	NAK	53	5	85	U	117	u
22	SYN	54	6	86	V	118	v
23	TB	55	7	87	W	119	w
24	CAN	56	8	88	X	120	x
25	EM	57	9	89	Y	121	y
26	SUB	58	:	90	Z	122	z
27	ESC	59	;	91	[	123	{
28	FS	60	<	92	\	124		
29	GS	61	=	93	]	125	}
30	RS	62	>	94	^	126	~
31	US	63	?	95	—	127	DEL

图 1.6　ASCII 码表

由于中国汉字数量众多，所以汉字编码要用两个字节。汉字的国家标准编码是 1981 年发布的汉字交换码的国家标准《信息交换用汉字编码字符集 基本集》（GB 2312—1980）。该标准用两个字节构成一个汉字字符编码，规定第一字节和第二字节的最高位均为 1，通常用十六进制数表示。例如，"啊"字是（B0A1）$_H$。

（1）ASCII 码：ASCII 码是对英文字符等的编码，一个英文字母（不分大小写）占一个字节的空间。

（2）GB 2312—1980 编码：GB 2312—1980 编码是对简体汉字和全角英文字符及符号等的编码，一个简体中文汉字或全角字符占两个字节的空间。

（3）UTF－8 编码：UTF－8 编码是一种变长字节的编码方式。一个半角的英文字符或符号占用一个字节，一个全角的中文（含繁体）汉字或符号占用三个字节。

（4）Unicode 编码：Unicode 编码是一种统一码、万国码、单一码，是计算机国际通用的一项业界标准。该编码无论是一个半角的英文字符或符号，还是全角的中文（含繁体）汉字或符号都占用两个字节。

1.4　微型计算机

1.4.1　微型计算机基本组成

1. 微型计算机基本结构

微型计算机（以下简称微型机）包括多种系列，多种档次、型号的计算机。一个完整的微型机系统同样也是由硬件系统和软件系统组成的。微型机的核心部分是由一片或几片超大规模集成电路组成的，称为微处理器。微型机就是以微处理器为核心，配上大规模集成电路制成的存储器、输入/输出接口电路，以及系统总线所组成的计算机。下面我们介绍微型机的硬件构成。

微型机的基本构成包括显示器、键盘和主机。在主机箱内有主板、硬盘驱动器、CD-ROM 驱动器、软盘驱动器、电源、显示适配器（显卡）等。

（1）主板：主板也称系统板或母板，自个人计算机诞生以来，主板一直是个人计算机的主要组成部分。其中主要组件包括：CMOS（complementary metal oxide semiconductor，互补金属氧化物半导体）、基本输入/输出系统（basic input/output system，BIOS）、高速缓冲存储器、内存插槽、CPU 插槽、键盘接口、软盘驱动器接口、硬盘驱动器接口、总线扩展插槽（ISA、PCI 等扩展槽）、串行接口（COM1、COM2）、并行接口（打印机接口 LPT1）等。

（2）中央处理器：中央处理器（central processing unit，CPU）是一个体积不大而集成度非常高、功能强大的芯片，也称为微处理器（micro processor unit，MPU），是微型机的核心。中央处理器主要包括运算器和控制器两大部件。计算机的所有操作都受 CPU 控制，因此，它的品质直接影响整个计算机系统的性能。

（3）内存储器：微型机的内存储器由半导体器件构成。半导体器件存储器由只读存储器（read-only memory，ROM）和随机存储器（random access memory，RAM）两部分构成。

ROM 的特点是在工作时只能读出而不能写入信息，在主板上的 ROM 中固化了一个基本输入/输出系统，称为 BIOS。其主要作用是完成对系统的加电自检、系统中各功能模块的初始化、系统的基本输入/输出的驱动程序及引导操作系统。

RAM 以任意顺序读、写任意一个单元所用的时间相同，它主要用来存放操作系统、各种应用程序、数据等。数据、程序在使用时从外存读入内存 RAM 中，使用完毕后，在关机前再存回外存中，由于 RAM 是由半导体器件构成的，故断电时信息将会丢失。

内存储器（主存）的技术指标主要有：

● 存储容量。存储容量用来衡量存储器存储信息的能力。主存容量越大，存放的信息越多，计算机的处理能力也就越强。主存容量通常用字节数（如主存容量 64 KB），或者单元数×位数（如 64 K×16 位）表示。

- 存取周期。存取周期用来衡量存储器的工作速度，它是指访问一次存储器所需要的时间。

- 读写时间。读写时间用来衡量存储器的读写速度。

（4）外存储器：在计算机系统中，除了有内存储器外，一般还有外存储器，用于存储暂时不用的程序和数据。常用的外存储器有软盘、硬盘、光盘和磁带存储器。它们和内存储器一样，存储容量也以字节为基本单位。外存储器与内存储器之间频繁交换信息，而不能被计算机系统的其他部件直接访问。

- 软磁盘存储器。一个完整的软盘存储系统是由软盘、软盘驱动器组成。软盘记录的信息是通过软盘驱动器进行读写的。软盘只有经过格式化后才可以使用。格式化是为存储数据做准备的，在此过程中，软盘被划分为若干个磁道，磁道又被划分为若干个扇区。目前软磁盘存储器的使用已经很少。

- 硬盘。硬盘作为微机系统的外存储器成为微机的主要配置，它由硬盘片、硬盘驱动电机和读写磁头等组装并封装而成。目前常用的硬盘有机械硬盘和固态硬盘两种。

- 光盘。光盘是利用激光原理进行读写的设备，一般微机上均配备 DVD-ROM 驱动器。

- U 盘。U 盘，全称 USB 闪存盘（USB flash disk），也称为闪存盘。它是采用 USB（universal serial bus，通用串行总线）接口和非易失随机访问存储器技术结合的方便携带的移动存储器，其特点是断电后数据不会消失，因此 U 盘可以作为外部存储器使用。U 盘可多次擦写、存取速度快，且具有防磁、防震、防潮的优点。U 盘采用流行的 USB 接口，无须外接电源，即插即用，在不同电脑之间实现文件传输。

（5）微型机的系统总线：微型机各功能部件相互传输数据时，需要有连接它们的通道，这些公共通道就称为总线（bus）。CPU 本身由若干个部件组成，这些部件之间也是通过总线连接。通常把 CPU 芯片内部的总线称为内部总线，而将连接系统各部件之间的总线称为外部总线或系统总线。一次传输信息的位数则称为总线宽度。

总线从功能上分为：

① 数据总线（data bus，DB）用于传输数据信息，它是 CPU 同各部件交换信息的通道。数据总线都是双向的。

② 地址总线（address bus，AB）用来传送地址信息，CPU 通过地址总线把需要访问的内存单元地址或外部设备的地址传送出去。通常地址总线是单方向的。地址总线的宽度与寻址的范围有关，寻址空间越大，地址条数越多（地址总线的宽度越大），例如，寻址 1 MB 的地址空间需要有 20 条地址线。

③ 控制总线用来传输控制信号，以协调各部件的操作，它包括 CPU 对内存储器和接口电路的读写信息、中断响应信号等。

目前微型机总线标准中常见的总线有 ISA（industry standard architecture，工业标准体系结构）总线，它具有 16 位数据宽度，工作频率为 8 MB/s，最高数据传输率为 8 MB/s；PCI（peripheral component interconnect，外设部件互连）总线具有 32 位数据宽度，传输速率为 132～264 MB/s。

（6）微型机的接口：通常将两个部件之间的交接部件称为接口，或称为界面。这里的部件既可以指硬件，也可以指软件。主机实际上是通过系统总线连接到接口，再通过接口与外部设备相连接。例如，磁盘接口位于磁盘驱动器和系统总线之间，而显示器通过显示适配器（又称显卡）和系统总线连接。这些接口常以插件形式插在系统总线的插槽上。各设备共用的逻辑接口，如中断控制器、DMA 控制器等，往往集成在主板上。

<hr>

······ 2. 微处理器、微型机和微型机系统 ······

（1）微处理器。微处理器是微型机控制和处理的核心。微处理器的全部电路集成在一块大规模集成电路中。它包括算术逻辑部件（arithmetic and logic unit，ALU）、寄存器、控制部件，这 3 个基本部分经内部总线连接在一起。微处理器把一些信号通过寄存器或缓冲器送到集成电路的引线上，以便与外部的微型机总线相连接。

（2）微型机。微型机是以微处理器为核心，配上外围控制电路、存储模块电路、输入/输出接口电路，并通过微型机的系统总线的连接组成的。

（3）微型机系统。微型机系统是在微型机的基础上，配置所需的外部设备、电源和辅助电路，以及系统软件和应用软件而构成的。

1.4.2　常用外部设备

（1）键盘。键盘是计算机系统中最基本的输入设备，通过一根电缆线与主机相连接。它用来键入命令、程序、数据。从按键的开关类型看，键盘一般有机械式、电容式、薄膜式和导电胶皮等类型。

（2）鼠标。鼠标（mouse）是一种“指点”设备（pointing device），主要用于视窗类操作系统环境，可以取代键盘上的光标移动键移动光标，定位光标于菜单处或按钮处，完成菜单系统特定的命令操作或按钮的功能操作。鼠标操作简便、高效。

按照按键的数目，鼠标可分为两键鼠标、三键鼠标及滚轮鼠标等。按照鼠标接口类型，鼠标可分为 PS/2 接口的鼠标、串行接口的鼠标、USB 接口的鼠标。鼠标按其工作原理，可分为机电式鼠标、光电式鼠标、无线遥控式鼠标等。

（3）显示器。显示器是用户用来显示有关输出结果的。它分为单色显示器和彩色显示器两种。以前在台式机中大部分使用 CRT 显示器，现在流行的是液晶显示器。笔记本电脑也使用液晶显示器。

显示器还应配备相应的显示适配器（又称显卡）才能工作。显卡一般被插在主板的扩展槽内，通过总线与 CPU 相连。显示器的显示方式是由显卡来控制的。显卡必须有显示存储器

（Video RAM，VRAM，简称显存），显存容量越大，显卡所能显示的色彩越丰富，分辨率就越高。例如，显存用 8 bit 可以显示 256 种颜色，用 24 bit 则可以显示 16.7 M 种颜色。显卡的颜色设置有 16 色、256 色、增强色（16 位）和真彩色（32 位）等。

目前的显示器一般都能支持 800×600、1 024×768、1 280×1 024、1 440×900、1 920×1 080 等规格的分辨率。

（4）外存。在计算机系统中硬盘是外存的主要设备。硬盘（hard disk）是由一个或者多个铝制或者玻璃制的碟片组成的。这些碟片外覆盖有磁性材料。绝大多数硬盘都是固定硬盘，被永久性地密封固定在硬盘驱动器中。目前硬盘有固态盘（solid state disk，SSD）和硬盘驱动器（hard disk drive，HDD）两种，SSD 采用闪存颗粒来存储，HDD 采用磁性碟片来存储。还有一种混合硬盘（hybrid hard disk，HHD）是把磁性硬盘和闪存盘集成到一起的硬盘，目前应用较少。固态盘未来可能会逐渐取代硬盘驱动器。硬盘使用前要经过低级格式化、分区或高级格式化后才可以正常使用。2018 年的固态盘容量最高已经达到了 100 TB。

（5）打印机。打印机是传统的重要输出设备，近年来在集成电路技术和精密机电技术发展的推动下，打印机技术也得到了突飞猛进的发展。在市场中我们可以看到种类繁多、各具特色的产品。印字质量通常用 dpi（dots per inch，每英寸点数）来衡量。

● 针式打印机曾经是使用最多、最普遍的一种打印机。它的工作原理是根据字符的点阵图或图像的点阵图形数据，利用电磁铁驱动钢针，击打色带，在纸上打印出一个个墨点，从而形成字符或图像。它可以使用连续纸，也可以用分页纸。针式打印机的打印质量、速度、噪声最差，但打印成本最低。

● 喷墨打印机利用喷墨印字技术，即从细小的喷嘴，喷出墨水滴，在纸上形成点阵字符或图形的技术。按喷墨技术的不同，喷墨打印机可分为喷泡式和压电式两种。目前大部分喷墨打印机都可以进行彩色打印。喷墨打印机的打印质量、速度、噪声以及成本中等。

● 激光打印机是一种高精度、低噪声的非击打式打印机。它是利用激光扫描技术与电子照相技术共同完成整个打印过程的。激光打印机的打印质量最好，一般可达 1 200 dpi 左右。激光打印机的打印速度最快，高档机一般为 20 ppm（pages per minute，每分钟打印的页数）以上。激光打印机的噪声最低。但相对另两种打印机，激光打印机的价格及打印成本最高。

（6）扫描仪：扫描仪（scanner）是利用光电技术和数字处理技术，以扫描方式将图形或图像信息转换为数字信号的装置，是一种数字化输入设备。照片、文本页面、图纸、美术图画、照相底片，甚至纺织品、标牌面板、印制板样品等三维对象都可作为扫描对象。

（7）绘图仪：绘图仪是能按照人们要求自动绘制图形的设备。它可将计算机的输出信息以图形的形式输出。绘图仪主要用于绘制各种管理图表和统计图、大地测量图、建筑设计图、电路布线图、各种机械图与计算机辅助设计图等。

1.4.3　微型计算机的主要性能指标

（1）主频。CPU 的主频，即 CPU 内核工作的时钟频率（CPU clock frequency）。主频和实际的运算速度存在一定的关系，但没有一个确定的公式能够定量两者的数值关系，因为 CPU 的运算速度还与 CPU 的流水线的各方面的性能指标（如缓存、指令集、CPU 的位数等）有关。频率的标准计量单位是 Hz（赫），其相应的单位有：kHz（千赫）、MHz（兆赫）、GHz（吉赫）。其中，1 kHz = 1 000 Hz、1 MHz = 1 000 kHz、1 GHz = 1 000 MHz。

（2）运算速度。运算速度是衡量 CPU 工作快慢的指标，通常以每秒完成多少次运算来衡量，如每秒百万条指令数（million instructions per second，MIPS）。这个指标不但与 CPU 的主频有关，还与内存、硬盘等工作速度，以及字长有关。

（3）字长。字长是指参与一次运算的数的位数，字长主要影响计算机精度和运算速度。目前计算机字长一般为 32 位或 64 位。

（4）主存容量。主存容量是衡量计算机存储能力的指标。主存容量越大，能存入的字数越多，能直接存储的程序越长，计算机的计算能力就越强、规模越大。

（5）输入/输出数据传输率。输入/输出数据传输率决定了主机与外设交换数据的速度。通常这也是妨碍整机速度提高的瓶颈。因此，提高输入/输出数据传输率可以显著提升计算机系统的整体速度。

（6）可靠性。可靠性是指计算机连续无故障运行时间的长短。可靠性好，表示无故障运行时间长。

（7）兼容性。在系列机中，高档机向下兼容低档机运行的大部分软件，但这也不是绝对的。

除了上述这些主要性能指标外，微型计算机还有其他一些指标，如配置外部设备与扩展的能力等。总之，各项指标之间也不是彼此孤立的，在实际应用时，应该把它们综合起来考虑。

1.5　多媒体计算机技术

1. 多媒体的定义

媒体（media）在计算机领域中有两种含义：一种是指用以存储信息的实体，如磁带、磁盘、光盘和半导体存储器等；另一种是指信息的载体，如数字、文字、声音、图形和图像。

多媒体计算机技术中的媒体是指后者。

人类感知信息的途径是：

（1）视觉：视觉是人类感知信息最重要的途径，人类从外部世界获取信息的70% ~ 80%是通过视觉获得的。

（2）听觉：人类从外部世界获取信息的10%是通过听觉获得的。

（3）嗅觉、味觉、触觉：通过嗅觉、味觉、触觉获得的信息量约占10%。

2. 多媒体计算机的定义及其关键技术

多媒体计算机技术（multimedia computer technology）的定义是：计算机综合处理多种媒体信息文本、图形、图像、音频和视频，使多种信息建立逻辑连接，集成为一个系统并具有交互性。简单地说，多媒体计算机技术就是：

（1）计算机综合处理声、文、图信息。

（2）具有同步性、集成性和交互性。

总之，多媒体计算机具有信息载体多样性、同步性、集成性和交互性。要把一台普通的计算机变成多媒体计算机要解决的关键技术是：

- 视频、音频信号获取技术。
- 多媒体数据压缩编码和解码技术。
- 视频、音频数据的实时处理和特技。
- 视频、音频数据的输出技术。

3. 多媒体计算机技术在网络教育的应用

现代远程教育（网络教育）是利用计算机网络技术、多媒体技术等现代信息技术手段开展的新型教育形态，是构筑知识经济时代人们终身学习体系的主要手段。它以学习者为主体，学生和教师、学生和教育机构之间主要运用多种媒体承载课程内容和多种交互手段进行教学。现代远程教育可以有效地发挥各种教育资源的优势，为不同的学习对象提供方便的、快捷的、广泛的教育服务。

现代远程教育的教学方式主要有：

（1）通过互联网，利用网络教学平台提供的网页、课件、虚拟教室等资源进行教学。

（2）利用交互式多媒体教学课件进行教学。

（3）在多媒体教室利用卫星、互联网和视频会议系统等进行双向或单向实时授课教学。

（4）利用移动互联网，通过平板电脑、手机等移动通信工具进行实时或非实时教学。

总之，在现代远程教育（网络教育）中，充分利用多媒体技术，可以有效地增强学习注意力，提高学习者的学习兴趣，从而提高教育与培训的效率。

4. 多媒体计算机系统的基本构成

多媒体计算机系统由硬件系统和软件系统组成。其中，硬件系统主要包括计算机主要配置和各种外部设备以及与各种外部设备的控制接口（其中包括多媒体实时压缩和解压缩电路），软件系统包括多媒体驱动软件、多媒体操作系统、多媒体数据处理软件、多媒体创作工具软件和多媒体应用软件。

（1）多媒体硬件系统的组成。多媒体硬件系统是由计算机存储系统、音频输入/输出和处理设备、视频输入/输出和处理设备等组合而成的。

（2）多媒体软件系统的组成。多媒体软件系统是由多媒体驱动软件、多媒体操作系统、多媒体数据处理软件、多媒体创作软件和多媒体应用系统组成的。

● 多媒体驱动软件是多媒体计算机软件中直接和硬件打交道的软件。它完成设备的初始化，完成各种设备操作以及设备的关闭等。每种多媒体硬件都需要一个相应的驱动软件。

● 多媒体操作系统，简言之，就是具有多媒体功能的操作系统。多媒体操作系统必须具备对多媒体数据和多媒体设备的管理和控制功能，具有综合使用各种媒体的能力，能灵活地调度多种媒体数据并能进行相应的传输和处理，且使各种媒体硬件和谐地工作。多媒体操作系统大致可分为两类：一类是为特定的交互式多媒体系统使用的多媒体操作系统，如 Commodore 公司为其推出的多媒体计算机 Amiga 系统开发的多媒体操作系统 Amiga DOS。另一类是通用的多媒体操作系统，如目前流行的 Windows 操作系统。

● 多媒体数据处理软件是对多媒体信息进行编辑和处理。在多媒体应用软件制作过程中，该软件是十分重要的，多媒体素材制作得好坏，直接影响到整个多媒体应用系统的质量。

常见的音频编辑软件有 Sound Edit、Cool Edit 等，图形图像编辑软件有 Illustrator、CorelDraw、Photoshop 等，非线性视频编辑软件有 Premiere，动画编辑软件有 Animator Studio 和 3D Studio MAX 等。

● 多媒体创作软件是帮助开发者制作多媒体应用软件的工具，能够对文本、声音、图像、视频等多种媒体信息进行控制和管理，并按要求连接成完整的多媒体应用软件，如 Authorware、Director、FLASH 等。

● 多媒体应用系统又称多媒体应用软件。它是由各种应用领域的专家或开发人员利用多媒体开发工具软件或计算机语言，组织编排大量的多媒体数据而成的最终多媒体产品，是直接面向用户的。多媒体应用系统主要涉及的应用领域有文化教育教学软件、信息系统、电子出版、音像影视特技、动画等。

✎ 本章练习

1. 什么是电子数字计算机？请说出计算机的特点。

2. 计算机应用的主要领域有哪些？

3. 什么是信息？

4. 完整的计算机系统由哪两部分组成？

5. 运算器可以实现哪些功能？

6. 什么是主机？什么是 CPU？

7. 系统软件的作用是什么？

8. 汇编语言与高级程序设计语言的主要区别是什么？

9. 编译方式与汇编方式的区别是什么？

10. 计算机中为什么要采用二进制？

11. 国际上进行信息交换通用的编码方式是什么？

12. 什么是微处理器、微型机和微型机系统？

13. 微型机系统由哪些部分组成？

14. 微型机的运算速度与 CPU 的工作频率有关吗？

15. 字长与计算机的什么性能有关？

16. 什么是多媒体？什么是多媒体计算机？

考核要点

- 计算机的发展过程、分类、应用范围及特点
- 信息的基本概念
- 计算机系统的基本组成
- 计算机数据存储的基本概念
- 数值在计算机中的表示方式（十进制、二进制、八进制、十六进制）
- 微型计算机的基本组成
- 微处理器、微型机和微型机系统
- 常用外部设备的性能指标
- 微型计算机的主要性能指标
- 计算机多媒体技术的概念
- 多媒体计算机系统的基本构成

第 2 章　Windows 10 操作系统及其应用

学习内容

1. Windows 10 的图标、窗口、菜单和对话框基本操作方法
2. 使用中文输入法
3. 获得帮助的方法
4. 文件资源管理器的使用方法
5. 文件、文件夹的使用与管理
6. 文件搜索、应用程序的启动方法和命令行方式
7. Windows 10 常用附件的使用方法
8. Windows 10 的基本管理操作方法
9. 常用 Windows 音频/视频工具及其使用
10. 文件压缩和解压缩

✿• 学习目标 ....

1. 了解 Windows 的运行环境，Windows 桌面和窗口的组成，菜单的约定及剪贴板的概念；文件资源管理器的窗口组成；控制面板的功能；文件压缩和解压缩的基本知识；常见多媒体文件的类别和文件格式。

2. 理解 文件、文件夹（目录）和路径的概念。

3. 掌握 Windows 10 的启动和退出；汉字输入方式的启动和汉字输入方法，鼠标操作，窗口操作，菜单操作，对话框操作，工具栏按钮操作，任务栏的使用，开始菜单的定制；剪切与粘贴操作，快捷方式的创建、使用和删除，以及命令行方式的使用；文件、文件夹的使用及管理；时间与日期的设置，程序的添加和删除，以及显示器环境的设置；写字板、计算器、画图等附件的简单使用；使用 Windows 音频/视频工具进行音频/视频播放的方法；压缩工具 WinRAR 的基本操作。

▐⯊ 学习时间安排 ....

视频课	实验	定期辅导	自习（包括作业）
2	10	2	6

2.1　Windows 10 基本操作

2.1.1　Windows 概述

1. Windows 发展简史

从美国 Microsoft（微软）公司 1985 年发布 Windows 1.0 到 2015 年发布 Windows 10，Windows 操作系统（Operating System）已经走过了 30 年的发展历程，形成了一个庞大的 Windows 家族。

自 1995 年开始到 2001 年，微软公司为个人计算机提供了两种类型的 Windows 版本：Windows 9X 系列和 Windows NT 系列。Windows 9X 系列的使用对象为个人用户，Windows NT 系列主要用于组建局域网络。

2001 年 8 月，微软公司发布了 Windows XP，其特性包括：具有丰富的娱乐应用程序、稳定的内核和简单易用的互联网功能，专业版还具有更好的安全性，支持远程登录和离线工作，可以使用户与远在世界各地的朋友保持通信联系。

2005 年 10 月，微软公司发布了 Windows Vista，2007 年 1 月正式对普通用户出售。微软公司表示，Windows Vista 包含了上百种新功能，其中比较特别的是新版的图形用户界面和名为 "Windows Aero" 的全新界面风格、加强后的搜寻功能（Windows Indexing Service）、新的多媒体创作工具（如 Windows DVD Maker），以及重新设计的网络、音频、输出和显示子系统等。

2009 年 10 月 22 日在美国、2009 年 10 月 23 日在中国，微软公司正式发布了 Windows 7。Windows 7 是微软公司开发的新一代操作系统。Windows 7 包含了 6 个版本，分别为初级版（Starter）、家庭普通版（Home Basic）、家庭高级版（Home Premium）、专业版（Professional）、企业版（Enterprise）和旗舰版（Ultimate）。

2012 年 10 月 26 日，由微软公司开发的、具有革命性变化的 Windows 8 操作系统面世。该系统启动速度更快、占用内存更少，并兼容 Windows 7 所支持的软件和硬件。

2015 年 7 月 29 日，微软公司正式发布 Windows 10（制造商版本）操作系统，该系统是微软公司研发的新一代跨平台及设备应用的操作系统。

Windows 10 操作系统的流行版本和主要功能有：

（1）家庭版（Home）。家庭版面向使用个人计算机、平板电脑和二合一设备的个人用户。它拥有 Windows 10 操作系统的主要功能，包括但不限于 Cortana（小娜）语音助手、Edge 浏览器、面向触控屏设备的平板电脑模式、Windows Hello（脸部识别、虹膜、指纹登录）、串流（streaming）Xbox One 游戏的能力、微软开发的通用 Windows 应用（Photos、Maps、Mail、Calendar、Music 和 Video）等。

（2）专业版（Professional）。专业版面向使用个人计算机、平板电脑和二合一设备的企业用户。除具有 Windows 10 家庭版的功能外，它还支持用户管理设备和应用，保护敏感的企业数据，支持远程和移动办公，使用云计算技术。另外，它还带有 Windows Update for Business，微软承诺该功能可以降低管理成本、控制更新部署，让用户更快地获得安全补丁软件。

（3）企业版（Enterprise）。企业版以专业版为基础，增添了大中型企业用来防范针对设备、身份、应用和敏感企业信息的现代安全威胁的先进功能，供微软的批量许可（Volume Licensing）客户使用。用户能选择部署新技术的节奏，其中包括使用 Windows Update for Business 的选项。作为部署选项，Windows 10 企业版将提供长期服务分支（Long Term Servicing Branch）。

除上述 3 种版本以外，Windows 10 操作系统还有教育版、移动版、企业移动版、物联版等行业细分领域的版本，这些版本都有各自的特点。本教材将以家庭版为主介绍 Windows 10 操作系统的基本使用方法。

2. Windows 10 运行环境

运行 Windows 10 操作系统的最低硬件环境配置如下：

- 中央处理器（CPU）：主频 1 GHz 以上。
- 物理内存：1 GB（32 位）或 2 GB（64 位）以上。
- 硬盘空间：16 GB（32 位）或 20 GB（64 位）以上可用空间。
- 显示器：支持 DirectX 9.0 或更高版本的显卡，分辨率须达到 1 024 dpi×600 dpi。

如果增加多媒体功能，则需要配置相应的音频和视频设备。

2.1.2 Windows 10的启动和退出

······ 1. 启动 ······

对一台成功安装了 Windows 10 操作系统的计算机加电，即可自动启动 Windows 10 操作系统并进入 Windows 10 操作系统界面，如图 2.1 所示。

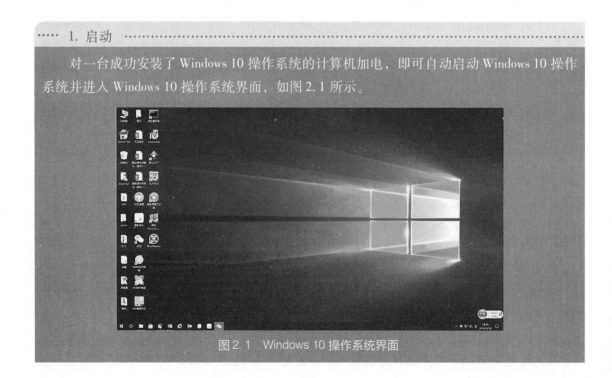

图 2.1　Windows 10 操作系统界面

如图 2.1 所示的整个屏幕画面称为"桌面"。桌面上的每一个图标通常表示一个应用程序或一个文件夹。双击图标，就可以运行相应的应用程序或打开相应的文件夹。

Windows 10 的桌面由桌面背景、桌面图标、"开始"按钮和屏幕最下面的任务栏等组成。桌面就是工作区。在计算机上做的每一件事情都显示在被称为"窗口"的框架中。

2. 退出

退出 Windows 10 相当于关闭计算机。

单击桌面左下角的"开始"按钮，在弹出的"开始"菜单中单击"关机"按钮，如图 2.2 所示，计算机就会先关闭所有打开的应用程序，再退出 Windows 10，最后关闭计算机。

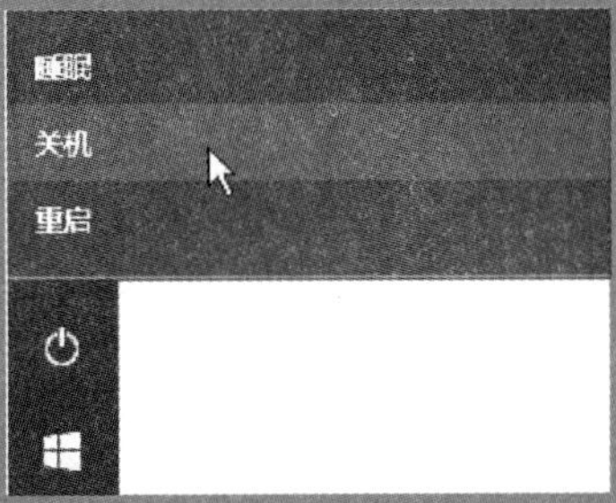

图 2.2　关闭 Windows 10

2.1.3　鼠标操作

一般情况下，对 Windows 10 的操作既可以使用鼠标，也可以使用键盘，但有些操作只能使用鼠标。因此，熟练使用鼠标是学习、掌握 Windows 10 操作方法的基础。本教材的后续内容将以鼠标操作为主进行介绍。由于鼠标一般为双按钮加滚轮款式，因此在必要时还会经常辅以键盘操作。与鼠标操作相关的术语描述见表 2.1。

表 2.1　与鼠标操作相关的术语描述

操作	术语	含义
单击左键	单击	快速按下并释放鼠标左键
单击右键	右击	快速按下并释放鼠标右键
双击左键	双击	连续两次快速单击鼠标左键
拖动	拖拽	按住鼠标左键移动鼠标
	鼠标指针	呈现在屏幕上且可以随鼠标移动而移动的图形符号，如

2.1.4 图标和窗口操作

1. 图标操作

将鼠标指针指向一个位于桌面上的图标，单击该图标即选定该图标；双击该图标则可启动并执行该图标所代表的应用程序或打开一个文件夹窗口；右击该图标则会弹出如图2.3所示的快捷菜单，移动鼠标指针至菜单中的某个选项并单击，则可对该图标本身进行相应的操作。总结如下：单击选中，双击运行或打开，右击弹出快捷菜单。

图2.3　快捷菜单

2. "开始"按钮的操作

单击"开始"按钮便会弹出如图2.4所示的"开始"菜单。计算机上的所有工作都可以从这里开始。

图2.4　"开始"菜单

"开始"菜单中包括了"文件资源管理器""设置""电源""Cortana（小娜）语音助手"、所有应用程序列表（按英文字母和汉语拼音排序）和以磁贴形式排列的常用应用程序列表。

当鼠标指针在"开始"菜单上移动时，会使相应的菜单项加亮（出现一个加亮的矩形条即表示选定）。当鼠标指针移至带有"∨"符号的菜单项时单击，会弹出该菜单项的下一级菜单。一个菜单项对应一个应用程序或一个文件夹。单击选定的菜单项便可启动并执行一个应用程序或打开一个文件夹。在"开始"菜单弹出后，若再单击"开始"按钮，则"开始"菜单自动消失。

3. 任务栏与驻留任务指示器的使用

由用户启动并执行的应用程序的名称及其所操作的文件名称，以按钮的形式出现在任务栏内。此时称这个正在执行的应用程序为一个"任务"。若任务按钮呈凹陷形状，则表示相应的应用程序处在前台；若任务按钮呈隆起形状，则表示相应的应用程序处在后台。

单击呈隆起形状的任务按钮，则相应的任务便会由后台转为前台且该任务按钮呈凹陷形状。

当右击任务栏上的某个任务按钮时，会弹出如图 2.5 所示的快捷菜单。此时，选择该菜单中的某个选项即可改变相应任务窗口的状态，如"从任务栏取消固定"表示将任务栏上的 IE（Internet Explorer）快捷图标删除，"关闭窗口"表示关闭 IE（只有打开的程序按钮才会出现）等。

驻留任务指示器是以小图标的形式显示在任务栏的右侧，表示在操作系统启动时连带启动的各种常驻后台的应用程序任务。当鼠标指针指向驻留任务指示器的某个图标时，会在鼠标指针的上方出现一个该图标所对应的应用程序名称的提示。可对驻留任务指示器的某个图标执行单击、双击、右击等多种操作，但具体的操作动作和反应则要视不同的驻留任务而定。

图 2.5　右击任务栏上的任务按钮后弹出的快捷菜单

4. 窗口操作

在 Windows 10 操作系统内执行的应用程序都具有类似的窗口结构。Windows 10 操作系统的窗口结构有 3 种类型：程序窗口、文件夹窗口和对话框窗口。

程序窗口：一个正在执行的应用程序面向用户的操作平台。用户可通过程序窗口对相应的应用程序实施各种可能的操作。

文件夹窗口：某个文件夹面向用户的操作平台。用户可通过文件夹窗口对相应的文件夹的内容实施各种可能的操作。

对话框窗口：操作系统或应用程序打开的、与用户进行信息交换的子窗口。对话框通常用于向用户提示某些操作所需的具体选择或信息，也可以用于显示软件执行中各种状态的附加说明、警告、提示等必要的信息。

前两类窗口的功能虽然不同，但窗口结构基本相同。现以写字板应用程序为例来说明Windows 10 操作系统的窗口结构，如图 2.6 所示。

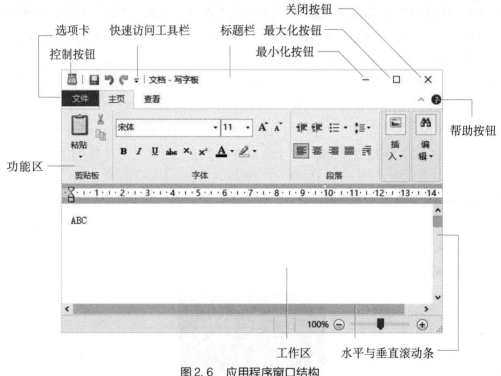

图2.6　应用程序窗口结构

（1）控制按钮：控制按钮位于窗口的左上角。单击该按钮或右击标题栏空白处会弹出如图 2.7 所示的快捷菜单。此时，选择该菜单中的某个选项可以改变任务窗口的状态，如最大化、最小化（或双击标题栏空白处）、关闭（Alt + F4 键）等。

（2）标题栏：标题栏位于窗口的上方。拖拽标题栏则窗口会随鼠标指针的移动而移动。若双击标题栏，则窗口会充满整个屏幕。若再次双击标题栏，则窗口会还原到原来的尺寸。

（3）3 个快捷按钮：3 个快捷按钮位于窗口的右上角，自左向右排列的 3 个按钮分别是"最小化"按钮、"最大化/向下还原"按钮和"关闭"按钮。对这 3 个按钮只有单击一种操作。

单击"最小化"按钮，将使该窗口所对应的应用程序退至后台并在任务栏上保存一个快捷按钮。

图 2.7　控制按钮快捷菜单

"最大化/向下还原"按钮是一个可以改变窗口大小的按钮。若窗口没有充满整个屏幕，单击该按钮，则会使窗口充满整个屏幕且该按钮变为向下还原按钮。若窗口已充满整个屏幕，单击该按钮，则会使窗口还原为最大化以前的尺寸且该按钮变为"最大化"按钮。

当鼠标指针移至窗口的 4 个边界时会分别呈现↔或↕的形状，此时拖动鼠标可以改变窗口横向或纵向的尺寸。当鼠标指针移至窗口的 4 个顶角时会分别呈现出倾斜的双向箭头，此时拖动鼠标则可以纵横向成比例地改变窗口的尺寸。单击"关闭"按钮，将关闭该窗口及其对应的应用程序，并释放其占用的内存和 CPU 等系统资源。

（4）快速访问工具栏：快速访问工具栏位于标题栏的左侧，集成了多个常用的功能按钮，用户可以根据需要通过工具栏右侧的"▼"按钮添加和更改。

（5）选项卡：选项卡用于针对不同操作的选项设置。单击最左侧的选项卡，可以在打开的菜单中，针对文件进行新建、打开、保存、打印等操作。其他选项卡都是针对文档内容操作的，单击不同的选项卡，可以得到不同的操作设置。

（6）功能区：功能区显示的是不同选项卡中包含的操作命令组。

（7）工作区：工作区通常是窗口中部面积最大的一块具有同一背景的操作区域。工作区的实际面积可能要大于当前窗口面积。

（8）滚动条：滚动条由两个方向相反的滚动按钮、一个滚动块（也称滑块）和一个滚动框组成。滚动条分为水平滚动条和垂直滚动条，分别位于工作区的下方和右侧。当窗口内工作区不足以显示出全部内容时，拖拽滚动块在滚动框内进行水平或垂直方向的移动，可以使要操作的内容出现在可见的工作区内。滚动条的操作方法有下述 3 种：

● 使鼠标指针指向滚动块并拖拽其进行水平或垂直方向的移动。

● 单击滚动按钮使工作区的内容发生一个固定单位的水平或垂直方向的移动。

● 单击滚动框使工作区的内容发生一个页面单位的水平或垂直（等同于按 Page Down、Page Up 键）方向的移动。

（9）帮助按钮：单击帮助按钮可以打开该应用程序的帮助和支持信息。

2.1.5　菜单操作

1. 菜单类型

Windows 10 的菜单主要以快捷菜单和下拉菜单呈现。

（1）快捷菜单。快捷菜单通常不隶属于某个具体的应用程序而独立存在。快捷菜单一般是在已启动的应用程序内单击或右击某个按钮而弹出的。

（2）下拉菜单。如果在一个功能按钮的旁边出现"▼"按钮，则单击该按钮就会弹出下拉菜单，菜单中显示该功能中所有可以实现的操作选项。

2. 菜单显示约定

Windows 10 的菜单项在显示时会呈现下述几种状况：

- 菜单项名为黑色字，意为本项为可操作的命令。
- 菜单项名为浅灰色字，意为本项当前为不可操作的命令。
- 菜单项名后接"…"符号，意为执行本项操作后会弹出一个对话框并需要用户输入更详细的信息。
- 菜单项名后接"▶"符号，意为本菜单项有下一级菜单。
- 菜单项名后接（X）及组合键值，意为可使用 Alt 键与括号内的字母组合键或直接键入组合键值来实现该菜单项快捷键盘操作。
- 菜单项名前有"√"符号，意为该菜单项所代表的状态已生效。

······ 3. 菜单操作 ······

单击（右击）功能按钮或单击功能按钮旁的"▼"按钮，可以弹出快捷菜单或下拉菜单，显示集合在该菜单内所有的菜单项，然后移动鼠标指针至需要的操作选项并单击，就可以完成相应的功能操作。若某菜单项有下一级菜单，则在其右侧会显示一个"▶"符号。当鼠标指针指向该菜单项时便会自动打开其下一级菜单，其后的各级菜单都可以类推。

在使用下拉菜单针对文件内容进行操作时，在设置诸如字体、字号、段落、颜色、样式和效果等的情况下，被操作对象会随鼠标指针在下拉菜单可选项中的移动而改变，这种方式称为"随动"。它可以简化操作、提高效率，是 Windows 10 的显著特点之一。

2.1.6 对话框操作

由于对话框多用于执行中的应用程序与用户的交互，因而对话框的组成成分较多。现以如图 2.8 所示的"页面设置"对话框为例，说明对话框常用的组成成分。

命令按钮：用于对交互信息的选择、确认、取消等操作。

选择按钮：通常以两个以上的选项按钮聚合为一组，操作时只能选择其中一个。

列表框：单击列表框右侧的"⌄"按钮，会出现垂直滚动条，用户可查看置于列表框内的全部项目内容，并可单击选定。

文本框：用于人机之间的文字、数字信息交互。单击文本框会在该框内出现光标，等待用户输入信息。

选择框：供用户对多个信息状态进行复选操作的一种安排。操作时只要单击所需要的选择框即可。

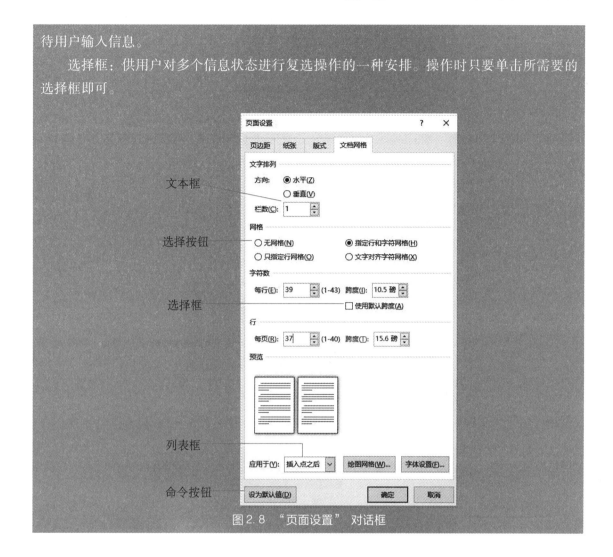

文本框

选择按钮

选择框

列表框

命令按钮

图 2.8　"页面设置" 对话框

2.1.7　使用中文输入法

输入汉字的前提是必须配置中文输入法。Windows 10 中文版操作系统默认提供了 "微软拼音" 中文输入法，如果用户需要使用其他中文输入法则需要另外安装。

一般情况下，当需要在不同中文输入法或中英文输入状态之间切换时，可以使用下列快捷键完成：

- 按住 Ctrl 键不放，再按 Shift 键，即可改变输入法。
- 按 Ctrl 键 + 空格键，则可以在中英文输入状态之间进行切换。
- 按 Shift 键 + 空格键，可以完成全、半角切换。
- 单按 Shift 键可以切换中文输入法的中英状态。

2.1.8 桌面设置

1. 桌面布置

（1）桌面背景设置。Windows 10 操作系统的桌面主要由背景（墙纸）、图标和任务栏三大部分组成。用户可以根据自己的喜好设置不同的背景。设置方法如下：

● 右击桌面空白处，在弹出的快捷菜单中单击"个性化"项，打开"设置"对话框，如图 2.9 和图 2.10 所示。

图 2.9　启动 "个性化" 设置　　　　　　图 2.10　打开 "设置" 对话框的背景选项

● 单击"选择图片"项下需要的图片（如第 3 张），则桌面背景就会改变，对话框上部的图片就是更改背景后的桌面显示预览，如图 2.11 所示。

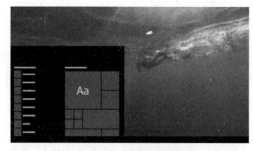

图 2.11　桌面显示预览

● 关闭对话框窗口，完成桌面背景设置。

如果需要，用户还可以单击"浏览"按钮，在弹出的"打开"对话框中选择本机中已有的图片、照片等，使其内容显示在"选择图片"列表中，然后根据个人喜好选用。

"背景"列表框默认的是图片，用户也可以换成纯色、幻灯片放映等。该对话框还有显示契合度选择设置。

（2）图标。图标的规格很多，有类型、大小和名称之分。

图标的类型分为系统图标和快捷图标两种。系统图标是 Windows 10 操作系统安装成功之后便永久固化在桌面上的，只能修改而不能删除。快捷图标是由用户根据需要作为一个应用程序的代表放置在桌面上的，可以修改和删除。快捷图标与系统图标最直观的区别是在快捷图标的左下角存在一个 符号。

分布在桌面上的图标可以按照用户的需要随意排列。一般排列操作如下：

● 右击桌面背景无图标处，系统会弹出快捷菜单。

● 移动鼠标指针至"排序方式"项，弹出下一级菜单，移动鼠标指针至需要的排序关键字并单击，如图 2.12 所示，即可完成桌面图标的排列。

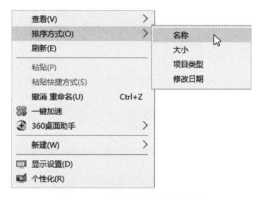

图 2.12　排列图标快捷菜单

...... 2. 快捷方式 ....

快捷方式是指向计算机上某个项目（如文件、文件夹和程序）的链接。快捷图标是快捷方式的表现形式，如图 2.13 所示。快捷图标上的箭头是区分快捷方式和原始文件的标志。

图 2.13　典型的文件图标及其相关的快捷图标

创建快捷图标的方法如下：

● 右击桌面背景无图标处，系统会弹出快捷菜单。

● 在弹出的快捷菜单中移动鼠标指针至"新建"项，弹出下一级菜单，移动鼠标指针至"快捷方式"项并单击，如图 2.14 所示，系统将打开"创建快捷方式"向导对话框，如图 2.15 所示。

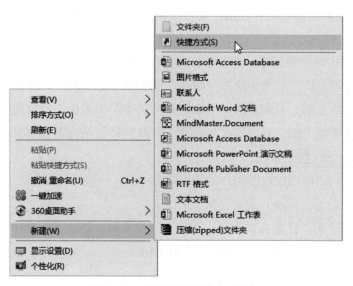

图2.14　新建桌面快捷方式菜单

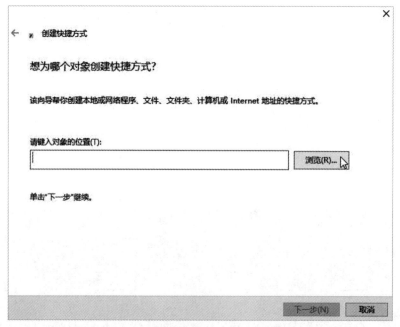

图2.15　"创建快捷方式"向导对话框

● 单击"浏览"按钮，系统弹出"浏览文件或文件夹"窗口，在该窗口中查找需要创建快捷方式的应用程序，如果找到了该应用程序，单击该应用程序图标，单击"确定"按钮，"浏览文件或文件夹"窗口关闭。

● 选定的应用程序名及其所在路径会出现在对话框的"请键入对象的位置"文本框内，且"下一步"按钮被加亮，单击"下一步"按钮，要求为快捷方式命名。

● 在"键入该快捷方式的名称"文本框中输入快捷方式名称，也就是桌面上每个快捷图标下方的名字，然后单击"完成"按钮，一个新的快捷图标便会出现在桌面上。

双击快捷图标即可打开（或运行）相应的文件、文件夹（或程序）。

删除快捷图标与删除其他文件的方法相同，但删除结果是：快捷图标被删除，而与其相关联的文件（文件夹或程序）不会被删除。

按 Win + D 键可以快速进入桌面。

2.1.9　任务栏

任务栏是 Windows 10 操作系统的重要工具之一，如图 2.16 所示。

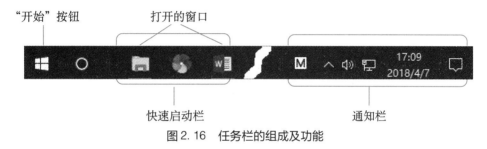

图 2.16　任务栏的组成及功能

单击任务栏最左侧的"开始"按钮，可以打开"开始"菜单并启动应用程序；单击快速启动栏上的图标也可以直接启动应用程序；任务栏右侧的通知栏则用来显示活动的和紧急的通知图标，向用户提示一些系统信息和重要操作，如系统日期和时间、网络连接状态、扬声器、自动更新信息等。另外，任务栏还有很多可以变化的因素，如任务栏位置改变、任务栏自动隐藏等。本节只讨论一些简单的任务栏特性设置功能。

1. 任务栏自动隐藏

在实际使用中，有时会觉得任务栏阻挡了视线，特别是在计算机屏幕较小的时候。解决这个问题的办法是在不使用任务栏时将其隐藏起来。

● 右击任务栏任意空白区域，系统弹出快捷菜单，如图 2.17 所示。

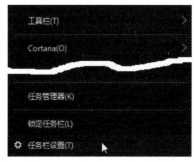

图 2.17　任务栏快捷菜单

● 选择快捷菜单中的"任务栏设置"项，系统将打开"设置"对话框的任务栏选项，如图 2.18 所示。

图 2.18 设置任务栏自动隐藏

● 打开"在桌面模式下自动隐藏任务栏"开关，然后关闭对话框。

此后，任务栏就从屏幕底部消失了。当移动鼠标指针到屏幕底端或按 Win 键时，任务栏自动显示，移开鼠标指针，则任务栏自动隐藏。

2. 移动任务栏

将鼠标指针指向任务栏的空白区域，按住鼠标左键不放向屏幕的其他三边的任意一边拖拽鼠标，当任务栏移至合适位置后，松开鼠标左键即可。

3. 快速启动栏添加/删除图标

（1）添加图标。

● 找到需要放至快速启动栏中的应用程序图标（应用程序图标可以存在于"开始"菜单中、桌面上或"文件资源管理器"中）。

● 右击该图标，在弹出的快捷菜单中单击"固定到任务栏"项，如图 2.19 所示，应用程序图标即可被添加到快速启动栏中。

一般情况下，单击快速启动栏中的快捷图标即可启动应用程序，而桌面上的快捷图标需要双击才能启动应用程序。

（2）删除图标。

● 右击快速启动栏中要删除的应用程序图标。

● 在弹出的快捷菜单中单击"从任务栏取消固定"项，如图 2.20 所示，即可将应用程序图标从快速启动栏中删除。

图 2.19　向快速启动栏添加应用程序图标　　　　图 2.20　从快速启动栏中删除应用程序图标

2.1.10 ◀ 屏幕保护设置

如果在某一段时间内不使用键盘或鼠标操作计算机，屏幕保护程序可以产生不断运动和变换的图形，用于保护显示屏，延长显示器的使用寿命。一般情况下，如果需要暂时离开或短时休息，应为计算机设置屏幕保护程序。

- 单击"开始"按钮，打开"开始"菜单。
- 单击"设置"按钮，打开"设置"对话框，单击"个性化"项，如图 2.21 所示。

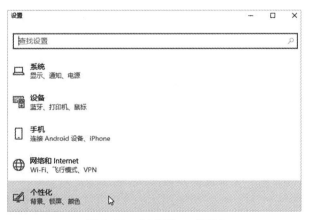

图 2.21　"设置"对话框

- 在"设置"对话框的"个性化"窗口中单击"锁屏界面"项，如图 2.22 所示，弹出"锁屏界面"窗口。
- 在"锁屏界面"窗口中单击"屏幕保护程序设置"项，系统弹出"屏幕保护程序设

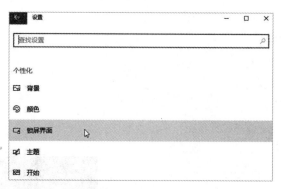

图 2.22 "设置"对话框的"个性化"窗口

置"对话框，如图 2.23 所示。

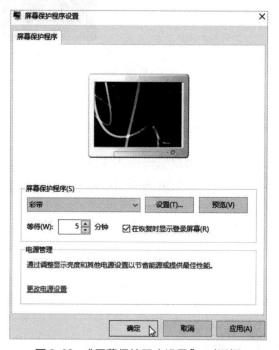

图 2.23 "屏幕保护程序设置"对话框

- 单击"屏幕保护程序"下拉列表框，从中选择所需的屏幕保护程序名称，对话框上方的预览区会显示相应的图形几何变换效果。
- 选定后，设置等待时间，然后单击"应用"按钮，再单击"确定"按钮关闭对话框。
- 按 Win + L 键可以立刻进入屏幕保护程序。

2.1.11 获得帮助

当用户在学习和使用 Windows 10 操作系统的过程中遇到困难，而身边既没有合适的参考书籍，又没有专家时，正确使用系统提供的帮助功能，可以有效地解决所遇到的许多实际问题。

在 Windows 10 操作系统中获得帮助的常用方法有两种：

方法一

在打开的应用程序中按下 F1 键（F1 是多数计算机软件默认的帮助快捷键），如果该应用程序提供了自身的帮助功能，则会将其打开。否则，Windows 10 操作系统会调用用户当前的默认浏览器打开搜索页面，以获取 Windows 10 操作系统中的帮助信息。如图 2.24 和图 2.25 所示分别是在运行写字板和文件资源管理器时，按下 F1 键后得到的帮助界面。

图 2.24　写字板程序中获得的帮助

图 2.25　文件资源管理器程序中获得的帮助

方法二

询问 Cortana（小娜）。虽然 Cortana 具有根据用户喜好和习惯，帮助用户安排日程、搜索文件、推送关注信息等功能，回答用户问题也是其重要功能之一。当我们需要获取一些帮助信息时，询问 Cortana 也是一种快速获得答案的方法。

- 单击任务栏上的搜索框，单击左侧的笔记本图标，系统弹出登录界面，单击"登录"按钮，如图 2.26 所示。
- 选择登录帐户①，如果没有帐户，则选择"创建一个"，如图 2.27 所示。

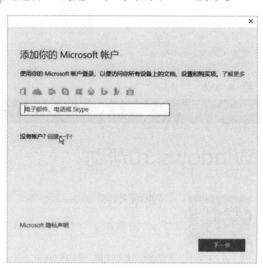

图 2.26　Cortana 登录界面　　　　　图 2.27　添加/创建帐户界面

- 根据要求在对话框中输入相应的信息，即可完成 Cortana 的注册，如图 2.28 所示。
- 当再次单击搜索框，单击"笔记本"图标后，就可以打开 Cortana 工作界面了，如图 2.29 所示。

图 2.28　创建帐户　　　　　　　　图 2.29　Cortana 工作界面

---

① 编辑注：为配合所介绍的操作，本教材中的"账户"均使用"帐户"。

在线帮助除了以上述集合形态提供外，还分散在许多应用程序内的菜单、对话框中，按照类似上述的操作方法同样可以得到即时的帮助。

2.1.12 开始菜单

单击任务栏上的"开始"按钮，打开 Windows 10 操作系统的"开始"菜单，如图 2.30 所示。

图 2.30 Windows 10 操作系统的 "开始" 菜单

"开始"菜单中左侧第一列有"电源""设置""文件资源管理器"按钮，第二列是应用程序列表，右侧是以动态磁贴（Live Tile，简称磁贴）形式显示的多个应用程序项，以及"开始"按钮旁边的搜索框。

1. 添加/删除"开始"菜单磁贴

（1）添加磁贴。

● 找到需要放至"开始"菜单屏幕中的应用程序图标（应用程序图标可以存在于"开始"菜单中、桌面上或"文件资源管理器"中）。

● 右击该图标，在弹出的快捷菜单中单击"固定到'开始'屏幕"项，如图 2.31 所示，应用程序图标即可被添加到"开始"菜单屏幕中。

（2）删除磁贴。右击"开始"菜单屏幕中的磁贴，在弹出的快捷菜单中单击"从'开始'屏幕取消固定"项，如图 2.32 所示，应用程序磁贴即可从"开始"菜单屏幕中被删除。

2. 调整"开始"菜单磁贴

- 右击磁贴，在弹出的快捷菜单中单击"调整大小"项，可以改变磁贴尺寸。
- 右击磁贴，在弹出的快捷菜单中单击"卸载"项，可以卸载该应用程序。
- 右击磁贴，在弹出的快捷菜单中单击"更多"项，可以对磁贴进行打开、固定到任务栏、评价和共享等操作。

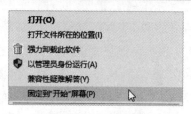

图 2.31　添加磁贴

图 2.32　删除磁贴

使用鼠标可以将磁贴拖拽到磁贴显示区域内的任意位置。

2.2　文件及文件管理

2.2.1　文件资源管理器

"文件资源管理器"是 Windows 10 操作系统的重要组成部分，是对连接在计算机上全部外存储设备、外部设备、网络服务（包括局域网和国际互联网络）资源和计算机配置系统进行管理的集成工具。

1. 文件与文件夹

（1）文件。广义的文件是指存储在一定媒体上的一组相关信息的集合。文件可以是存储在磁盘、磁带、光盘、U盘、卡片上的各种程序、数据、文本、图形和声像资料等。

文件可以是应用程序，也可以是由应用程序创建的数据文件，如由 Word 程序创建的 Word 文档、由"画图"程序创建的位图文件等。

文件的名字由文件名和扩展名两部分组成。扩展名表示文件的类型，位于文件名之后，与文件名之间用"."分开。如"风景.doc"文件，"风景"是文件名，".doc"是扩展名。

Windows 10 规定，文件名可以有 255 个字符（包括空格），但不能包含下列字符：

\　/：＊　？＜　＞　″｜

（2）文件夹。文件夹也称为目录，是用来存放文件和子文件夹的。

大多数流行的操作系统，如 Windows、Linux 和 Macintosh 等，都是采用树状结构的文件夹系统，如图 2.33 所示。

图 2.33　文件夹的树状结构

图 2.33 中的根文件夹也称为根目录，是树状结构文件夹的最顶层，代表磁盘驱动器。计算机上根文件夹的数目取等于或大于磁盘驱动器的个数。磁盘驱动器由驱动器名和后续的半角 ":" 表示。通常情况下，"A:" 和 "B:" 代表软磁盘驱动器，"C:" 代表主硬磁盘驱动器；如果硬磁盘有多个分区，则会有多个顺序编号的根文件夹符号，如 "D:" "E:" 等；如果有光盘驱动器或移动存储设备，还会出现相应的顺序编号的根文件夹符号。

（3）路径。路径是描述文件位置的一条通路，这些文件可以是文档或应用程序，路径告诉操作系统如何才能找到该文件。路径的使用规则是：逻辑盘符号（如 C、D 或其他），后跟半角冒号（:）和反斜杠（\），再接文件所属的所有子文件夹名（子文件夹名中间用反斜杠分隔），最后是文件名。例如，C:\Windows\System\VGA. drv。

2. 磁盘与磁盘驱动器

磁盘是存储信息的物理介质，包括软磁盘（简称软盘）、硬磁盘（简称硬盘）和光磁盘（简称光盘）。

磁盘驱动器是用于读出磁盘内容和向磁盘写入信息的硬件设备。软盘驱动器（简称软驱）和光盘驱动器（简称光驱）是独立的硬件设备，而硬盘驱动器是将硬盘与驱动器制成一个整体的硬件设备。

软驱和硬盘可以直接读、写数据信息，光驱分为只读光驱（CD/DVD）和可读写光驱（CD-R/CD-RW、DVD±R/DVD±RW）。只读光驱只能从光盘读出数据信息，可读写光驱 CD-R 既可以读出光盘数据信息，也可以向 CD-R 光盘一次性写入数据信息；可读写光驱 CD-RW 不但可以读出普通的光盘数据信息，还可以对 CD-RW 光盘进行数据信息的读出和写入操作。

3. 常用移动存储设备

（1）移动硬盘。移动硬盘是一种大容量的便携式硬盘，在 PC 和笔记本电脑上都可使用，兼容性极好，是目前使用较多的移动存储设备之一。

（2）Flash RAM。Flash RAM，俗称 "闪存" "闪盘"，是目前广泛流行的、面向个人用户的移动存储设备。"U 盘" 是闪存的一种，它是一个使用 USB 接口、无须物理驱动器的微型高容量移动存储产品，可以通过 USB 接口与电脑连接，实现即插即用。U 盘具有价格较低、容量适中、体积小巧、性能可靠等特点。

Flash RAM 的发展速度非常快，目前的产品可以提供被主流 BIOS 所识别的 USB 外置软驱/软盘、硬盘功能，通过模拟 USB 软驱/软盘及 USB 硬盘，直接引导系统启动。还有一些产品具有内嵌式杀毒、数据恢复、硬件加密和写保护等功能。

当然，移动存储设备的种类还有很多，在此就不一一赘述了。

4. 启动文件资源管理器

● 单击"开始"按钮，在弹出的"开始"菜单中单击"文件资源管理器"按钮，如图2.34所示，系统将会打开文件资源管理器窗口，如图2.35所示。

图2.34　启动文件资源管理器的快捷菜单

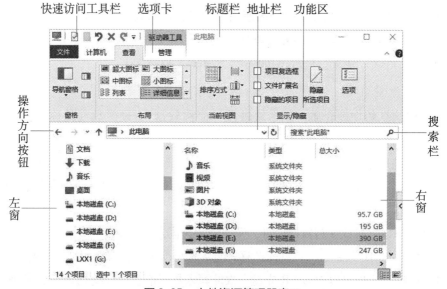

图2.35　文件资源管理器窗口

文件资源管理器窗口还可以通过下列方法打开：

● 单击任务栏上的"文件资源管理器"图标按钮（如果已存在）。

● 右击"开始"按钮，在弹出的快捷菜单中单击"文件资源管理器"项。

● 按 Win + E 键。

5. 文件资源管理器窗口的组成

文件资源管理器窗口主要由快速访问工具栏、标题栏、选项卡、功能区、操作方向按钮、地址栏、搜索栏以及左右两个窗口等构成。左边窗口称为资源、文件夹列表窗口（以下简称左窗）。右边窗口称为选定文件夹的列表窗口（以下简称右窗）。在左窗内选定某个文件夹，该文件夹内的全部内容都会出现在右窗。当文件资源管理器以非 Web 页方式设定时，地址栏以列表框的形式呈现左窗中的内容，以满足习惯于列表框操作的用户。功能区是文件资源管理器常用操作命令的集合，在使用文件资源管理器时应尽量利用快速访问工具栏和各种快捷方式。

文件资源管理器右窗上方的"名称""类型""总大小"等按钮内容是文件夹或文件的属性信息。当单击这些按钮时，该窗内的文件夹和文件将依该项属性的编码顺序从小到大或从大到小重新排列。右击这些属性按钮则可以根据需要增加或删除属性项。

6. 菜单命令

当在文件资源管理器左窗中选中"此电脑"时，菜单会显示 4 个选项卡，分别是"文件""计算机""查看""管理/驱动器工具"；当在左窗中选中一个逻辑盘符（如 C:），菜单会显示 5 个选项卡，分别为"文件""主页""共享""查看""管理/驱动器工具"；如果在左窗中选中的是一个文件夹，菜单会显示 4 个选项卡，分别是"文件""主页""共享""查看"。这些选项卡中包含了对文件夹（目录）、文件、磁盘、网络、外设等计算机连接资源进行基本操作的命令，单击菜单栏右侧的"展开功能区"按钮（或按快捷键 Ctrl + F1），可以看到每个选项卡中可以操作的命令。

2.2.2　文件与文件夹基本操作

1. 资源图标及其操作

文件资源管理器窗口中的资源图标有很多，可以按用户喜好用小、中、大和特大 4 种类型显示，也可按用户使用习惯采取列表、详细信息、平铺和内容 4 种方式呈现。

若在某个资源图标的左侧存在一个 "＞" 符号，则表示该资源内存在有上下隶属关系的其他资源。单击 "＞" 符号，便可展开上述的资源隶属关系，这一操作称为展开。若其内部仍有这种关系，则以此类推。被展开后的资源图标左侧的 "＞" 符号会变成一个 "＞" 符号。单击 "＞" 符号则会还原成展开前的样子，这一操作称为折叠。展开和折叠互为逆向操作。

2. 新建文件夹

● 启动文件资源管理器。

● 右击左窗中要创建文件夹的根文件夹（如本地硬盘 E:）或上一级文件夹。

● 在弹出的快捷菜单中移动鼠标指针至"新建"项，在弹出的下级菜单中选定"文件夹"项并单击，如图 2.36 所示。

● 在被选定的根文件夹或上一级文件夹下面就会生成一个新的文件夹，文件夹名位置为被加亮可输入状态，如图 2.37 所示。

● 输入自定的新文件夹名（如 My Pic）后按回车键（Enter 键），就会在 E 盘下创建一个新的文件夹"My Pic"。

● 如果不输入新文件夹名而直接按 Enter 键，则创建的新文件夹名为"新建文件夹"。

图2.36　新建文件夹

图2.37　显示新建的文件夹

3. 文件与文件夹的选定

单击文件名图标或文件夹图标即可选定该文件或该文件夹。文件名或文件夹名被加亮且被选定的文件夹内的相关信息自动显示于右窗。

在右窗进行上述操作时，选定两个以上的文件或文件夹称为复选操作。先单击第一个文件图标或文件夹图标，按下 Ctrl 键或 Shift 键不放，再单击下一个文件图标或文件夹图标直至选定结束。按下 Ctrl 键为独立复选，即每单击一次选定一个；按下 Shift 键为连续复选，即选定从第一个选定的目标至当前选定目标之间的所有文件或文件夹。如果复选部分文件或文件夹后还需连续复选其他文件，此时在按下 Ctrl + Shift 键的同时，单击需要选定的文件即可完成操作。

4. 文件与文件夹的复制和移动

（1）复制。

● 选定要复制的（源）文件或文件夹。

● 按 Ctrl + C 键或右击选定的文件或文件夹，在弹出的快捷菜单中单击"复制"项，如图 2.38 所示。

图2.38　复制文件或文件夹快捷菜单

- 再选定接收复制的（目标）文件夹。
- 按 Ctrl + V 键或右击右窗的空白区域，在弹出的快捷菜单中单击"粘贴"项即可完成复制操作，如图 2.39 所示。

图2.39　粘贴文件或文件夹快捷菜单

如果文件资源管理器的左窗内既有要复制的（源）文件夹，也有接收复制的（目标）文件夹，则可以用更简洁的操作方法：

- 选定要复制的（源）文件或文件夹。
- 按下 Ctrl 键不放，使用鼠标拖拽被选定的文件或文件夹至接收复制的（目标）文件夹后释放鼠标按键和 Ctrl 键即可。

但是，使用该方法时，如果 Ctrl 键配合不好容易变成移动，在拖放的过程中如果控制不好容易将要复制的（源）文件或文件夹粘贴到别的文件夹中。

（2）移动。

- 选定要移动的（源）文件或文件夹。
- 使用鼠标拖拽被选定的文件或文件夹至接收的（目标）文件夹后释放鼠标按键即可。

如果被选定的文件或文件夹与接收的（目标）文件夹不在同一个磁盘上，则上述移动操作相当于复制操作。

建议用快捷键 Ctrl + X（剪切）和快捷键 Ctrl + V（粘贴）执行移动的操作，拖拽的方法容易出现失误。

5. 文件与文件夹的更名

- 选定文件或文件夹。
- 按 F2 键或右击选定的文件或文件夹，在弹出的快捷菜单中选择"重命名"项，如图 2.40 所示。
- 选定的文件名或文件夹名被加亮显示且有光标闪烁表示可以更名，此时可以修改或输入新文件名或新文件夹名，再按 Enter 键确认更名。

图2.40　重命名文件或文件夹

如果只对右窗中的文件或文件夹更名，可以使用更简单的方法：

● 选定右窗中的文件或文件夹，再单击文件名或文件夹名。但该操作方法容易出现失误变成双击。

● 选定的文件名或文件夹名被加亮显示且有光标闪烁表示可以更名，输入新文件名或新文件夹名，按 Enter 键确认更名。

6. 文件与文件夹的删除和恢复

（1）文件或文件夹的删除。

● 选定要删除的文件或文件夹。

● 按 Delete 键，或单击标准工具栏中的"删除"按钮打开"确认文件删除"对话框。

● 单击"是"按钮，选定的文件或文件夹将被操作系统从选定的文件夹转移到回收站存放。这时从当前工作的文件夹来看，选定的文件或文件夹确实已不存在，因而这种删除被称为<u>逻辑删除</u>。

🔔

当删除的目标是一个文件夹时，处于该文件夹内部的所有文件夹和文件都将被删除。

（2）回收站。回收站实际上也是一个文件夹，用于存放被逻辑删除的文件和文件夹。

① 已删除文件或文件夹的恢复。对确实属于被误删除的文件或文件夹可通过以下操作恢复：

● 双击桌面上的"回收站"图标，打开"回收站"窗口，如图2.41所示。

● 在右窗中右击需要恢复的文件或文件夹，则会弹出快捷菜单，在快捷菜单中选择"还原"项，如图2.42所示，即可将选定的文件或文件夹恢复至删除前的存放位置。

② 物理删除文件或文件夹。为了避免磁盘空间被大量垃圾信息占用，应定期对存放在"回收站"内的文件或文件夹进行真正的删除，这种删除称为<u>物理删除</u>。

● 打开"回收站"，在右窗中右击需要物理删除的文件或文件夹。

● 在弹出的快捷菜单中单击"删除"项，就会打开"文件（夹）删除"确认对话框，单

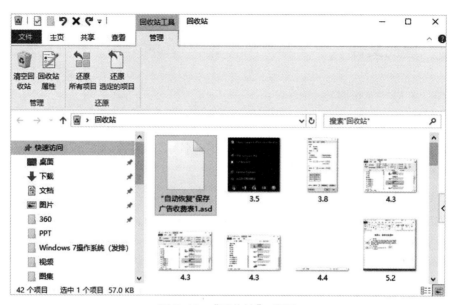

图 2.41　"回收站"窗口

图 2.42　恢复快捷菜单

击"是"按钮，则被选定的文件或文件夹就被从硬盘中彻底删除。

🔔

被物理删除的文件或文件夹在硬盘没有存入其他文件的前提下，借助恢复软件（如 EasyRecovery 等）也是可以恢复的。

全部清空回收站的操作如下：

● 右击文件资源管理器左窗内的"回收站"图标，会弹出快捷菜单。

● 在快捷菜单中，选择"清空回收站"项，则会打开确认是否执行清空操作的对话框。

● 根据需要单击"是"或"否"按钮，确认清空操作或终止操作。

7. 隐藏和显示文件

● 打开文件资源管理器"查看"选项卡并选中需要隐藏的文件或文件夹。

● 单击"隐藏所选项目"按钮，即可完成隐藏操作。

● 如果需要显示被隐藏的文件或文件夹，勾选"隐藏的项目"可选项，再单击"隐藏所选项目"按钮，即可完成隐藏目标的显示操作。

2.2.3 查找文件

1. 使用"开始"菜单查找文件

（1）通配符。在计算机中，有两个十分重要的文件符号——星号"＊"和问号"？"。这两个符号被称为"通配符"，它们可以代替其他任何字符。其中"＊"可以代替一个字符串，"？"则只能代替一个字符。

例如，输入"＊A＊.docx"，就可以将所有文件名中包含字母 A、以".docx"为扩展名的文件查找出来；输入"A??.docx"，将查找以字母 A 开头、文件名仅由 3 个字符组成（后两个字任意）、扩展名为".docx"的所有文件。

特别要注意，所输入的通配符"？"和"＊"必须是英文字符，不能是中文的标点。不过，通配符既可代表西文字符，也可以代表汉字。

（2）"开始"菜单。

● 单击"开始"按钮，弹出"开始"菜单。

● 在"开始"菜单底部的"搜索程序和文件"文本框中键入需要查找的程序或文件名（可以带通配符），系统就会自动查找满足条件的文件并将其显示出来。

2. 使用文件资源管理器查找文件

● 打开文件资源管理器。

● 单击左窗中要查找的文件所在的文件夹或磁盘符号甚至"此电脑"图标，在搜索栏中键入需要查找的文件名（可以带通配符），系统就会自动查找满足条件的文件并在右窗中将其显示出来。

2.2.4 启动应用程序

1. 直接启动

双击文件资源管理器右窗中的类型列上注有"应用程序"标识的文件，就可以直接启动应用程序。使用文件资源管理器，可以启动任何已安装在本地计算机或已安装在能够到达的网络计算机中的应用程序。

2. 使用"运行"程序启动

● 按 Win＋R 键或单击【开始】按钮→〖Windows 系统〗→"运行"项，将打开"运行"对话框，如图 2.43 所示。

● 在"打开"文本框内输入应用程序的名称，单击"确定"按钮，就可以启动应用程序了。这种方法需要用户事先知道应用程序的名称。

图 2.43　"运行"对话框

3. 使用"开始"菜单启动

- 单击"开始"按钮，打开"开始"菜单。
- 移动鼠标指针至应用程序图标并单击即可启动应用程序。

4. 双击放置于桌面上的应用程序快捷图标或单击任务栏上的应用程序图标

双击放置于桌面上的应用程序快捷图标或单击任务栏上的应用程序图标也是启动应用程序的便捷、常用的方法。

5. 双击不同类型的文档文件

双击不同类型的文档文件，系统会自动启动与之关联的应用程序。

2.3　Windows 10 常用附件

Windows 10 操作系统除了具有强大的系统管理功能外，还带有许多小型的应用程序，可以使用户在没有安装其他应用程序的情况下，也能完成一些日常的工作。

2.3.1　写字板

写字板是一个小型的文字处理软件，能够对文章进行一般的编辑和排版处理，还可以进行简单的图文混排。

- 单击"开始"按钮，打开"开始"菜单。
- 在应用程序列表中移动鼠标指针至"Windows 附件"项并单击，如图 2.44 所示，系统将会打开二级子菜单，所有已经安装的应用程序和软件名称均被显示在该二级子菜单中，如图 2.45 所示。
- 单击"写字板"项即可启动"写字板"程序并打开"写字板"程序窗口，如图 2.46 所示。

图2.44 "开始" 菜单中的 "Windows 附件" 项

图2.45 "Windows 附件" 二级子菜单

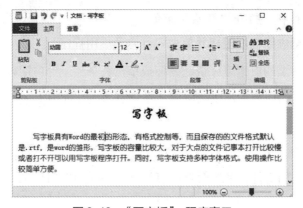

图2.46 "写字板" 程序窗口

除此以外，用户还可以使用下列方法启动该程序：

- 单击快速启动栏中的该程序图标（如果有此图标）。
- 双击桌面上该程序的快捷图标（如果有此图标）。
- 双击"文件资源管理器"中该程序名或使用该程序创建的文件。

写字板程序默认的保存文件格式为 RTF（rich text format），也可以根据需要保存为 TXT 等其他格式。

2.3.2 记事本

记事本是 Windows 10 操作系统自带的专门用于小型纯文本编辑的应用程序。记事本所能处理的文件为不带任何排版格式的纯文本文件，其默认扩展名为".txt"。

由于纯文本文件（也称"TXT 文件"）不含任何特殊格式，因此，它具有广泛的兼容性，可以很容易地被其他类型的程序打开和编辑，并且占用的磁盘存储空间很小。

- 单击"开始"按钮，打开"开始"菜单。
- 使用类似打开写字板的方法启动"记事本"程序并打开"记事本"程序窗口，如图2.47 所示。

图 2.47　"记事本" 程序窗口

- 选择输入法并输入文字。
- 通过【格式】菜单可以改变文字的字体、字形、大小和自动换行。
- 打开【文件】菜单并选择〖另存为〗或〖保存〗项，会打开 "另存为" 对话框，在规定位置分别确定保存位置、文件名和文件类型（默认为 TXT），最后单击 "保存" 按钮即可。

2.3.3　计算器

计算器的启动方法与记事本类似。计算器提供了标准型、科学型、程序员等多种运算模式，单击左上角的模式切换按钮，可以进行运算模式的切换。

2.3.4　画图

"画图" 是 Windows 10 提供的一个小型绘画及图像处理程序。我们可不要小看它，虽然它不能与那些大型的图形图像处理程序的功能相比，但它所展示的界面、绘图工具及一些基本图形图像的处理方法，是进一步学习相关专业软件的基础。

1. 启动 "画图" 程序

- 单击 "开始" 按钮，打开 "开始" 菜单。
- 找到 "Windows 附件" 项并单击，打开程序列表二级子菜单。
- 选择 "画图" 项并单击，即可启动 "画图" 程序并打开相应的窗口，如图 2.48 所示。

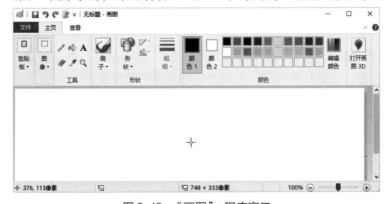

图 2.48　"画图" 程序窗口

2. 画图的基本操作

以绘制如图2.49所示的一幅风景画为例来了解"画图"程序的基本操作方法。

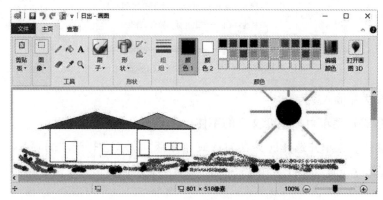

图2.49　使用"画图"程序绘制的图画

● 单击"刷子"按钮，可以在弹出的下拉列表中选择画笔的不同形状，如刷子、普通铅笔、喷枪等，根据所画形状的需要选择。

● 单击"粗细"按钮，可以在弹出的下拉列表中选择画笔线条的粗细程度。

● 单击"颜色1"按钮（前景色），再单击调色板上的一种颜色（如红色），则该颜色通过铅笔、刷子和预订的形状呈现；单击"颜色2"按钮（背景色），再单击调色板上的一种颜色，则该颜色通过橡皮呈现并同时用于形状填充。

● 单击"形状"按钮，在弹出的下拉列表中选定某个形状图标并单击，如在画太阳时，应选择"椭圆形"形状图标；在画光线时，则应选择"直线"形状图标等。

● 将鼠标指针移至绘图区后，鼠标将显示为十字，拖拽即可绘画。如在画太阳时，按住Shift键不放，拖拽则显示圆，拉至合适的大小后，释放鼠标左键即可成图，并显示红色框线。

● 单击"工具"组中的"用颜色填充"按钮，将鼠标指针（已变为颜料桶形状）移至绘图区刚刚画的圆中，单击左键，即可为太阳填充红色。

● 重复上述步骤，换用不同的工具可以画出其他图形，最终形成一幅完整的图画。

如果需要移动已经完成的图画或其中的一部分，可以采用下述方法：

● 单击"选择"按钮，在弹出的下拉列表中选择矩形或自由图形，鼠标指针在绘图区将变为十字。

● 单击并拖拽鼠标指针可以选定部分图形，释放鼠标左键，再次单击并拖拽鼠标指针（或使用上、下、左、右键）可以将选定的图形移至需要的位置。

2.3.5　截图工具

"截图工具"也是Windows 10操作系统中的附件之一，使用"截图工具"可以截取屏幕上的任意区域作为图片或截图，并用于各种文档中，还可以进行注释和保存。

- 单击"开始"按钮，打开"开始"菜单。
- 找到"Windows 附件"项并单击，打开程序列表二级子菜单。
- 选择"截图工具"项并单击，即可启动"截图工具"程序并打开相应的窗口，如图 2.50 所示。

图 2.50　"截图工具"程序窗口

- 单击"模式"按钮右侧的下拉列表按钮，选择截图模式，使用鼠标操作即可截取需要的屏幕区域，并可对截取的内容进行简单标注或保存。

2.3.6　剪贴板操作

Windows 10 特别提供了一个被称为"剪贴板"的工具，它是一个可以临时存放文字、图片等信息的区域，专门用于不同程序之间或同一文档的不同位置之间传递信息。

1. 剪切/复制/粘贴

能够在 Windows 10 下运行的应用程序均支持剪贴板操作。利用剪贴板传递信息时，通常都要用到"剪切""复制""粘贴"3 个命令，它们的功能如下：

剪切——将选定的文字或图形内容从当前程序窗口中转移到剪贴板中，同时，被选定的内容将从当前程序窗口中消失。

复制——将选定的文字或图形内容从当前程序窗口中复制（拷贝）到剪贴板中，同时，被选定的内容仍保留在当前程序窗口中。

粘贴——将剪贴板中的内容放到当前程序窗口的当前光标处，而剪贴板中的内容不变。剪贴板中的内容可以连续粘贴到不同的程序窗口中。

2. 复制操作

- 启动源程序并打开源文件。
- 右击要复制的内容，在弹出的快捷菜单中选定"复制"项（或按 Ctrl + C 键）。
- 启动或切换到目标程序，将光标定位于指定位置并右击。
- 在弹出的快捷菜单中单击"粘贴"项（或按 Ctrl + V 键），即可完成复制操作。

"复制"操作只完成了复制内容到剪贴板中，必须经过"粘贴"操作才能完成复制操作的全过程。

3. 移动操作

- 启动源程序并打开源文件。
- 右击要移动的内容，在弹出的快捷菜单中单击"剪切"项（或按 Ctrl + X 键）。
- 启动或切换到目标程序，将光标定位于指定位置并右击。
- 在弹出的快捷菜单中单击"粘贴"项（或按 Ctrl + V 键），即可完成移动操作。

2.4 Windows 10 基本管理

对计算机中的软硬件进行设置和增删，可以提高计算机的运行速度和效率。本节介绍的一些基本管理方法，对提高计算机的使用技能和深入学习 Windows 10 的使用是非常有益的。

2.4.1 设置面板和控制面板

设置面板是调整计算机系统硬件设置和配置系统软件环境的系统工具。设置面板可以对计算机硬件设备、外观、用户帐户、时钟、语言、网络环境、打印机等软硬件的工作环境和配套的工作参数进行设置和修改，也可以添加和删除应用程序。

控制面板的作用与设置面板相近，但不如设置面板全面，控制面板是 Windows 10 之前版本的主要系统管理工具。本教材以设置面板为主介绍 Windows 10 系统的一些基本管理。

1. 启动设置面板

单击【开始】→〖设置〗按钮，或者使用 Win + I 键，即可打开"设置面板"窗口，如图 2.51 所示。

图 2.51 "设置面板" 窗口

2. 设置面板功能

从如图 2.51 所示的窗口中可以看到可选的管理类别图标，单击即可进入相应的设置界面。

2.4.2　磁盘管理

1. 磁盘清理

● 打开"文件资源管理器"窗口，右击左窗中需要清理的硬盘图标（如 F 盘）。

● 在弹出的快捷菜单中单击"属性"项。

● 在弹出的如图 2.52 所示的磁盘"属性"对话框中单击"常规"选项卡，再单击"磁盘清理"按钮。

● 单击"磁盘清理"按钮，执行磁盘清理操作后，系统会列出当前磁盘分区（F 盘）中可以删除的文件类型及其大小，选择要删除的文件并单击"确定"按钮即可完成磁盘清理工作。

图 2.52　磁盘"属性"对话框

2. 碎片整理

Windows 10 操作系统中的"优化"程序是一个可以解决磁盘文件碎片问题的系统工具，它可以将文件的碎片紧凑地组合在一起，使系统性能得到提高。

● 打开"文件资源管理器"窗口，右击左窗中需要碎片整理的硬盘图标。

- 在弹出的快捷菜单中单击"属性"项。

- 在弹出的磁盘"属性"对话框中单击"工具"选项卡，再单击"优化"按钮，如图 2.53 所示，系统弹出"优化驱动器"窗口，如图 2.54 所示。

图 2.53　选择磁盘优化整理

图 2.54　"优化驱动器"窗口

- 在"状态"列表框中选择需要进行碎片整理的磁盘分区，然后单击"分析"按钮，完成磁盘分析后，系统将会显示磁盘碎片百分比，如果该数字大于 10%，就应该对该磁盘进行碎片整理，否则可以关闭该窗口。

- 如需要对磁盘进行碎片整理，在"状态"列表框中选择需要进行碎片整理的磁盘分区（如 F 盘），然后单击"优化"按钮，则系统开始整理磁盘碎片。

- 磁盘碎片整理完成后，单击"关闭"按钮即可。

2.4.3　更改系统日期和时间

● 在如图 2.51 所示的"设置面板"窗口中找到并单击"时间和语言"项,进入"日期和时间"界面,单击"日期和时间"项,系统将显示"日期和时间"设置窗口,如图 2.55 所示。

图 2.55　"日期和时间"　设置窗口

● 单击"更改"按钮,打开"更改日期和时间"对话框,如图 2.56 所示。

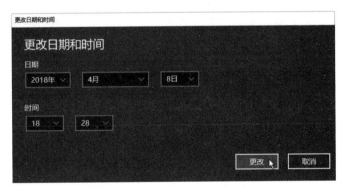

图 2.56　"更改日期和时间"　对话框

● 在"日期"选项区中设置日期。
● 在"时间"选项区中分别设置时、分。
● 单击"更改"按钮,完成系统日期和时间的更改。

2.4.4　安装/卸载应用软件

1. 安装新程序

(1) 从光驱安装。

● 将应用安装程序光盘插入计算机光盘驱动器。

- 按照屏幕提示操作，如果系统提示用户输入管理员密码或进行确认，请键入密码或提供确认。

- 确认之后，系统会自动运行安装程序来安装新软件。

从光驱安装的许多程序会自动启动程序的安装向导。在这种情况下，系统将显示"自动播放"对话框，然后用户可以选择运行该向导。

🔔

不同的应用软件可能会有不同的安装向导，需要用户输入的信息也不一样。例如，有些程序需要用户接受相关的使用许可协议、输入个人或公司信息，很多软件还需要输入唯一的序列号，以限制盗版软件的使用。序列号一般印在软件的安装盘或封套上。

（2）从 U 盘安装。

- 将服务商提供的 U 盘插入计算机的 USB 接口。

- 运行安装程序，按照屏幕提示操作，完成应用程序的安装。

（3）从互联网（Internet）安装。

- 连接互联网，打开 Web 浏览器。

- 在 Web 浏览器中，单击指向新程序的链接，并执行下列操作之一：

○ 若要立即安装程序，请单击"打开"或"运行"项，然后按照屏幕上的指示进行操作。如果系统提示您输入管理员密码或进行确认，请键入密码或提供确认。

○ 若要以后安装程序，请单击"保存"项，将安装文件下载到用户的计算机上。在做好安装该程序的准备后，双击该程序的安装文件，并按照屏幕上的指示进行操作。这是比较安全的方法，因为用户可以在安装前使用杀毒软件对安装文件进行扫描，以防止其中含有病毒或木马程序。

🔔

从互联网下载和安装程序时，必须确保该程序是值得信任的。

从互联网下载软件，一定要注意软件的标识字节数与下载软件的字节数是否一致，否则很容易无意间安装一些流氓软件或感染病毒。安装时要注意取消捆绑软件的安装。

2. 卸载程序

- 打开设置面板。

- 单击"应用"项，系统将显示"应用和功能"窗口，在列表窗口中找到需要卸载的应用程序并单击，如图 2.57 所示。

- 显示操作类型（修改/卸载）窗口，单击"卸载"按钮，系统弹出卸载对话框，如图 2.58 所示。

- 单击"卸载"按钮，系统弹出卸载确认对话框，如图 2.59 所示。

- 单击"卸载"按钮，即可卸载该应用程序。

图 2.57　选定卸载程序

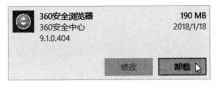

图 2.58　卸载对话框

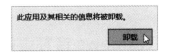

图 2.59　卸载确认对话框

不同软件的卸载过程会有差别，只要按照卸载提示操作即可。如果在卸载过程中系统提示输入管理员密码或要求进行确认，请键入密码或提供确认。

正在使用的程序不能被卸载。共享的程序被卸载时会有提示。

许多软件在安装时会带有自动卸载程序，该类程序一般出现在该应用程序的文件夹中，双击即可进入卸载进程。

2.4.5　死机及其对策

计算机系统在工作中，有时候会出现鼠标停滞、键盘不能输入命令等情况，此时的系统已经不能接受任何命令，这种情况被称为死机。死机的原因可能有多种，比如同时运行了过多的应用程序、程序的使用方法错误、计算机中某一硬件损坏（如硬盘或者内存）等都可能引起死机。死机的常用解决方法如下：

方法一

● 同时按下键盘上的 Ctrl + Alt + Delete 键，在显示的列表中单击"任务管理器"项，弹出"任务管理器"对话框。

● 单击"进程"选项卡，单击出现问题的程序，再单击"结束任务"按钮，所选程序立即结束运行。

在大多数情况下，用户可以通过上述方法关闭已经失去响应的程序，并且可以继续在 Windows 10 操作系统及其他程序中进行操作。

方法二

如果键盘已经不能输入任何命令，可按下机箱上的 Reset 复位键，几秒后计算机将重新启动。

方法三

如果机箱上没有 Reset 复位键或采用上述两种方法仍不能重新启动计算机，可以直接按住机箱上的电源开关持续 5 秒以上直至关闭计算机电源，稍后，再按机箱上的电源开关重新启动计算机即可。

2.5　多媒体应用工具

2.5.1　Windows 音频工具

录音机是 Windows 10 自带的应用程序，主要用来录音，生成音频文件（. wma）。

● 单击【开始】→ L 标题组→"录音机"命令，打开"录音机"程序窗口，如图 2.60 所示。

图2.60　"录音机"程序窗口

● 确保音频输入设备（如麦克风）已连接到计算机后，单击"录制"按钮（或按快捷键 Ctrl + R）开始录音。

● 录音结束时单击"停止录音"，系统会自动生成一个音频文件，并将其保存到指定的文件夹中，在"录音机"程序中可以对该音频文件进行裁剪、共享、删除等简单操作。

当然还有许多功能更强的音频播放软件（如 Winamp、RealPlayer）和音频处理软件（如 Audition、GoldWave）。

2.5.2　Windows 视频工具

Windows 10 附带的"媒体播放器"（Windows Media Player）是一种通用的音频/视频播放程序，它可以播放大部分通用格式（如 mp3、midi、wav、mpeg、avi、mov 等）的音频、视频及多媒体文件，还可以在互联网上（必须先联网）直接收听/收看全世界的电台广播和直播节目、参加网上"现场"音乐会以及浏览电影的剪辑片段等。

使用"媒体播放器"的方法如下：

- 单击【开始】→W 标题组→"Windows Media Player"命令，打开媒体播放器窗口（库模式），如图 2.61 所示。
- 单击【文件】→〖打开〗项，弹出"打开"对话框，找到需要播放的多媒体文件并双击，就可以开始播放了。播放过程中，单击【文件】→〖属性〗，可以查看正在播放的多媒体文件的属性。
- 单击【查看】→〖外观〗项，可以切换到外观模式。

如果图 2.61 中没有显示菜单栏，可以按 Alt 键或 Ctrl + M 键或右击窗口右下角的切换按钮，在弹出的快捷菜单中单击"显示菜单栏"项，调出菜单栏。

图 2.61　媒体播放器窗口

媒体播放器可以通过互联网的相关网站升级或更新版本（必须先联网）。

其他常见的视频处理软件还有 Premiere、After Effects、超级解霸、会声会影等。

2.5.3 ▶ 常用文件压缩工具

1. 文件的压缩和解压缩

什么是文件的压缩和解压缩？

文件压缩，顾名思义，就是把一个大的文件变小的过程。通常包含声音和图像数据的文件巨大，对这些数据按一定的规则重新编码，以减少其所需存储空间的过程就叫作数据压缩，简称压缩。数据压缩是可逆的，所以压缩的数据是可以还原的，还原的过程就称为解压缩。

使用文件压缩工具后效果最好的文件类型是文本类文件，如.txt，.docx，.xlsx和位图文件（.bmp）等，可以压缩70%左右甚至更多。而某些图形文件（如.jpg和.gif文件）本身就是以压缩格式存储的，压缩后的文件大小变化不太明显。同样，内含大量图形/图像的Word文档压缩效果也相对比较差。

最常见的压缩软件有WinZip和WinRAR，只要掌握了其中一种的使用方法，对于大部分压缩软件的使用基本就可以无师自通了。

2. 压缩工具 WinRAR

WinRAR通常能达到50%以上的压缩率，不仅支持RAR和ZIP压缩文件，还支持对诸如CAB、ARJ、LZH、TAR、GZ、ACE、UUE、BZ2、JAR、ISO等十几种非RAR压缩文件的管理。

（1）压缩。WinRAR提供了一个非常友好的向导功能，跟着它一步一步做就可以顺利完成压缩操作。

- 运行WinRAR应用程序，单击工具栏上的"向导"按钮，弹出"选择操作"对话框。
- 选择"创建新的压缩文件"，单击"下一步"，打开"请选择要添加的文件"对话框。
- 选择要压缩的文件。可以压缩一个文件，也可以把几个文件乃至整个文件夹都选中（表示压缩其中的所有文件），像在文件资源管理器中一样，用鼠标和键盘配合选定连续或不连续的文件（夹）即可，完成后单击"确定"，打开"选择压缩文件"对话框。
- 在该对话框中，需要输入压缩后的文件名称，如果想改变存放位置，单击浏览选定位置即可，否则压缩后的文件默认存放在源文件所在目录，单击"下一步"，打开"压缩文件选项"对话框。
- 在该对话框内根据需要进行一些设置后，单击"完成"即可完成压缩文件操作。

需要说明的是：制作压缩文件的时候，最好考虑接收方是否具备解压缩的工具。如果没有，就选择"自解压（.exe）压缩文件"。

由于WinRAR支持快捷菜单操作，因此，可以在文件资源管理器中右击选定要压缩的文件和文件夹，在弹出的快捷菜单中选择"添加到压缩文件（A）…"（需要确认压缩文件名和参数）或"添加到 ***.rar（T）"项，即可完成选定文件和文件夹的压缩打包操作。

（2）解压缩。

① 双击法。

● 双击压缩文件，打开 WinRAR 窗口。

● 单击工具栏上的"解压到"按钮，弹出"解压路径和选项"对话框。

● 默认情况下，系统会以压缩文件名为路径名，在当前文件夹下再新建一个文件夹，所有解压缩出来的内容都放在这个文件夹内，如果不满意，可以在右边的目录中选择要存放的位置，然后单击"确定"即可完成解压缩操作。

② 右击法。右击压缩文件，在弹出的快捷菜单中选择合适的解压缩方式，不同的解压缩方式有不同的后续操作要求，用户可以自行练习完成。

（3）其他用法。除了前面两种最基本的功能之外，WinRAR 还有许多其他功能，例如，向一个压缩文件中添加文件、将一个压缩文件中的部分文件删除、给压缩文件加密以及分卷压缩等。只要学会了压缩和解压缩的基本用法，通过对菜单和帮助的研究，很快就可以掌握 WinRAR 更多功能的使用方法。

3. 多媒体文件的类别和格式

（1）常见的音频文件格式有：WAV、MP3、MIDI/MID、RA/RAM/RPM、AIFF、AU、WMA 等。

（2）常见的视频文件格式有：AVI、MOV、MPEG/MPG/DAT、3GP、RM/RMVB、ASF、WMV 等。

（3）常见的多媒体创作工具有：Director、Authorware、ToolBook、Mirillis Action！、Flash 等。

2.6　实验指导

2.6.1　Windows 10基本操作

1. 实验目的

掌握使用 Windows 10 的基本方法。

2. 实验要求

（1）观察 Windows 10 的桌面结构。

（2）掌握 Windows 10 的启动和关闭方法。

（3）掌握鼠标的操作方法。

（4）掌握窗口、图标、菜单、工具栏、快捷方式的操作方法。

3. 实验内容和步骤

（1）Windows 10 的启动和关闭。

① 启动计算机，观察在 Windows 10 操作系统的启动过程中屏幕是怎样变化的。

② 观察 Windows 10 操作系统启动完成后屏幕的全貌。

③ 移动鼠标，观察鼠标指针在屏幕上运动的效果。

④ 随意单击几个桌面上的图标，注意图标发生了何种变化。

⑤ 右击桌面上无图标处，会出现什么现象？描述出现的内容。

⑥ 右击桌面上某个图标，会出现什么现象？描述出现的内容。

⑦ 单击"开始"按钮，在随后弹出的开始菜单中单击"关机"选项，观察屏幕是怎样变化的。

（2）窗口操作。

① 双击桌面上"此电脑"图标后观察随后弹出的窗口。

② 单击"最大化"按钮，出现了什么现象？描述出现的内容。

③ 单击"还原"按钮，出现了什么现象？描述出现的内容。

④ 单击"最小化"按钮，出现了什么现象？描述出现的内容。

⑤ 单击"关闭"按钮，出现了什么现象？描述出现的内容。

⑥ 重复步骤①～步骤⑤。

⑦ 双击"此电脑"图标后，双击窗口内 C 盘图标，会出现什么现象？描述出现的内容。

⑧ 单击标准工具栏内的"后退"按钮，出现了什么现象？描述出现的内容。

⑨ 单击标准工具栏内的"前进"按钮，出现了什么现象？描述出现的内容。

⑩ 将鼠标指针移至窗口的右边或底边，出现了什么现象？此时拖拽鼠标会有什么结果？描述出现的内容。

（3）快捷方式操作方法。

① 双击桌面上"回收站"图标。

② 在窗口内无图标处右击，观察出现的快捷菜单的结构。

③ 选择"排序方式"项后看到了什么？描述出现的内容。

④ 分别选择不同的排序方式，观察出现的效果。描述出现的内容。

⑤ 拖动几个窗口内的图标后再重复上一步操作。

⑥ 右击 C 盘图标，在弹出的快捷菜单中选择"属性"项并单击，结果是什么？描述出现的内容。

2.6.2 文件资源管理器的基本操作

1. 实验目的

（1）掌握文件资源管理器的基本操作方法。

（2）掌握文件、文件夹和磁盘的操作方法。

2. 实验要求

（1）理解文件资源管理器在 Windows 10 操作系统中的功能和地位。

（2）掌握文件资源管理器的启动、关闭，文件资源管理器窗口和文件夹选定的操作方法。

（3）掌握文件、文件夹的操作（创建、复制、移动、更名、删除、查找等）方法。

3. 实验内容和步骤

（1）文件资源管理器的启动和关闭。

① 右击"开始"按钮，从弹出的快捷菜单中选择"文件资源管理器"项后观察文件资源管理器窗口的结构。

② 分别右击左、右两个窗口的空白处，会出现什么现象？描述出现的内容。

③ 单击左窗内某个文件夹，观察右窗和"地址"栏内出现了什么现象？描述出现的内容。

④ 分别单击左窗内某文件夹前的"➤""✔"符号，出现了什么现象？描述出现的内容。

⑤ 设法使右窗出现一个以上的文件夹，并对其进行单击和双击操作，将出现什么现象？描述出现的内容。

⑥ 关闭文件资源管理器。

（2）文件与文件夹操作。

① 选定 C 盘，打开【文件】菜单并选定〖新建〗→"文件夹"项，建立一个名为"my temp"的文件夹（如果已存在可跳过此步骤）。

② 删除 C 盘上名为"my temp"的文件夹，观察"回收站"内的变化。

③ 重复上述两个步骤后，从"回收站"恢复一个已删除的"my temp"文件夹，观察"回收站"内的变化。

④ 选定一个逻辑盘符，使用通配符查出全部文件扩展名为".txt"的文件，观察搜索结果。

⑤ 在上一步的基础上选定前三个文件并用粘贴的方法复制到"my temp"文件夹内，观察"my temp"文件夹内的变化。

⑥ 选定"my temp"文件夹，将排列在第 1 位置的文件更名为"test.txt"。

⑦ 删除排列在"my temp"文件夹中第 2 位置的文件并观察"回收站"内的变化，描述出现的内容。

⑧ 将剩余的最后一个文件用拖动的方法复制到"回收站"内，发生了什么变化？描述出现的内容。

⑨ 选定逻辑盘符，使用通配符查出全部文件扩展名为".exe"的文件。

⑩ 在上一步的基础上选定排列在第 1、第 3、第 5、第 7 位置上的 4 个文件，并将其复制

到"my temp"文件夹内。

⑪ 选定"my temp"文件夹后在其内再创建一个名为"test"的新文件夹。

⑫ 将排列在"my temp"文件夹内第一个扩展名为".exe"的文件移到新建的"test"文件夹内，观察"test"文件夹内的变化。

⑬ 删除"my temp"文件夹，清空"回收站"。

2.6.3 Windows 10基本管理

1. 实验目的

（1）理解个性化工作环境的含义。

（2）理解 Windows 10 基本管理的意义。

（3）掌握写字板和剪贴板的基本操作方法。

（4）掌握 Windows 10 汉字输入的基本操作方法。

2. 实验要求

（1）掌握定制个性化工作环境的基本方法。

（2）掌握 Windows 10 基本管理的操作方法。

（3）掌握写字板的启动、关闭和文本编辑的操作方法。

（4）掌握汉字输入的基本操作方法。

3. 实验内容和步骤

（1）定制个性化工作环境。

① 打开"开始"菜单并选定"设置"项，将打开什么窗口？

② 单击"个性化"项，在"锁屏界面"列表项中单击"屏幕保护程序设置"项，在"屏幕保护程序设置"窗口中的"屏幕保护程序"下拉列表框中选定"变换线"，再单击"预览"按钮，屏幕显示什么？描述出现的内容。

③ 右击任务栏的无图标处，在弹出的快捷菜单中选择"任务栏设置"项，会弹出什么窗口？

④ 在弹出的窗口中打开"在桌面模式下自动隐藏任务栏"开关，之后在屏幕底边移动鼠标指针，会有什么结果？描述出现的内容。

（2）Windows 10 基本管理。

① 打开设置面板。

② 单击"时间和语言"项，再单击"日期和时间"项，打开了什么窗口？

③ 单击"更改"按钮，在打开的"更改日期和时间"窗口框中的"时间"区将时间改为12：00，单击"更改"按钮，任务栏上的内容有何变化？描述出现的内容。

（3）写字板的启动、关闭和文本编辑。

① 启动写字板后观察其窗口的状态。

② 随意输入超过一行的英文字母后，按 Enter 键使光标回行首，再随意输入几个英文字母，观察发生了什么情况。

③ 打开"查看"菜单项，在"设置"功能区下的"自动换行"下拉菜单中选定"按窗口大小自动换行"选择按钮，然后用鼠标将写字板窗口逐步缩小，发生了什么情况？

④ 选定 5 个已输入的英文字母后再键入"ABC"3 个英文字母，发生了什么情况？

⑤ 选定刚输入的"ABC"3 个英文字母并将其复制到剪贴板上。

⑥ 将光标移至文档结尾处连续粘贴 3 次，发生了什么情况？

⑦ 将文档保存到"我的文档"文件夹内，文件名为 Test，保存类型为文本文档。

（4）汉字输入的基本操作。

① 启动写字板。

② 请选用任何一种自己熟悉的输入法输入以下内容：

从美国 Microsoft（微软）公司 1985 年发布 Windows 1.0 到 2015 年发布 Windows 10，Windows 操作系统（operating system）已经走过了 30 年的发展历程，形成了一个庞大的 Windows 家族。

2015 年 7 月 29 日，微软公司正式发布 Windows 10（制造商版本）操作系统，该系统是微软公司所研发的新一代跨平台及设备应用的操作系统。

③ 写出进行以上操作时使用了哪些编辑手段。

④ 将上文中所有的"操作系统"一词改为"OS"。

⑤ 按 Ctrl + Z 组合键（撤消），发生了什么情形？

⑥ 将文档以自己的姓名为文件名保存到"我的文档"文件夹内并关闭。

本章练习

1. 什么是"桌面""窗口""图标""工作区"？

2. 什么是"单击""双击""拖动""右击""鼠标指针"？

3. 对话框内常用的组成成分有哪些？

4. 文件资源管理器窗口是由哪些部分组成的？

5. Windows 10 的文件系统采用了哪种管理方式？

6. 通配符的主要作用是什么？

7. 写字板和记事本各有什么特点？

8. 什么是剪贴板？它有什么作用？

9. 设置面板有哪些管理功能？设置面板与控制面板有什么异同？

10. 如何对付死机？

11. Windows 10 自带有哪些音频/视频播放工具？

12. 总结 WinRAR 最简洁的压缩和解压缩操作方法。

13. 你了解音频、视频压缩的概念吗？

💡 考核要点

- 鼠标操作
- 对话框操作
- 获得和使用帮助的方法
- 文件、文件夹和通配符的概念
- 使用文件资源管理器创建文件夹的方法
- 使用文件资源管理器对文件和文件夹进行复制、删除、移动、更名操作的方法
- 常用附件的基本操作
- 使用设置面板
- 变更系统日期和时间
- 安装和卸载应用程序
- 使用"录音机"和"媒体播放器"
- 使用 WinRAR 压缩和解压缩文件

🖥 上机完成实验

⊙ 使用自测课件检查学习和掌握情况。

第 3 章　计算机网络应用基础

学习内容

1. 计算机网络基础知识
2. Internet 基础
3. Internet 网络连接
4. IE 浏览器
5. 电子邮件

学习目标

1. 了解 网络的形成与发展，网络按覆盖范围的基本分类，常见的网络拓扑结构，局域网的特点，广域网的概念和基本组成；Internet 的发展历史，Internet 的作用与特点，IP 地址、网关和子网掩码的基本概念，Internet 提供的常用服务；通过代理服务器访问 Internet 的方法，网络检测的简单方法；文本、超文本、Web 页的超文本结构和统一资源定位符（URL）的基本概念，在 IE 中访问 FTP 站点的基本操作，博客与社交网站（SNS）；电子邮件的基本概念，Web 格式邮件的使用方法。

2. 理解 网络协议的基本概念，局域网的基本组成；TCP/IP 网络协议的基本概念，域名系统的基本概念；Internet 的常用接入方式。

3. 掌握 设置共享资源的基本操作，通过局域网、无线网络和非对称数字用户线技术接入 Internet 的方法；浏览网页的基本操作，IE 浏览器的基本设置，收藏夹的基本使用，信息搜索的基本方法和常用搜索引擎的使用。

学习时间安排

视频课	实验	定期辅导	自习 （包括作业）
1	8	1	10

3.1　计算机网络基础知识

当前知识经济的浪潮席卷全球，其主要动力是源于 20 世纪下半叶的信息技术革命。信息处理的智能化、多媒体技术的实用化、网络通信的普及化已成为信息社会发展的必然趋势，信息技术已经日益成为人们日常生活不可缺少的部分。

信息技术的发展离不开计算机网络技术，计算机网络技术是由现代计算机处理技术和现代通信技术结合发展而成的，是社会信息化的基础技术。因此，掌握计算机网络的基础知识对于我们学习计算机应用基础课程是十分重要的。

3.1.1　网络的形成与发展

1. 计算机网络的概念

计算机网络是计算机技术与通信技术相结合的产物，严格来说，计算机网络并无一个统一的定义，随着现代计算机与通信技术的发展，以及人们考虑问题的侧重点不同，对于计算机网络的含义往往有着不尽一致的理解，但是都有一个共同的基本点：计算机的互联与资源共享。

一般来说，我们可以将计算机网络定义为：

计算机网络是用不同形式的通信线路将分散在不同地点并具有独立功能的多台计算机系统互相连接，按照网络协议进行数据通信，实现资源共享的信息系统。这里，"连接"有两重含义：一是指通过传输介质和传输设备建立的物理上的连接；二是指由一些网络软件实现的逻辑上的连接。

与单台的计算机系统相比，计算机网络的最主要功能就是资源共享，具体表现在以下 3 个方面。

（1）通信。通信是指在计算机之间传送数据。例如，文件传送协议（file transfer protocol，FTP）、电子邮件（E-mail）、网络传呼（QQ、微信）、IP 电话、万维网（WWW）、公告板系统（bulletin board system，BBS）等。

（2）资源共享。资源共享即实现计算机硬件资源、软件资源和信息资源的异地互用。"共享"是指可以互通有无和异地使用。例如，使用异地的大型计算机进行本地计算机无法进行的计算，使用浏览器从其他计算机中获取信息等。

（3）提高计算机系统的可靠性。在计算机网络中，各台计算机间可以互为后备，从而提高了计算机系统的可靠性。

2. 计算机网络的形成与发展

计算机网络的形成与发展经历了 4 个阶段：

（1）第 1 阶段，计算机技术与通信技术相结合，形成计算机网络的雏形。

在第一代计算机网络中，人们将地理位置分散的多个终端通过通信线路连接到一台中心计算机上。用户可以在自己的办公室内的终端键入程序，通过通信线路传送到中心计算机，分时访问和使用其资源进行信息处理，处理结果再通过通信线路回送用户终端显示或打印。人们把这种以单个计算机为中心的联机系统称作面向终端的远程联机系统。

（2）第 2 阶段，在计算机通信网络的基础上，完成网络体系结构与协议研究，形成了因特网的前身。

随着计算机应用的发展，出现了多台计算机互联的需求。这种需求主要来自军事、科学研究、地区与国家经济信息分析决策、大型企业经营管理。他们希望将分布在不同地点的计算机通过通信线路互联成为计算机—计算机的网络。网络用户可以通过计算机使用本地计算机的软件、硬件与数据资源，也可以使用联网的其他地方的计算机的软件、硬件与数据资源，以达到计算机资源共享的目的。这一阶段研究的典型代表是美国国防部高级研究计划局（Advanced Research Projects Agency，ARPA）的 ARPANET（通常称为 ARPA 网）。1969 年美国国防部高级研究计划局提出将多个在大学、公司和研究所的多台计算机互联的课题。1969 年 ARPA 网只有 4 个节点，1973 年发展到 40 个节点，1983 年已经达到 100 多个节点。ARPA 网通过有线、无线与卫星通信线路，使网络覆盖了从美国本土到夏威夷，乃至欧洲的广阔地域。ARPA 网是计算机网络技术发展的一个重要的里程碑，也被认为是因特网的前身。

这项研究首次提出了资源子网与通信子网的概念。计算机网络的资源子网与通信子网的结构使网络的数据处理与数据通信有了清晰的功能界面。计算机网络可以分成资源子网与通信子网。通信子网可以是专用的，也可以是公用的。

（3）第 3 阶段，在解决计算机联网与网络互连标准化问题的背景下，提出"开放系统互连参考模型（open systen interconnection reference model，OSI RM，简称 OSI）"与协议，促进了符合国际标准的计算机网络技术的发展。

计算机网络发展的第 3 阶段是加速网络体系结构与协议国际标准化的研究与应用。国际标准化组织（International Organization for Standardization，ISO）的计算机与信息处理标准化技术委员会 TC97 成立了一个分委员会 SC16，研究网络体系结构与网络协议国际标准化问题。经过多年卓有成效的工作，ISO 正式制定、颁布了"开放系统互连参考模型"，即 ISO/IEC7498 国际标准。

OSI 模型是一个开放体系结构，它规定网络分为 7 层，并划分了每一层的功能。OSI 模型已被国际社会所公认，成为研究和制定新一代计算机网络标准的基础。

特别要说明的是，因特网（Internet）遵循的是 TCP/IP（transmission control protocol/internet protocol，传输控制协议/互联网协议）参考模型，也是一种分层模型。它是一种事实上的工业标准。

（4）第 4 阶段，计算机网络向互联、高速、智能化方向发展，并获得广泛的应用。

目前，计算机网络的发展正处于第 4 阶段。这一阶段计算机网络发展的特点是：越来越多的不同种网络在 TCP/IP 的基础上进行互联，高速接入技术不断产生，网络的智能化管理和安全性也得到发展。在 IP 基础上的各种应用越来越多。

3. TCP/IP 参考模型

Internet 中包含的网络是各种各样的，它们的硬件组成以及运行的协议也不相同。要使大家协调工作，必须有一个大家都公认的协议，这就是 TCP/IP 协议组，它的前身是 ARPANET 的通信协议。由于 Internet 的巨大成功，TCP/IP 已经成为世界公认的事实上的网络标准。TCP/IP 模型是在物理网基础上建立的，它自下而上分成物理链路层、网络层、运输层、应用层共 4 层。

（1）物理链路层。物理链路层负责将 IP 包封装成适合在具体的物理网络上传输的帧结构，并且交付传输。它包括：

- 用于协作 IP 包在现有网络介质上传输的协议，如 IEEE 802. x。
- IP 地址与实际物理网络地址间的地址解析协议（address resolution protocol，ARP）与反向地址解析协议（reverse address resolution protocol，RARP）。
- 用于串行线路连接主机—网络或者网络—网络的串行线路网际协议（serial line internet protocol，SLIP）和点到点协议（point-to-point protocol，PPP）。

（2）网络层。网络层的主要作用是解决网络互联中的问题，即网际寻址（包括地址格式、地址转换等）。主要协议有：

- IP 协议。
- 网际控制信息协议。
- 路由协议。

（3）运输层。运输层负责维护信息的完整性，它提供端到端的通信服务。传输层的协议包括：

- 传输控制协议（TCP），TCP 是一种可靠的面向连接的协议。
- 用户数据报协议（user datagram protocol，UDP），UDP 是一种不可靠的无连接协议。

（4）应用层。应用层的协议是几个可以在各种机型上广泛实现的协议，如文件传送协议（FTP）、远程终端访问协议（Telnet）、简单邮件传送协议（simple mail transfer protocol，SMTP）、域名系统（domain name system，DNS）等。

TCP/IP 模型自下而上各层（物理链路层、网络层、运输层、应用层）信息传输的格式分别是：比特流、帧、包（报文分组）和报文。

3.1.2　网络基本分类

计算机网络的分类标准很多，通常是按照网络覆盖的地理范围的大小分为局域网、城域网、广域网。

（1）局域网（local area network，LAN）。局域网是计算机硬件在比较小的范围内由通信线路组成的网络。它一般限定在较小的区域内，通常采用有线的方式连接起来。LAN 一般在距离上不超过 10 km，通常安装在一个建筑物或校园（园区）中。覆盖的地理范围从几十米至数千米。例如，一个实验室、一栋大楼、一个校园或一个单位，将各种计算机、终端与外部设备互联成网。局域网传输速率较高，通常为 10～1 000 Mb/s，由学校、单位或公司集中管理。通过局域网，各种计算机可以共享资源，如共享打印机和数据库。

（2）城域网（metropolitan area network，MAN）。城域网规模局限在一座城市的范围内，覆盖的地理范围从几十千米至数百千米。城域网基本上是局域网的延伸，像一个大型的局域网，通常使用与局域网相似的技术，但是在传输介质和布线结构方面牵涉范围较广。例如，满足一座城市范围内大型企业、机关、公司以及社会服务部门的计算机联网需求，实现大量用户的多媒体信息（声音方面包含语音和音乐；图形方面包含动画和视频图像；文字方面包含电子邮件和超文本网页等）共享。

（3）广域网（wide area network，WAN）。广域网跨越国界、洲界，甚至覆盖全球范围，其采用的技术、应用范围和协议标准方面有所不同。覆盖的地理范围从数百千米至数千千米，甚至上万千米。它可以是一个地区或一个国家，甚至世界几大洲。

网络上的计算机称为主机（host），主机通过通信子网连接。通信子网的功能是把消息从一台主机传输到另一台主机。通信子网由传输信道和转接设备两部分组成。传输信道用于机器之间传送数据。转接设备是一种特殊的计算机，用于连接两条甚至更多条传输线。当数据从传输线到达时，转接设备必须为它选择一条传递用的输出线。

（4）互联网（Internet）。互联网即广域网、局域网及单机按照一定的通信协议组成的国际计算机网络。互联网是指将两台计算机或两台以上的计算机客户端、服务端通过计算机信息技术的手段互相联系起来的结果。互联网始于 1969 年的美国，又称因特网，是全球性的网络。

3.1.3 网络拓扑结构

拓扑结构是计算机网络的重要特性。从拓扑学的观点看，网络是由一组节点（Node）和连接节点的链路（link）组成的。在计算机网络中，计算机作为节点，连接计算机的通信线路作为链路，形成计算机的地理分布和互联关系上的几何构型。这种计算机与链路之间的拓扑关系，称为计算机网络的拓扑结构。计算机网络的拓扑结构主要有以下几种：

（1）总线拓扑结构。总线拓扑结构通过一条传输线路将网络中所有节点连接起来，如图3.1（a）所示。网络中各节点都通过总线进行通信，在同一时刻只允许一对节点占用总线进行通信。总线拓扑结构简单，容易实现，易扩充，但是故障检测比较困难。总线中任何一个节点出现线路故障，都可能造成网络瘫痪。

（2）星形拓扑结构。星形拓扑结构如图3.1（b）所示。在星形拓扑结构中，每个节点都由一个单独的通信线路与中心节点连接。中心节点控制全网的通信，任何两个节点之间的通信均要通过中心节点。星形拓扑结构简单，实现容易，便于管理。但是中心节点是全网可靠性的瓶颈，中心节点一旦出现故障会造成全网瘫痪。

（3）环形拓扑结构。环形拓扑结构如图3.1（c）所示。在环形拓扑结构中，各节点通过通信线路组成闭合环形。环中数据沿一个方向传输。环形拓扑结构的特点是结构简单，实现容易，传输延迟确定。但是每个节点与连接节点之间的通信线路都成为网络可靠性瓶颈。环中任何一个节点出现线路故障，都可能造成网络瘫痪。

（4）树状拓扑结构。树状拓扑结构如图3.1（d）所示。树状拓扑结构可以看作星形拓扑结构的扩展。在树状拓扑结构中，节点按层次进行连接。树状拓扑网络适用于汇集信息的应用要求。

（5）网状拓扑结构。网状拓扑又称作无规则型拓扑，其结构如图3.1（e）所示。在网状拓扑结构中，节点之间的连接是任意的，没有规律。网状拓扑结构的主要优点是系统可靠性高，但是结构复杂，必须采用路由选择算法与流量控制方法。目前实际存在和使用的远程计算机网络的拓扑基本上都采用了网状拓扑结构。

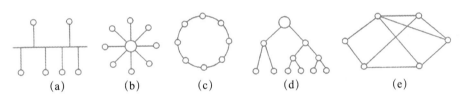

图3.1　网络拓扑结构类型

（a）总线；（b）星形；（c）环形；（d）树状；（e）网状

3.1.4　网络协议的基本概念

　　通俗地说，网络协议就是网络之间沟通、交流的桥梁，只有相同网络协议的计算机才能进行信息的沟通与交流。从专业角度定义，网络协议是计算机在网络中实现通信时必须遵守的约定，也就是通信协议（protocol）。网络协议主要是对信息传输的速率、传输代码、代码结构、传输控制步骤、出错控制等做出规定并制定标准。常见的网络协议有以下几种：

　　（1）传输控制协议/网际协议（TCP/IP）。在实际应用中，最重要的是TCP/IP，它是目前最流行的商业化的协议，也是因特网使用的协议。相对于OSI，它是当前的工业标准或"事实的标准"，在1974年由 Vinton Cerf 和 Robert Kahn 提出。它从下至上分为4个层次：物理链路层、网络层、运输层、应用层。

　　（2）超文本传送协议（hypertext transfer protocol，HTTP）。它是用于从WWW服务器传

输超文本到本地浏览器的传送协议。它可以使浏览器更加高效，使网络传输减少。它不仅可保证计算机正确快速地传输超文本文档，还可确定传输文档中的哪一部分，以及哪部分内容首先显示等。HTTP 是一个应用层协议，由请求和响应构成，是一个标准的客户端/服务器模型。它的主要特点是：

- 支持客户/服务器模式。
- 简单快速：当客户向服务器请求服务时，只需传送请求方法和路径。由于 HTTP 简单，HTTP 服务器的程序规模小，因而通信速度很快。
- 灵活：HTTP 允许传输任意类型的数据对象。
- 无连接：无连接的含义是限制每次连接只处理一个请求。服务器处理完客户的请求，并收到客户的应答后，即断开连接。采用这种方式可以节省传输时间。
- 无状态：无状态是指协议对于事务处理没有记忆能力。缺少状态意味着如果后续处理需要前面的信息，则它必须重传，这样可能导致每次连接传送的数据量增大。反之，在服务器不需要先前信息时它的应答就较快。

（3）简单邮件传送协议（simple mail transfer protocol，SMTP）。SMTP 是一种提供可靠且有效电子邮件传送的协议。SMTP 是建立在 FTP 文件传输服务上的一种邮件服务，主要用于传输系统之间的邮件信息并提供与来信有关的通知。SMTP 目前已是事实上的在 Internet 传输 E-mail 的标准，是一个相对简单的基于文本的协议。在其之上只要指定了一条消息的一个或多个接收者（在大多数情况下被确定是存在的），然后消息文本就可以传输了。

SMTP 的重要特性之一是其能跨越网络传输邮件。

3.1.5 局域网的特点、基本组成与功能

1. 局域网的特点

局域网技术是当前计算机网络技术发展较快的领域之一。随着局域网体系结构、协议标准研究的进展，局域网操作系统的发展，光纤电缆的引入，以及高速局域网、交换局域网技术的发展，局域网技术特征与技术参数发生了很大的变化，严格定义局域网是困难的，但是从局域网应用角度看，局域网主要有以下特点：

- 局域网覆盖有限的地理范围，一般在几千米以内。它适用于机关、公司、校园、军营、工厂等有限范围内的计算机、终端与各类信息处理设备联网的需求。
- 局域网具有高数据传输速率（10 ~ 10 000 Mbps）、低误码率（$< 10^{-8}$）的高质量数据传输环境。
- 局域网一般属于一个单位所有，易于建立、维护和扩展。
- 决定局域网特性的主要技术要素是网络拓扑、传输介质与介质访问控制方法。

····· 2. 局域网的基本组成与功能 ···

　　局域网由网络硬件和网络软件两部分组成。网络硬件主要有服务器、工作站、传输介质和网络连接部件等。工作站和服务器之间的连接是通过传输介质和网络连接部件来实现的。网络连接部件主要包括网卡、中继器、集线器和交换机等。网络软件包括网络操作系统、控制信息传输的网络协议及相应的协议软件、大量的网络应用软件等。

　　（1）服务器。服务器是整个网络系统的核心，它为网络用户提供服务并管理整个网络，在其上运行的操作系统是网络操作系统（Windows Server、Linux 或 UNIX）。随着局域网功能的不断增强，根据服务器在网络中所承担的任务和所提供的功能不同，服务器可分为文件服务器、打印服务器和通信服务器。在因特网上还有 Web、FTP、E-mail 服务器等。在整个网络中，服务器的工作量通常是普通工作站的几倍甚至几十倍。

　　（2）工作站，又称客户机。客户机是指当一台计算机连接到局域网时，这台计算机就成为局域网的一个客户机。客户机与服务器不同，服务器为网络上许多网络用户提供服务以共享它的资源，而客户机仅对操作该客户机的用户提供服务。客户机是用户和网络的接口设备，用户通过它可以与网络交换信息，共享网络资源。客户机都用具有一定处理能力的个人计算机（personal computer，PC）来承担。客户机有自己的操作系统（Windows 或 Linux），通过运行有关的网络应用软件，访问服务器共享资源。

　　（3）网络接口卡（network interface card，NIC），也就是俗称的网卡。网卡是构成计算机局域网络系统中最基本的、最重要的和必不可少的连接设备，计算机主要通过网卡接入局域网。网卡除了起到物理接口作用外，还控制数据帧的发送和接收。

　　（4）传输介质。目前常用的传输介质有双绞线、同轴电缆、光纤和无线等。

　　（5）网络交换机或集线器。网络交换机采用交换方式进行工作，能够将多条线路的端点集中连接在一起，并支持端口工作站之间的多个并发连接，实现多个工作站之间数据的并发传输，可以增加局域网带宽，改善局域网的性能和服务质量。集线器又叫作 HUB，能够将多条线路的端点集中连接在一起。集线器可分为无源和有源两种。无源集线器只负责将多条线路连接在一起，不对信号做任何处理。有源集线器具有信号处理和信号放大功能。

　　除了网络硬件外，网络软件也是局域网的一个重要组成部分。目前常见的网络操作系统主要有 UNIX、Windows Server、Linux 等。

3.1.6　广域网的概念和组成

　　（1）广域网。广域网（wide area network，WAN）是覆盖地理范围相对较广的数据通信网络。它常利用公共网络系统（如电信局、广电局等）提供的便利条件进行传输，可以分布在一个城市、一个国家，甚至跨过许多国家分布到全球。

　　众所周知，局域网技术是为一个地点的计算机之间的联网而设计的，它提供了少量的计算机之间的网络通信，其最致命的限制是它的规模，因此，区别广域网和局域网的关键所在是其规模。广域网可以不断扩展，以满足跨越广阔地域的多个地点、每个地点都有多个计算机之间联网的需要。不仅如此，广域网还应有足够的能力，使得相连的多个计算机能同时通信。另外，几个不同地域的局域网（包括远程单机）经公共网络相互连接也可构成一个广域网。因此，路由选择技术和不同网络的互联技术也是广域网技术的重要组成部分。

广域网一般由主机［host，有时也称端系统（end system）］和通信子网［communication subnet，简称子网（subnet）］组成，子网用于在主机之间传递信息。将网络的通信（子网）和应用（主机）分离，可以简化整个网络的设计。

在许多广域网中，一般由公共网络充当通信子网，它包括两个组成部分：传输线和交换节点。传输线用来在计算机之间传送比特流；交换节点有时也叫作分组交换节点、节点交换机，用于连接两个或多个传输线。数据沿输入线到达交换节点后，交换节点必须为其选择输出线并将其输出。节点交换机执行分组存储转发的功能。节点之间是点到点的连接。

广域网所提供的服务有数据报服务和虚电路服务两种。广域网向上提供的服务有无连接的网络服务和面向连接的网络服务。

（2）网关。网关（协议转换器）是互联网络中操作在 TCP/IP 网络层之上具有协议转换功能的设施，之所以称为设施是因为网关不一定是一台设备，还有可能是能够连接不同网络的软硬件结合的产品，也有可能是在一台主机中实现网关功能。网关工作在 TCP/IP 模型中的高层。

网关用于具有不同结构的网络互连，所连接的网络可以使用不同的格式、通信协议或结构。其特点是具有高层协议的转换功能，它可以接收一种协议格式的数据包，在转发之前将它转换为另一种协议。网关可以设在服务器、微机或大型机上。网关通常是安装在路由器内部的软件。因此，在 Internet 中常将路由器和网关两个概念混用。目前，网关主要分为协议网关、应用网关和安全网关 3 种。

3.2　Internet 基础

3.2.1　Internet 概述

举世瞩目的 Internet 是由美国 20 世纪 60 年代的 ARPANET 网络发展和演化而成的。Internet 的形成与发展，经历了试验研究网络、学术性网络和商业化网络 3 个历史阶段。

1. 试验研究网络

1969 年，美国国防部国防高级科研计划局（Advanced Research Project Agency，ARPA）建立了一个采用存储转发方式的分组交换广域网——ARPANET，该网络仅有 4 个节点。该网络是为了验证远程分组交换网的可行性而进行的一项试验工程，ARPANET 就是今天 Internet 的前身。

在总结最初的建网实践经验的基础上，ARPA 开始了被称为网络控制协议（NCP）的第二代网络协议的设计，随后又组织有关专家开发了第三代网络协议——TCP/IP，该协议于 1983 年正式在 ARPANET 上启用，这是 Internet 发展中的一个里程碑。

从 1969 年 ARPANET 诞生直到 20 世纪 80 年代中期，是 Interent 发展的第一阶段——试验研究阶段。

2. 学术性网络

1986 年，美国国家科学基金会（National Science Foundation，NSF）建立了以 ARPANET 为基础的学术性网络，即 NSFNET，它是 Internet 发展中的一个先驱。为了达到信息资源共享的目的，NSFNET 把全美国的主要研究中心和 5 个科研、教育用的计算中心的近 8 万台计算机连成一体，并与 ARPANET 相连。随后又把以各大学校园网络为基础构成的地区性网络再互联成为全国性网络。在此期间，NSF 投入了大量经费支持 NSFNET 的发展，支付了大约 10% 的线路租用费。到了 1990 年，ARPANET 的大部分已被 NSFNET 所取代。

Internet 最初的宗旨是用于支持教育和科研活动。1991 年，NSF 放松了有关 Internet 使用的限制，开始允许使用 Internet 进行部分商务活动，随着 Internet 规模的迅速扩大，NSF 鼓励民间公司 MERIT、MCI 与 IBM 形成一个非营利性组织——网络服务促进协会（American-NationalStandardsCommittee，ANSC），以促进 Internet 在商业中的应用。1995 年，NSFNET 结束了它作为 Internet 主干网的历史使命，Internet 从学术性网络转化为商业化网络。

3. 商业化网络

随着各国信息基础设施（信息高速公路）建设步伐的加快，Internet 网络规模与传输速率的不断扩大，网上的商务活动也日益增多，一些大的公司纷纷加入 Internet 的行列。同时还出现了专门从事 Internet 活动的企业，例如，向单位和个人提供 Interent 接入服务的所谓 Internet 服务提供方（internet service provider，ISP），并建立了各自的主干网络。通过商业化的网间交换方案，不同的网络用户可以方便地相互通信。目前的 Internet 是由多个商业公司运行的多个主干网，通过若干个网络访问点将网络互联而成的。

在短短的三十几年时间里，Internet 从研究试验阶段发展到用于教育、科研的学术性阶段，进而发展到商业化阶段，这一历程充分体现了 Internet 的迅速发展，以及技术和应用的日益成熟。

4. Internet 在我国的历程

进入 20 世纪 90 年代后，我国也开始投入巨资进行国内的计算机网络建设及与 Internet 的连接。1990 年，我国第一个跨园区的光纤互联计算机网络——北京中关村地区教育与科研示范网络（National Computing and networking Facility of China，NCFC）开始建设，该网络把清华大学、北京大学的校园网，以及中国科学院（简称中科院）在中关村地区的众多研究所通过光纤连成一体。接着，又通过租用专线的方式建立了一条从中科院网络中心到美国的国际线路。Internet 组织把 NCFC 国际线路开通的时间，即 1994 年 5 月定义为中国加入 Internet 的时间。

目前，我国已经建成的大型互联网络主要有：中国教育与科研网（CERNET）、中国科技网（CSTNet）、中国公用计算机互联网（CHINANet）、中国网通公用互联网（CNCNet）、宽带中国 China169 网（网通集团）、中国移动互联网（CMNet）、中国联通互联网（UNINet）、中国国际经济贸易互联网（CIETNet）、中国长城互联网（CGWNet）、中国卫星集团互联网（CSNet）。

5. Internet 的重要组织机构

（1）Internet 协会（Internet Society，ISOC）及其组织机构。一个相当于 Internet 最高管理机构的组织是 Internet 协会，ISOC 成立于 1992 年，总部设在美国。ISOC 是作为一个"全球 Internet 协调与合作的国际组织"而建立的，其任务是"确保全球 Internet 发展的有利性和开放性，并通过领导标准、议题和培训工作来发展互联网络的相关技术。"

（2）Internet 体系结构委员会（Internet Architecture Board，IAB）。IAB 下成立了两个工作部门：Internet 工程任务组（Internet Engineering Task Force，IETF）和 Internet 研究任务组（Internet Research Task Force，IRTF）。IETF 负责 Internet 中、短期技术标准和协议制定，以及 Internet 体系结构的确定。IRTF 负责长期的与 Internet 发展相关的技术研究。

（3）Internet 网络信息中心（Internet Network Information Center，InterNIC）。该机构成立于 1993 年 1 月，主要任务是负责所有以 .com、.org、.net 和 .edu 结尾的顶级国际域名的注册与管理。此外，.mil 和 .gov 顶级国际域名仍然由美国政府管理，各个国家的顶级域名则由各国自己管理。

（4）WWW 协会（World Wide Web Consortium，W3C）。WWW 协会是除了 ISOC 以外的另一个国际性的 Internet 组织。W3C 的主要任务在于确定和颁布有关 Web 应用。W3C 目前的成员仅限于团体或组织。

（5）中国互联网络信息中心（China Internet Network Information Center，CNNIC）。中国互联网络信息中心（网址为 http：//www.CNNIC.net.cn）是成立于 1997 年 6 月的非营利 Internet 管理与服务机构，行使中国国家互联网络信息中心的职责。中国科学院计算机网络信息中心承担 CNNIC 的运行和管理工作，CNNIC 在业务上接受工业和信息化部领导，在行政上接受中国科学院领导。

CNNIC 作为国家级的互联网络信息中心，代表我国各互联网络单位与国际互联网络信息中心、亚太互联网络信息中心，以及其他互联网络信息中心进行业务联系。

6. Internet 的作用与特点

互联网是一个由各种不同类型和规模的、独立运行和管理的计算机网络组成的世界范围的巨大计算机网络。组成互联网的计算机网络包括小规模的局域网（LAN）、城市规模的城域网（MAN）以及大规模的广域网（WAN）等。这些网络通过普通电话线、高速率专用线路、卫星、微波和光缆等线路把不同国家的大学、公司、科研部门及军事和政府等组织的网络连接起来。

互联网是一个世界规模的巨大的信息和服务资源。它不仅为人们提供了各种各样的简单、快捷的通信与信息检索手段，更重要的是为人们提供了巨大的信息资源和服务资源。通过使用互联网，全世界范围内的人们既可以互通信息，交流思想，又可以获得各个方面的知识、经验和信息。

Internet 之所以发展如此迅速，被称为 20 世纪末最伟大的发明之一，是因为 Internet 从一开始就具有开放、自由、平等、合作和免费的特性。正是具备了这些特点，因特网才能在如此广阔的范围覆盖了全球，缩短了人们共享各种资源的时空。

（1）开放性。Internet 是开放的，可以自由连接，而且没有时间和空间的限制，没有地理上的距离概念，任何人随时随地可加入 Internet，只要遵循规定的网络协议。同时，相对而言，在 Internet 上任何人都可以享受创作的自由，所有的信息流动都不受限制。

（2）共享性。网络用户在网络上可以随意调阅别人的网页或拜访电子广告牌，从中寻找自己需要的信息和资料。有的网页连接共享型数据库，可供查询的资料更多。而内容提供者本意就是希望人们能够随时取阅他最新的研究成果、新产品介绍、使用说明或只是一些小经验，他希望人们能认同他的看法、分享他的快乐。

（3）平等性。Internet 上的用户是"不分等级"的，互联网上的每一个用户都可以通过网络在任何地点以公开的或匿名的方式发表自己的观点和看法，不受身份阶层的限制。由于网络传播的特点是无中心的，传播者与受众者处于同等地位。因此，个人、企业、政府组织在网络这个开放性环境下是平等的、无等级的。

（4）低廉性。Internet 是从学术信息交流开始，人们已经习惯于免费使用。进入商业化之后，Internet 服务供应商一般采用低价策略占领市场，使用户支付的通信费和网络使用费等大为降低，增加了网络的吸引力。目前，在 Internet 上有许多信息和资源都是免费的。

（5）交互性。网络的交互性是通过两个方面实现的。其一是通过网页实现实时的人机对话，这是通过在程序中预先设定访问路线超文本链接，设计者把与用户可能关心的问题有关的内容按一定的逻辑顺序编制好，用户选择特定的图文标志后可以瞬间跳跃到感兴趣的内容或别的网页上，得到需要了解的内容。同时设计时也可以在网页上设置通用网关程序自动采集用户数据。其二是通过公告板系统或电子邮件实现异步的人机对话。这方面是因为信息在网上传输异常迅速，用户可以很快得到正确反馈。而 Internet 恰好可以作为平等、自由的信息沟通平台，信息的流动和交互是双向的，信息沟通双方可以平等地进行交互，及时得到所需信息。

另外，Internet 还具有技术通用性、合作性、虚拟性、个性化和全球性的特点。Internet 是一个没有中心的自主式的开放组织，Internet 强调的是资源共享和双赢的发展模式。

3.2.2 TCP/IP 网络协议

> Internet 是由通信介质，如光纤、微波、电缆、普通电话线等，将各种类型的计算机联系在一起，并统一采用 TCP/IP 标准，而互相联通、共享信息资源的计算机体系。
>
> 由于计算机网络是由许多计算机组成的，要在两个网上的计算机之间传输数据必须做两件事情：保证数据传输到目的地的正确地址和保证数据迅速可靠地传输的措施。强调这两点是因为数据在传输过程中很容易传错或丢失。Internet 使用 TCP/IP 就可以保证数据能够安全可靠地到达指定的目的地。

　　TCP 和 IP 究竟是如何工作的呢？在 Internet 上，数据并不是一下子从本地传送到目的地的，而是要被分解成为小包——数据包，然后进行传送。TCP 的作用就是把所有的信息分解成多个数据包，每一个数据包用一个序号和一个接收地址来标定，TCP 还会在数据包中插入一些纠错信息。当所有的数据被分解成数据包之后，这些数据包开始在网络上传送，传送过程是由 IP 完成的，IP 负责选择合适的路由（传输路径）把每个数据包传送给接收方主机，接收方主机在接收到数据包后，根据 TCP 核查有无错误，如果发生错误，主机会要求重发这个数据包。所有数据包都被正确接收以后，主机按数据包的序号重新把这些数据包组合成为原来的信息。也就是说，IP 的工作是把数据包从一个地方传递到另一个地方，TCP 的工作是对数据包进行管理与校核，保证数据包的正确性。

3.2.3 IP 地址

1. IP 地址的概念

　　为了使 Internet 上信息的传输成为可能，每台连接到 Internet 上的计算机都必须由授权单位指定一个唯一的地址，我们称之为 IP 地址。目前使用的 IPv4（IP 协议第 4 版本）的 IP 地址由 32 位（Bit）二进制数值组成，即 IP 地址占 4 个字节。为了方便书写，习惯上采用"点分十进制"表示法，其要点是：每 8 位（Bit）二进制数为一组，用十进制数表示，并用小数点"."隔开。

　　例如，二进制数表示的 IP 地址：

　　　　　　　　11001010　01110000　00000000　00100100

　　用"点分十进制"表示，即

　　　　　　　　　　　　202. 112. 0. 36

　　事实上，连入 Internet 的每台主机（host）至少有一个 IP 地址，而且这个 IP 地址必须是全网唯一的。在 Internet 中允许一台主机同时拥有两个以上 IP 地址，这时该主机属于各个相应的逻辑网络。但是两台或多台主机不能共用一个 IP 地址。

IP 地址标识着网络中一个系统的位置，包含两部分：网络号和主机号。其中，网络号标识一个物理网络，同一个网络上所有主机的网络号相同，该号在互联网中是唯一的；而主机号则用以确定网络中的一个工作端、服务器、路由器及其他主机。对于同一个网络号来说，主机号是唯一的。每个主机由一个逻辑 IP 地址确定，路由器寻址时，首先根据地址的网络号到达网络，然后根据主机号到达主机。

IPv4 地址分为 A 类、B 类、C 类、D 类和 E 类共 5 类，如图 3.2 所示，不同类适用于不同规模的网络。其中：

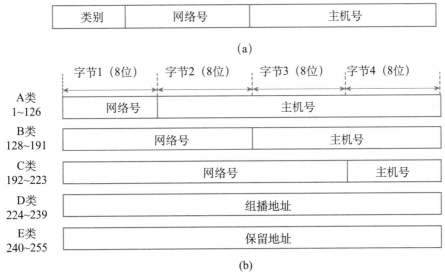

图 3.2　IP 地址和 IP 地址的类

（a）IP 地址；（b）IP 地址的类

A 类地址的网络号以 0 开头，占 1 个字节长度，后 3 个字节代表主机号，用于大型网络。A 类地址网络号的二进制取值范围为 "00000000 ～ 01111111"，对应的十进制取值范围为 "0 ～ 127"，因为 "00000000" 和 "01111111" 地址有特殊用途，所以 A 类地址网络号的范围是 "1 ～ 126"，即总共允许有 126 个网络。真正可分配给用户的 A 类地址的范围是 "1.0.0.1 ～ 126.255.255.254"。

B 类地址的网络号以 10 开头，占 2 个字节长度，后 2 个字节代表主机号，用于中型网络。同样道理，可分配给用户的 B 类地址范围为 "128.0.0.1 ～ 191.255.255.254"。

C 类地址的网络号以 110 开头，占 3 个字节长度，后 1 个字节代表主机号，用于小型网络。其网络号第一个字节的十进制取值范围为 "192 ～ 223"。

D 类地址以 1110 开头，用于组播地址，组播能将一个数据报的多个拷贝发送到一组选定的主机，类似于广播，但其选定的主机是广播范围的子集。D 类地址第一个字节的十进制取值范围为 "224 ～ 239"。

E 类地址是保留地址，其第一个字节的十进制取值范围为"240～255"。

IP 还定义了一套特殊的地址格式，称为保留地址，这些保留地址不分配给任何主机。特殊的 IP 地址有本机地址、网络地址、广播地址、回送地址和保留的内部地址等，如表3.1所示。

表3.1　特殊的 IP 地址

网络号	主机号	地址类型	举例	用途
全0	全0	本机地址	0.0.0.0	启动时使用
任意	全0	网络地址	61.0.0.0	标识一个网络
任意	全1	直接广播地址	129.21.255.255	在特定网上广播
全1	全1	有限广播地址	255.255.255.255	在本网段上广播
第一段为127	任意	回送地址	127.0.0.1	测试
A 类私有地址		10.0.0.1～10.255.255.254		保留的内部地址
B 类私有地址		172.16.0.1～172.31.255.254		保留的内部地址
C 类私有地址		192.168.0.1～192.168.255.254		保留的内部地址

2. 子网编址和子网掩码

最初在设计 IP 地址时，着眼于路由和管理上的要求，制定了 IP 地址的等级。这种规划方式导致了地址不足，且缺乏弹性，因此后来又做了一些修改。其中子网技术可以使这种分等级的 IP 地址应用得更为灵活。子网技术是在基础的 IP 地址分类上对 IP 编址进行相应改进，将主机号进一步划分为子网号和主机号两部分，这样既可以节约网络号，又可以充分利用主机号部分巨大的编址能力。

（1）子网编址。子网编址使原来的 IP 地址变成由 3 部分构成：网络号、子网号和主机号。

在原来的 IP 地址模式中，网络号部分就标识一个独立的物理网络，引入子网模式后，网络号部分加上子网号才能唯一地标识一个物理网络。分割子网的目的是让每个子网拥有独一无二的子网地址，以此识别子网。

例如：一个单位申请到了一个 B 类地址：

10101010　01011111　11000000　00000000（170.95.192.0）

按照原来 IP 模式，前 16 位是网络地址，后 16 位则是主机地址。若要分割子网，必须借用主机地址前面的几位作为子网地址。假设借用主机地址前 2 位作为子网地址，如图 3.3所示。

10101010　01011111　00000000　00000000(170.95.0.0)
网络号　　　　子网号　主机号

图3.3　子网示意图1

子网地址和原来的网络地址合起来共 18 位，可视为新的网络地址，用来识别子网。原来的 16 位地址是不能更改的，但子网地址是可以自行分配的。如上例，子网地址使用了 2 位，则产生了 $2^2 = 4$ 个子网，如图 3.4 所示。

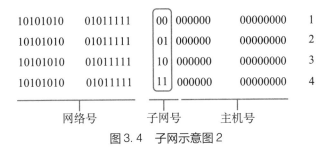

<table>
<tr><td>10101010</td><td>01011111</td><td>00</td><td>000000</td><td>00000000</td><td>1</td></tr>
<tr><td>10101010</td><td>01011111</td><td>01</td><td>000000</td><td>00000000</td><td>2</td></tr>
<tr><td>10101010</td><td>01011111</td><td>10</td><td>000000</td><td>00000000</td><td>3</td></tr>
<tr><td>10101010</td><td>01011111</td><td>11</td><td>000000</td><td>00000000</td><td>4</td></tr>
</table>

网络号　　　　　子网号　　　主机号

图 3.4　子网示意图 2

在这里，子网号 00 全 0 表示本网络，子网号 11 全 1 是广播地址，在实际子网分配中这样的地址是不能被主机占用或分配的。在如图 3.4 所示的实例中，只有 2 和 3 两个子网在实际中是可以分配使用的。

（2）子网掩码。子网不是简单地将 IP 地址加以分割，其关键在于分割出的子网能够正常地与其他网络互相连接，也就是在路由过程中能识别这些子网。此时，新的问题出现了，即不能单从 IP 地址的前导位来判断网络地址和主机地址的位数，而是要借助子网掩码来判断。子网掩码的作用就是分出 IP 地址中哪些是网络号，哪些是主机号。

例如：子网掩码为 11111111　11111111　11111111　11000000，则表明其对应的 IP 地址的前 26 位为网络地址，后 6 位为主机地址。

子网掩码的特性有：

● 子网掩码长度为 32 位，与 IP 地址长度相同，为了方便阅读，采用与 IP 地址相同的十进制来表示。

● 子网掩码必须是由一串连续的 1，再跟上一串连续的 0 所组成的。子网掩码的 1 对应 IP 地址的网络地址（包括子网），0 对应 IP 地址的主机地址。

● 子网掩码必须与 IP 地址配对使用才有意义，单独的子网掩码不具有任何意义。

● A、B、C 三种网络所对应的子网掩码分别为：

A 类：255. 0. 0. 0

B 类：255. 255. 0. 0

C 类：255. 255. 255. 0

从上面 IP 地址的定义可见，IP 地址中每个十进制数值的取值范围是 0 ~ 255。如果网上每台主机都有一个唯一的 IP 地址，那么最多可容纳的主机数目约为 $256^4 = 43$ 亿（台）。

近年来，随着 Internet 用户数的迅速增长，可分配的 IP 地址空间随之减少。为了解决现有 IP 地址空间紧缺的状况，目前有关的 Internet 组织正在对原来的 IP 地址体系进行扩展，这就是所谓的 IPv6 方案。IPv6 中保持了 IPv4 的基本概念以及许多成功的特点，但是 IPv6 对协议的许多细节做了很大修改，从而使得 IPv6 比 IPv4 更加先进、灵活、实用。IPv6 中最主要的变化是，它将原来的 32 位 IP 地址扩展到了 128 位，使地址空间大得足以适应数十年全球

Internet 的发展。

3. MAC（medium/media access control）地址

MAC 地址，又称物理地址，用来定义网络设备在网络上的位置。它采用十六进制数表示，共 6 个字节（48 位）。其中，前 3 个字节是由 IEEE 的注册管理机构 RA 负责给不同厂家分配的代码（高位 24 位），也称为"编制上唯一的标识符"，后 3 个字节（低位 24 位）由各厂家自行指派给生产的适配器接口，称为扩展标识符（唯一性）。

MAC 地址与 IP 地址的联系和区别在于：IP 地址和 MAC 地址相同点是它们都唯一，不同点主要有：

（1）对于网络上的某一设备，如一台计算机或一台路由器，其 IP 地址可变（但必须唯一），而 MAC 地址不可变。

（2）长度不同。IP 地址为 32 位，MAC 地址为 48 位。

（3）分配依据不同。IP 地址的分配是基于网络拓扑，MAC 地址的分配是基于制造商。

（4）寻址协议层不同。IP 地址应用于 OSI 模型第三层，即网络层，而 MAC 地址应用在 OSI 模型第二层，即数据链路层。

3.2.4 域名系统

在 Internet 中，直接使用 IP 地址就可以访问网络中相应的主机资源。但是由于 IP 地址是一串抽象的数字，记忆起来十分困难，所以在 Internet 中又为每台提供服务的主机（服务器）起了一个具有一定含义又便于记忆的名字——域名。

例如，我们有以下的 IP 地址与域名的对应关系：

104.102.159.148	www.mit.edu	麻省理工学院
61.135.169.121	www.baidu.com	百度

为了使域名能够反映出网络层次结构及网络管理机构的性质，Internet 采用分层结构来表示域名，域名从右到左依次为：顶级域名、2 级域名、3 级域名，等等，最左边的一段常常是服务器的服务类型名。

从域名上，人们便可以知道服务器所属机构的性质和类别。例如，在国家开放大学主机的域名 www.ouchn.edu.cn 中，其顶级域名 cn 代表中国，二级域名 edu 代表教育和科研计算机网络（CERNET），三级域名 ouchn 代表国家开放大学，www 则表示该服务器是 www 服务器。

这种按照机构类型来划分的域名称为机构性域名。同理，还可以按地理位置来划分，称作地理性域名，例如，中国浙江杭州的域名为 hz.zj.cn。

域名与 IP 地址在书写形式上有些相似，都用句点分隔其中的各个"段"，但是域名与 IP 地址中的各个"段"之间并无直接对应关系。此外，域名中对"段"的个数没有明确限制。为了获得一个合法的域名，用户必须向有关的网络管理机构申请，而域名中的服务类型名，则可以由域名的拥有者自行决定。

Internet 中域名的组成结构只代表一种逻辑的组织方式，并不代表实际的物理连接。对于 Internet 中的服务器，既可以采用 IP 地址（很多服务器限制 IP 访问），也可以采用便于记忆的域名来访问网络资源，域名与 IP 地址之间的转换则由网络上的域名服务器（DNS）来完成。

在域名结构中，2 个字符的国家代码也是顶级域名。美国很多早期加入 Internet 的网络并不使用国家代码 us，而直接用机构性质代码，例如，美国 IBM 公司的域名为 www. ibm. com。Internet 部分顶级域名和我国二级域名的代码及相应含义分别如表 3.2 所示。

表 3.2　Internet 部分顶级域名和我国二级域名的代码及相应含义

机构性域名		地理性域名	
域名	含义	域名	含义
com	商业部门	cn	中国大陆
edu	教育部门	hk	中国香港
net	大型网络	tw	中国台湾
mil	军事部门	mo	中国澳门
gov	政府部门	jp	日本
org	组织机构	de	德国
int	国际组织	ca	加拿大
info	提供信息服务的组织	us	美国
web	与 WWW 特别相关的组织	uk	英国
firm	商业公司	au	澳大利亚
arts	文化和娱乐组织	fr	法国
nom	个体或个人	u	俄国

我们把本节所讨论的，Internet 中域名的命名方案称为域名体系（Domain Name System，DNS）。事实上，DNS 也是域名服务器（Domain Name Server）一词的缩写。

3.2.5　Internet 常用服务

随着 Internet 技术的迅速发展，Internet 的应用领域也在不断扩大，它对人们工作、生活和学习的方方面面都产生了巨大的冲击，Internet 是一个信息的海洋，也是一条传输信息的高速公路。我们不可能、也没有必要对 Internet 上的各种应用进行全面的描述。在此，仅对 Internet 应用的最基本方式：网上信息交流、网上信息获取和网上资源共享进行简单描述。

（1）电子邮件（E-mail）。E-mail 是 Internet 上主要的非交互式通信手段，也是 Internet 上应用较广泛的服务之一，利用 E-mail 可以快捷方便地完成用户之间的信息交流。目前的电子邮件系统主要能够提供以下服务：

- 既可以传递文本形式的邮件，也可以传递声音、图形或影像格式的信息。
- 可以把一封电子邮件同时发送给许多接收者。
- 可以十分方便地存储、转发邮件以及进行回复，回复时还可以自动附上接收到的原信并自动填入收信人的电子邮件地址。
- 可以订阅电子刊物。目前 Internet 上有数千种英文电子刊物和数十种中文电子刊物，其中很大一部分是可以通过电子邮件订阅，并且是免费的，只要订阅后就可定期从电子信箱中收到该刊物。

（2）环球信息网（WWW）。WWW 是为了方便用户查询或获取 Internet 中信息的一种信息组织方式。WWW 采用客户/服务器（Client/Server）工作模式，用户只需在本地机上运行 WWW 浏览器软件，就可以在全球的相互连接的 WWW 服务器中获取浩如烟海的信息。

（3）搜索引擎。在 WWW 中，各类信息浩如烟海，形式也五花八门，要在这样一个信息的海洋中查找所需的数据，简直是大海捞针。为此，WWW 上出现了不少专门提供网上信息搜索服务的站点，把相关信息的链接指针进行分类并建立起各类的索引，为 WWW 用户提供免费的信息查询服务。例如，Yahoo（雅虎）是 Internet 上著名的搜索引擎之一，"搜狐"也是国内著名的搜索引擎站点。

（4）文件传输。除了上述 WWW 中的信息资源以外，Internet 上还有大量的、相互独立的公共文件服务器，存储着各种各样的文本、图像、语音信息和计算机程序等资源，供人们通过文件传输手段进行获取。

（5）网上聊天。用户可以进入提供聊天室服务的服务器，与各地的人们进行多种方式的实时交谈。利用 QQ、微信等即时通信软件就可以实现网络交流。

其他还有远程登录（Telnet）、电子商务、视频点播、网络游戏、远程教育、远程医疗等。

3.3　Internet 网络连接

　　从用户的角度看，将计算机接入 Internet 的最基本的方式有 3 种：通过局域网接入、通过电话线接入，以及通过有线电视电缆接入。随着现代通信技术的发展，又不断出现了一些其他的 Internet 接入方式，如光纤接入、无线接入、卫星接入等。

　　虽然接入 Internet 的方式越来越多，但对用户而言，Internet 的接入过程是朝着越来越容易的方向发展。接入 Internet 的最简单的方法显然是通过 Internet 服务提供方 ISP 来实现的。由于租用数据专线与 Internet 主干网连接需要很高的费用，一般用户很难负担。于是就出现了一些专门的商业机构，它们先投资架设或租用从某一地区到 Internet 主干线路的数据专线，把位于本地区的主机（称为 Internet 接入服务器）与 Internet 主干线路联通。这样一来，本地区的用户就可以先通过各种接入方式进入 Internet 接入服务器，然后通过该服务器进入 Internet。提供上述 Internet 接入服务的商业机构就是所谓的 ISP。

　　（1）通过局域网接入。如果计算机所在环境中已经有一个与 Internet 相连的局域网，则将计算机连上局域网并由此进入 Internet，这是一种比较理想的 Internet 接入方式。

　　（2）非对称数字用户线（asymmetric digital subscriber line，ADSL）技术。数字用户线（digital subscriber line，DSL）技术是通过电话线路提供数字服务。目前人们采用的是 ADSL 技术。在这里，流向用户的"下行数据流"（downstream）速率要大大高于用户发出的"上行数据流"（upstream）速率，该种情况十分适合用户上网操作的普遍要求。

　　为了在普通电话线路上获得较高的传输速率，ADSL 还采用了可调技术，以一对调制解调器探测线路上的许多频段，然后选择可在线路上得到最优传输结果的视频和调制技术。可调技术带来的一个直接结果是：ADSL 技术只保证在线路条件许可下以最佳方式传输数据。

　　（3）通过有线电视电缆接入。电缆调制解调技术是通过电缆接入 Internet 的基本方法，它的基础设施是有线电视（cable television，CATV）的电缆系统，以及电缆调制解调器。采用该技术能提供比电话线路更高的速率，而且不易受到电子干扰。事实上，由于 CATV 电缆系统的设计容量远远高于当前可用的电视频道容量，硬件留下未用的频道可被利用来传输数据。按照目前电缆调制解调器的标准，电缆调制解调技术所支持的数据传输速率分别为：下行流速率 3～36 Mbps，上行流速率 1～10 Mbps。

　　在利用电缆提供双向通信的技术中，混合光纤同轴电缆（hybrid-fiber-coaxial，HFC）技术是光纤和同轴电缆的结合体，其中光纤用于中央设备，同轴电缆则用于连接个人用户。

　　（4）通过光纤接入。在一些城市开始兴建高速城域网，主干网速率可达几十 Gbps，并且推广宽带接入。光纤可以铺设到用户或者大楼，可以 100 Mbps 以上的速率接入。根据用户群体对不同速率的需求，光纤可以实现高速上网或企业局域网间的高速互联。同时由于光纤接入方式的上传和下传都有很高的带宽，光纤接入尤其适合开展远程教学、远程医疗、视频会议等对外信息发布量较大的网上应用。

　　（5）无线接入。由于铺设光纤的费用很高，对于需要宽带接入的用户，许多城市提供了无线接入。随着科技的不断进步，越来越多的企业和个人倾向于用无线的方式接入网络。无线网络的接入方式比较流行的有 GSM、CDMA、GPRS、蓝牙、WCDMA、3G、4G、5G 与无线局域网等。

（6）网络检测的简单方法。

① ipconfig 命令。ipconfig 实用程序可用于显示当前的 TCP/IP 配置的设置值，这些信息一般用来检验人工配置的 TCP/IP 设置是否正确。但是，如果计算机和所在的局域网使用了动态主机配置协议（dynamic host configuration protocol，DHCP），这时，ipconfig 可以让我们了解自己的计算机是否成功地获得一个 IP 地址，如果已获得，则可以了解它目前分配到的是什么地址。了解计算机当前的 IP 地址、子网掩码和默认网关实际上是进行测试和故障分析的必要项目。

当使用 ipconfig 时不带任何参数选项，那么它为每个已经配置的接口显示 IP 地址、子网掩码和默认网关值。

当使用 all 选项时（输入"ipconfig /all"），ipconfig 能为 DNS 和 WINS 服务器显示它已配置且所要使用的附加信息，并且显示内置于本地网卡中的物理地址（MAC 地址）。如果 IP 地址是从 DHCP 服务器获得的，ipconfig 将显示 DHCP 服务器的 IP 地址和获得地址预计失效的日期。

② Ping 命令。Ping 是在网络简单诊断中使用频率极高的实用程序，用于确定本地主机是否能与另一台主机交换（发送与接收）数据报。根据返回的信息（"Reply from…"表明有应答；"Request timed out"表明无应答），就可以推断 TCP/IP 参数是否设置得正确以及运行是否正常。使用方法如下：

● Ping 127.0.0.0：这个 ping 命令被送到本地计算机的 IP 软件，如果无应答，则表示 TCP/IP 的安装或运行存在某些最基本的问题。

● Ping 本机 IP：这个命令被送到自己计算机所配置的 IP 地址，自己的计算机始终都应该对该 Ping 命令做出应答，如果没有，则表示本地配置或安装存在问题。出现此问题时，局域网用户应断开网络电缆，然后重新发送该命令。如果网线断开后本命令正确，则表示另一台计算机可能配置了相同的 IP 地址。

● Ping 局域网内其他 IP：这个命令应该从你的计算机发送数据报，经过网卡及网络电缆到达其他计算机，再返回。如果收到回送应答，则表明本地网络中的网卡和载体运行正确。但如果收到 0 个回送应答，那么表示子网掩码不正确或网卡配置错误或电缆系统有问题。

● Ping 网关 IP：这个命令如果应答正确，则表示局域网中的网关路由器正在运行并能够做出应答。

● Ping 远程 IP：如果收到 4 个应答，则表示成功地使用了默认网关。对于拨号上网用户则表示能够成功访问 Internet（但不排除 ISP 的 DNS 会有问题）。

● Ping www.edu.cn：如果无应答，则表示 DNS 服务器的 IP 地址配置不正确或 DNS 服务器有故障（对于拨号上网用户，某些 ISP 已经不需要设置 DNS 服务器了）。也可以利用该命令实现域名对 IP 地址的转换功能。

如果上面所列出的所有 Ping 命令都能正常运行，那么计算机进行本地和远程通信的功能基本上就可以实现了。但是，这些命令的成功并不表示所有的网络配置都没有问题，例如，某些子网掩码错误就可能无法用这些方法检测到。

3.4　IE 浏览器的使用

3.4.1　上网浏览

1. 超文本结构和统一资源定位符

（1）WWW。WWW 是英文"World Wide Web"的缩写，简称 Web，由客户程序和服务器两大部分组成。具体地说，Web 主要是由网页组成的。

（2）文本与超文本。文本是可见字符（包括文字、数字、字母、符号等）的有序组合，又称为普通文本。超文本是一种电子文档，能够创建与其他文档相链接的方式（超链接），而这种链接的方式是没有特定顺序的，允许从当前阅读位置直接切换到链接指向的对象。

（3）HTML。HTML 是超文本标记语言（hypertext markup language）的缩写，是一种特定的超文本编程语言，用于创建存储在 Web 服务器上的超文本。

（4）HTTP。HTTP 是超文本传送协议（hypertext transfer protocol）的缩写，是标准的 WWW 传送协议，用于定义 WWW 的合法请求与应答。

（5）统一资源定位符（URL）。URL 是统一资源定位符（uniform resource locator）的缩写，是 Web 页的地址。超文本之间、超文本文件与一般数据文件对象之间，以及与声音或图像之间的链接，也是借助 URL 格式完成的。

URL 不仅可以识别 HTTP 协议的传输，还可以识别文件传输（FTP）、远程登录、电子邮件、新闻组和本地文件等。

2. IE 的启动与 IE 界面

（1）启动 IE。当计算机与互联网建立了连接之后，就可以启动 Internet Explorer（以下简称 IE）浏览器了。启动 IE 浏览器的方法是：在桌面上双击 Internet Explorer 图标，或者在【开始】菜单中〖程序〗项中找到并单击"Internet Explorer"项，都可以启动 IE。

（2）IE 界面。IE 启动后的界面如图 3.5 所示。

标题栏：标题栏位于浏览器顶部，其右侧是"最小化""最大化/向下还原""关闭"按钮。

地址栏：地址栏位于标题栏下方，用于显示当前网页地址，用户可在此输入需要打开的网页地址。

网页选项栏：网页选项栏位于地址栏下方（可以选择），用于显示打开的网页选项。

菜单栏：菜单栏位于网页选项栏下方，包括"文件""编辑""查看""收藏夹""工具"

"帮助" 6 项，这些菜单均提供 IE 的管理和操作命令。

收藏夹栏：收藏夹栏位于菜单栏下方，用于显示收藏夹中的网页地址，其左侧是收藏夹按钮图标，单击可将当前网页地址保存到收藏夹。

命令栏：命令栏位于收藏夹栏右侧，用于显示 "页面" "安全" "工具" 等命令按钮。

浏览区：浏览区用于显示网页内容。

状态栏：状态栏位于窗口底部，用于显示当前浏览器窗口的各种状态。单击其右侧的 "更改缩放级别" 按钮，可以在弹出的下拉列表中选择网页内容显示尺寸。

图 3.5　IE 启动后的界面

🔔

右击窗口标题栏等空白处，在弹出的快捷菜单中可以选择是否显示菜单栏、收藏夹栏、命令栏和状态栏。

3. 输入网址

（1）网址组成。网址中的 "//" 符号要正确输入，它是 HTTP 协议正确语法的组成部分。

下面以新浪网址（http：//www．sina．com．cn）为例，来了解网址各组成部分的意义。

http 表示使用超文本传送协议；www 表示是 Web 服务器；sina．com．cn 是新浪的域名，sina 表示该地址的所有者（新浪网英文名），com 代表企业公司，cn 代表中国地区。

（2）输入方法。

① 键盘输入网址。

● 单击浏览器的地址栏。

● 从键盘输入网址，如 https://www.sina.com.cn［一般从 www 开始输入，协议部分默认 https（超文本传输安全协议）。如果要使用其他协议，则一定要从协议开始输入］，然后按 Enter 键，如图 3.6 所示。

图3.6　使用键盘输入网址

② 使用"联想"功能。如果某个网址以前输入过，那么当再次输入时，计算机会通过自身的"联想"功能，将这个网址显示在地址栏列表中，单击需要的网址即可，如图 3.7 所示。

图3.7　使用 "联想" 功能输入网址

③ 使用地址栏下拉列表。

● 单击"地址栏"的下拉按钮。

● 在下拉列表中选择需要的网址并单击即可。

④ 从收藏夹中选择网址。

● 单击"收藏夹"按钮。

● 从收藏夹中选择需要的网址并单击即可。

4. 超链接

超链接，就是指在网页中跳转。

打开一个页面，当鼠标指针移到文字时，会发现在页面中有一些与周围文字颜色不同的文字、带有下画线的文字，或者两者兼有，这表示这些文字都设置了超链接。当然，不仅文字可以设置超链接，图标、图片和三维图像等都可以设置超链接。

超链接是阅读网页的桥梁，在文字或图形上设置了超链接后，就能从这个网页链接到另一网页上，超链接分为两种链接方式：一种为外部链接，也就是链接到本网站以外的其他网页上；另一种为内部链接，就是链接到本网站中内部的其他网页上。

● 将鼠标指针移到带有超链接的文字或图片上时，鼠标指针将变成手形光标。

● 单击鼠标即可打开该超链接，打开的超链接仍然是一个网页。

● 例如，打开搜狐主页（http://www.sohu.com/），在主页中单击"新闻"超链接，就可以打开另一个网页"搜狐新闻"（http://news.sohu.com），然后在该网页中再选择要浏览的新闻并单击，又会打开新的网页。

5. 刷新与出错分析

"刷新"按钮的作用是再次打开当前网页。当浏览某个网页时，如果某个环节出现错误，则会使网页无法显示（这种情况经常出现，即便输入的网址是正确的），此时，单击浏览器地址栏中的"刷新"按钮或按 F5 键，可以重新打开该网页。

当打开的网页无法显示的时候，处理的一般方法是：

● 首先检查输入的网址是否正确，如果网址错误，则需要重新输入。

● 单击"刷新"按钮，重新打开该网页，有时需要单击多次该按钮才可以将网页显示出来。

● 如果"刷新"按钮不起作用，就可能是计算机的网络连接出现了问题，需要检查一下，看连接是否被断开，有时可能需要重新拨号连接。

● 如果是由于网站服务器出现故障造成的，比如，要浏览的网站正在进行维护，或网站服务器出现故障正在检修等，就只能等维修后再访问。

6. 返回已浏览的网页

● 单击浏览器工具栏中的"后退"按钮，可返回上一个网页，"后退"并不局限于一步。

● 单击浏览器地址栏右侧的"查看收藏夹、源和历史记录"五角星按钮，可打开相应窗口。

● 单击地址栏向下的小三角"历史记录"按钮，可显示过去一段时间里浏览过的网页地址，单击选中的网址即可打开该网页。

······ 7. 使用收藏夹 ··

收藏夹是用来保存网页地址的，其作用类似于档案馆，可以在其中建立文件夹（相当于档案分类），把网址按类分别保存在不同的文件夹中，以便经常访问。当找到了自己喜欢的网页，并希望将其保存以备用时，就可以将其添加到收藏夹中。

● 打开一个待收藏网页，如 http://sports.sohu.com。

● 单击浏览器菜单栏中的"收藏夹"菜单项，在弹出的下拉菜单中单击"添加到收藏夹"项，弹出"添加收藏"对话框，如图 3.8、图 3.9 所示。

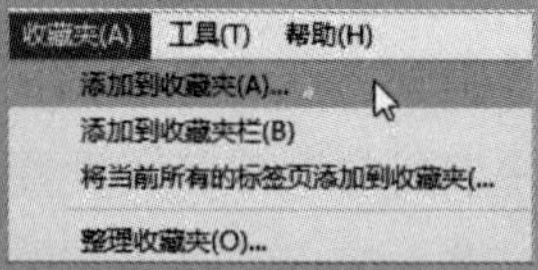

图 3.8 打开收藏夹

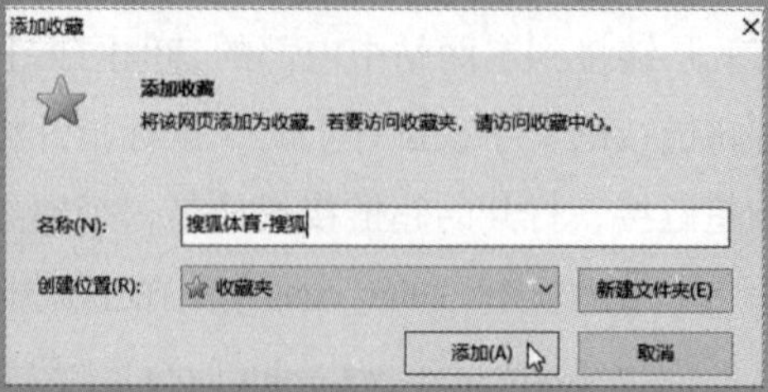

图 3.9 添加网页地址到收藏夹

● 在对话框的"名称"文本框中，输入网页地址名或用默认的网页地址名，并在"创建位置"框中确定收藏位置，然后单击"添加"按钮即可。

····· **8. IE 浏览器的基本设置** ···

打开 IE 浏览器窗口【工具】菜单并选定〖Internet 选项〗，会弹出"Internet 选项"对话框，该对话框共有 7 个选项卡，分别是"常规""安全""隐私""内容""连接""程序""高级"。

（1）"常规"选项卡。该选项卡主要用于设置主页地址（启动 IE 时访问的第一个网页）、处理 Internet 临时文件等。

（2）"安全"选项卡。该选项卡主要用于 Web 内容的安全设置，包括 Internet、本地 Intranet、受信任和受限制站点的设置、安全级别的设置等。

（3）"隐私"选项卡。该选项卡主要用于对 Cookie 进行设置。Cookie 是由 Internet 站点创建的、将信息存储到本地计算机上的小文件。它记录了用户 ID、密码、浏览过的网页、停留的时间等信息。

（4）"内容"选项卡。该选项卡主要用于对分级审查、证书等内容进行设置。

（5）"连接"选项卡。该选项卡主要用于添加（新建）、删除拨号连接或对已有的拨号连接进行设置，还可以设置代理服务器和局域网相关参数。

（6）"程序"选项卡。该选项卡用于指定 Windows 自动用于不同 Internet 服务的程序，也可将 IE 重新设置为使用默认的主页和搜索页。

（7）"高级"选项卡。该选项卡可以对 HTTP1.1 设置、Microsoft VM、安全、从地址栏中搜索、打印、多媒体、辅助功能、浏览所包括的诸多选项进行设置，是使用最多的选项卡。

9. 更改 IE 启动主页

● 打开 IE 浏览器。

● 打开【工具】菜单并选定〖Internet 选项〗项，打开"Internet 选项"对话框。

● 单击"常规"选项卡，在"主页"栏的"地址"文本框中，输入作为启动 IE 时打开的主页网址，单击"确定"按钮，即可更改启动主页。

● 单击该对话框中的"使用当前页"按钮，即可将当前浏览的网页设置为 IE 启动主页。

● 单击该对话框中的"使用默认页"按钮，即可将系统默认主页设置为 IE 启动主页。

● 单击该对话框中的"使用空白页"按钮，将 IE 启动主页设置为空页，这时地址栏中显示英文"about：blank"。

10. 禁用弹出式广告窗口

在浏览网页过程中，经常会有一些广告弹出，令人厌烦。通过选项设置可以除去这些广告窗口。

● 打开 IE 浏览器。

● 单击命令栏上的"工具"命令按钮，在弹出的下拉菜单中移动鼠标指针到"弹出窗口阻止程序设置"项，在弹出的对话框中对弹出窗口阻止强度进行设置。

3.4.2 基于WWW的常见服务

1. 搜索引擎

搜索引擎就是某些专门提供搜索功能的网站。利用搜索引擎可以方便地在Internet上搜索到相关的网站和查询到所需的信息。

以搜狐主页上的搜狗（Sogou）搜索引擎为例，查找有关"房产新闻"的信息。

● 启动IE，然后打开搜狐主页。

● 在搜狗搜索引擎文本输入框中输入"房产新闻"，然后单击旁边的"搜索"按钮开始进行搜索，稍后将显示搜索的结果。通过不同网站的搜索引擎搜索到的结果可能会不一样，所以为了查找某些信息，有时需要多试几个搜索引擎。

● 在显示查询结果的网站中寻找所需要的信息（超链接），单击打开就可以进行更详细的浏览和查找。

提供搜索引擎的网站很多，如百度（www.baidu.com）、360（360浏览器或www.360.cn）搜狐（www.sohu.com）、新浪（www.sina.com.cn）等。

实际上，IE浏览器也提供了搜索功能，利用该功能不仅可以搜索计算机中的文件或文件夹、网络中的其他计算机，还可以在Internet上搜索到相关的信息，它是使用了微软网站的搜索引擎来实现的。

使用IE浏览器进行搜索的方法是：直接在地址栏中输入关键字/词，然后单击"转至"图标按钮，即可调用相关搜索引擎并返回搜索结果。

2. 文件传输

文件传输是网络中较基本的功能之一。实现文件传输的方法一般有两种，一种是使用IE实现，另一种是使用FTP软件完成。

（1）使用IE。

● 在URL中输入FTP站点地址，进行匿名登录，如ftp://ftp.intel.com。

● 与FTP站点连接成功后，右击需要下载的文件，在弹出的快捷菜单中选择"复制到文件夹"项，即可下载该文件。

若要上传文件，要求用户具备该FTP站点的"写入"权限，并在输入FTP站点地址时加入用户名和密码，如"ftp://用户名：密码@FTP服务器地址"。

上传文件的方法是：连接FTP站点，选中本地计算机中的上传文件，直接拖拽至FTP服务器的文件夹中即可完成。

使用 IE 进行文件传输，其优点是简单、易用，其缺点是功能单一、传输速率不理想、没有断点续传功能等。

（2）使用 FTP 软件。FTP 软件是网上文件传输的专用工具，具有使用方便、功能齐全、文件传输效果好和速率快的特点。FTP 软件有很多种，CuteFTP 是目前较常用的一种。如果要使用 FTP 软件作为文件传输工具，必须先在本地计算机上安装 FTP 软件。

用户可以从新浪网的软件下载中心下载 CuteFTP：

● 打开新浪下载中心网页（http：// tech. sina. com. cn/down）。

● 在网页左侧文本框中输入要下载的软件名称，本例是"CuteFTP"，然后单击"搜索"按钮进行搜索，稍后将显示搜索结果。

● 单击需要下载的文件名，显示该文件说明信息，单击"点击下载"按钮，显示下载点列表。

● 单击"官方下载"链接地址，弹出运行或保存对话框，单击"保存"下拉按钮，在弹出的下拉列表中单击"另存为"项，稍后将弹出"另存为"对话框，在该对话框中选择保存到本地计算机的文件夹，再单击"保存"按钮，开始下载。

● 软件下载完成以后，就可以安装并使用了。

3. 博客

博客是英文 Blog 的中文音译，而 Blog 又是 Weblog 的缩写。简单地说，博客就是一种由个人管理的网络日记，其中可以包含文字、图片、音乐、视频和超链接等，所有的网友都可以通过博客地址进行访问。

目前比较流行的有新浪博客、网易博客、搜狐博客、腾讯博客等。这些博客网站都允许通过注册建立个人博客，营造一个抒发情感、分享资讯的私人空间。

4. SNS

SNS 的英文全称是 social network service，即"社交网络服务"。严格来说，目前国内的 SNS 用 social networking site，即用"社交网站"来解释更恰当，如人人网、开心网、QQ 等。SNS 的主要目的是基于互联网，为具有相同兴趣和爱好的用户提供相互联络、交流的网络社区。

使用社交网站简单方便，只要进入社交网站，按照网站要求完成注册（一般要求实名），得到注册帐号，再以注册帐号登录就可以使用了。社交网站提供了更丰富的信息发布和交流、图片上传、视频共享、社区游戏等。

3.5　电子邮件

3.5.1　概述

电子邮件是指由计算机编制而成并经网络传递、收发的信息文件。因其传递、收发过程与人们传统上的通过邮局收发信件的过程相似，所以称其为"邮件"。但电子邮件作为一种新的通信方式，在通信手段和行为方式上与传统的通信方式有着本质上的差异，并在一定程度上改变了人们日常的学习、工作和生活等行为方式。

电子邮件不仅可以是文本文件，还可以是图形、图像、声音、动画等多媒体文件，还可以进行网上调查、投票、发布消息和公告等。

电子邮件因具有易于保存、收费低廉、方便快捷、全球联通、直接发送给收件人、不受自然条件影响等特点，已逐渐成为人们相互间进行信息交流的一种快捷、便利的通信手段和方式。使用专门的电子邮件程序，可以为用户进行电子邮件的使用提供更多的便利。

目前，用户使用电子邮件主要通过两种方式完成，即 Webmail（基于万维网的电子邮件服务，简称 Web 邮件）和电子邮件客户端软件。Web 邮件是在互联网上使用网页浏览器来阅读或发送电子邮件的，而电子邮件客户端软件（如 Foxmail、Outlook 等）必须安装、设置专门的邮件服务软件才能完成。

本教材以 Web 邮箱使用为例，介绍电子邮件的基本使用方法。

提供免费电子邮箱注册的网站有很多，例如，网易、腾讯、搜狐、新浪、雅虎等，但各网站对其免费电子邮箱提供的服务内容不完全相同，用户可根据需要自主选择。

3.5.2 申请邮箱

用户如果需要使用电子邮件，必须首先向提供电子邮件服务的互联网公司提出申请，通过相应的注册后得到一个邮箱帐号才可以使用。

● 打开 IE 浏览器，然后在地址栏输入 http：//mail.163.com，再按下 Enter 键，进入 163 邮箱的登录页面，如果用户还没有帐号，可单击"去注册"按钮，申请注册一个新帐号，如图 3.10 所示。

● 在网页右下单击"去注册"按钮，打开邮箱注册页，如图 3.10 所示。

图 3.10　申请免费邮箱

● 如图 3.11 所示的页面顶端提供了两种邮箱注册方式，注册方式不同，需要用户填写的注册信息会有差别，如图 3.12、图 3.13 所示。

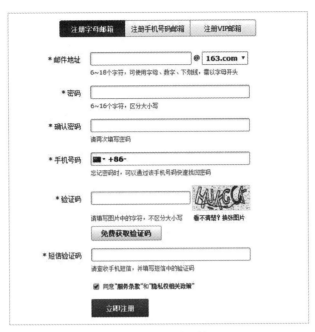

图 3.11 注册字母邮箱页面

图 3.12 注册手机号码邮箱页面

● 在选定的注册页面的各个信息栏中输入个人的相关信息，这些信息（字符）必须与不同项目提示的内容相对应，输入完成后单击网页下面的"立即注册"按钮，就会显示注册成功信息，如图 3.14 所示。

● 回到如图 3.10 所示的登录页面，输入帐号、密码，单击"登录"按钮进入邮箱显示

图3.13　注册 VIP 邮箱页面

图3.14　注册成功信息

窗口，就可以使用这个属于自己的邮箱来收发邮件了，如图 3.15 所示。

图3.15　邮箱窗口

3.5.3 电子邮件地址

与传统的邮件一样，电子邮件也必须有一个明确的地址，收件人才能接收邮件。电子邮件的地址通常必须包含符号"@"，该符号的前面为用户的邮件帐号（如名字，由用户在申请注册邮箱时自己命名），@符号后面是该邮箱地址（由邮件提供商在注册时默认提供）。

为了使自己的邮箱名称容易记忆又与众不同，建议使用名字、昵称字母的拼写加配一些有意义的数字，形成自己邮箱名称的特色，但邮箱名称的长短应当适中，避免过于复杂。

3.5.4 撰写新邮件

撰写电子邮件与传统的书信写法很相似，只不过是用计算机代替了传统的纸笔，而且在速度、功能与费用等方面都是传统书信方式所无法比拟的。

• 进入 Web 邮件首页，单击"写信"按钮，打开撰写新邮件界面，如图 3.16、图 3.17 所示。

图 3.16　进入写信

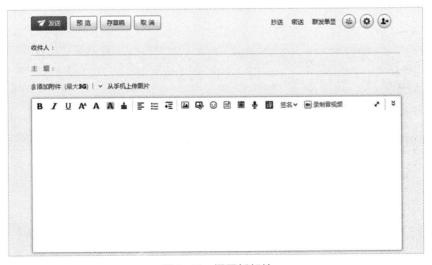

图 3.17　撰写新邮件

• 在"收件人"栏中输入收信人的邮件地址，在"主题"栏中输入邮件的主题（邮件基本内容的提示，可有可无），然后在下面的空白编辑区中输入邮件的内容。

- 如果要将这封邮件同时发送给多人，可以在"收件人"文本框中输入多个收信人的邮件地址，中间用半角的符号"；"将每一个收件人的邮件帐号隔开，就可实现一信多发。
- 如果需要抄送给其他人，则单击"抄送"按钮，在弹出的"抄送"栏中输入邮件地址，邮件会同时发送到收件人和抄送人的邮箱，而且收到邮件的双方都可以看到该邮件，并知道主送方和抄送方是谁。
- 邮件写好后，单击"发送"按钮就可将邮件发送出去了。

当收件人收到邮件后，在收件箱中双击电子邮件名称，即可打开该邮件。在邮件中可以看到"发件人"的用户名称、发送日期、收件人地址、邮件的主题和内容等信息。

如果邮件内容没有写完或者内容写完后不想立即发送出去，可以采用下述方法暂时保存起来：

- 单击"存草稿"按钮，系统自动将当前邮件存至草稿箱。
- 当需要继续编辑时，单击"草稿箱"项，再单击需要继续编辑的草稿项，就可以继续编辑了。

3.5.5 收发邮件中的附件

图 3.18 添加附件

电子邮件中经常需要夹带一些"附件"，这些附件可以是文档、程序、表格、图形、音乐和动画等文件。使用附件发送功能，可以方便地发送电子邮件的附件。

- 写好邮件后，单击"添加附件"项，如图 3.18 所示，弹出"打开"对话框，如图 3.19 所示。

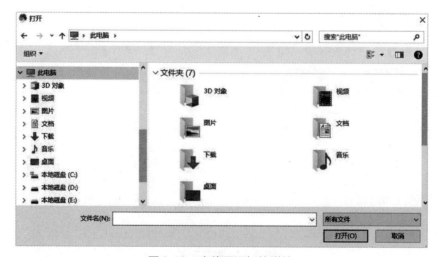

图 3.19 查找需添加的附件

● 找到需要发送的附件后双击，该对话框将消失，在窗口的"主题"栏下将出现该附件的标识、文件名、文件大小等信息，如图 3.20 所示。

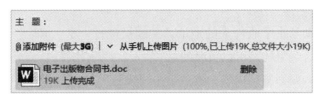

图 3.20　添加的附件标识

● 单击"发送"按钮，就可以将邮件和附件一同发送出去了。

接收附件的方法是：

● 打开收件箱，单击包含附件的邮件，单击"查看附件"按钮，在附件栏中移动鼠标指针至附件标识时，会弹出处理菜单，允许用户对附件进行不同的处理，如图 3.21 所示。

图 3.21　附件处理菜单

● 单击"下载"项，弹出"新建下载任务"对话框，如图 3.22 所示，选择附件的存储位置，单击"下载"（或"下载并打开"）按钮即可。

图 3.22　下载任务确认窗口

3.5.6　邮件的答复和转发

当收到邮件并阅读完毕后，用户可根据需要进行答复或转发。

- 打开邮箱进入收件箱页面。

- 选择一封邮件单击，然后在该邮件页面的上部单击"回复"按钮，弹出答复邮件窗口。

- 在该窗口中自动给出了收件人的地址，主题栏被打上了"Re："字样，表示这是上一封邮件的回复，当然这个主题是可以更改的。

- 在编辑区中输入要回复的内容，然后单击"发送"按钮，即可答复来信。

- 在"收件箱"中选择要转发的邮件，然后在"回复"按钮的右侧单击"转发"按钮，系统弹出转发窗口，此时主题将自动打上"Fw："字样，表示该邮件为转发邮件。

- 在"收件人"栏中输入收件人的邮箱地址，然后单击"发送"按钮，即可将邮件转发给其他人。

3.5.7 删除邮件

每过一段时间后，邮箱中总会保存一些过期的邮件，及时处理这些邮件，可以节省邮箱空间。

- 打开邮箱，进入收件箱页面。

- 勾选过期不用的邮件。

- 单击"删除"按钮，就会将这些邮件移至"已删除"文件夹中。

- 单击"已删除"文件夹，勾选需要彻底删除的邮件，单击"彻底删除"按钮，系统弹出彻底删除邮件确认对话框，如图3.23所示。

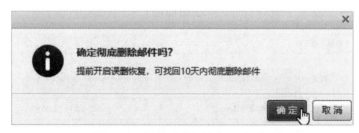

图3.23 彻底删除邮件确认对话框

- 单击"确定"按钮就可彻底删除邮件，否则单击"取消"按钮。

3.5.8 邮件的归档管理

如果邮箱中存放了大量不同类型的邮件，寻找某一封邮件时就会花费很多的时间。如果将这些邮件按照一定的规律进行分类，并将同类的邮件放置在同一个文件夹里，管理起来就会有条不紊，查找也会非常方便。

- 打开邮箱进入收件箱页面。

● 选中一个邮件，单击"移动到"按钮，在下拉菜单中选择"新建文件夹并移动"项，系统弹出"新建文件夹"对话框，如图 3.24 所示。

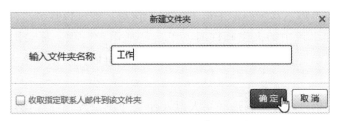

图 3.24　"新建文件夹"对话框

● 在"输入文件夹名称"文本框中输入要创建的新文件夹名，单击"确定"按钮，就可以创建一个新文件夹，且刚被选定的邮件会移至该新文件夹中。

● 单击"确定"按钮，就创建了一个名为"工作"的新文件夹，返回"收件箱"（或首页）页面后就可以看到新文件夹已经创建。

● 此后，当收件箱中有需要移动的邮件时，只需选定该邮件，单击"移动到"按钮，在弹出的下拉菜单中选择文件夹名，即可将邮件移至文件夹保存。

3.5.9 　使用通讯录

通讯录主要用于存储联系人的信息，如联系人的电子邮件地址、工作单位、电话和传真号码等。利用通讯录可以很方便地查询联系人信息和发送邮件。

● 打开邮箱进入首页。

● 单击"通讯录"项，单击"新建联系人"按钮，系统弹出"新建联系人"对话框，如图 3.25 所示。

图 3.25　"新建联系人"对话框

- 在该对话框中输入联系人的有关资料，包括姓名、电子邮箱、手机号码、备注和分组等。
- 单击"更多选项"，可以输入联系人更详细的信息，以便于分类和查找。
- 将所有相关信息输入完毕后，单击"确定"按钮，即可将联系人添加到通讯录中。
- 以后需要给通讯录中的人发邮件时，单击"通讯录"项，移动鼠标指针至目标联系人，在显示出的"写信"图标上单击，就可以进入写信页面，且该联系人的邮箱地址会自动完成填写。

在通讯录中查找信息、分组管理联系人以及使用通讯录发邮件等操作都比较简单，读者可自行学习和实践。

3.6 实验指导

1. 实验目的

掌握使用 IE 浏览器上网浏览、搜索和下载的方法以及收发电子邮件的方法。

2. 实验要求

（1）掌握 IE 浏览器的功能和基本使用方法。

（2）掌握使用 IE 浏览器上网浏览、搜索和下载的方法。

（3）使用 Web 邮箱收发电子邮件的方法。

3. 实验内容和步骤

（1）使用 IE 浏览器。

① 启动 IE 浏览器，观察其窗口组成。

② 在地址栏中分别输入 sohu. com、yahoo. com、google. com 和 open. edu. cn，看看各网站主页都有什么特点。

③ 使用上述前 3 个网站的搜索引擎查找"国产汽车"，观察查找的结果有什么差异？

④ 单击搜狐网站的"新闻"链接，找一个感兴趣的新闻网页，将其添加到收藏夹中。

⑤ 打开【工具】菜单并选定〖Internet 选项〗项，在打开的"Internet 选项"对话框中将主页地址改为 http：//www. sohu. com 或 http：//www. sina. com. cn，关闭 IE 浏览器后再次启动，观察有什么变化？

⑥ 再次打开"Internet 选项"对话框，设置禁止弹出式广告窗口，然后刷新网页，会看到什么结果？

⑦ 使用 IE，以匿名方式下载一个 FTP 站点的文件。

⑧ 以过客身份到任意博客网站看一看。

（2）收发电子邮件。

① 在提供免费电子邮箱的网站上申请一个电子邮箱。

② 进入该网站，查看刚申请邮箱的收件箱中是否有信件，如有，是什么内容？

③ 使用自己的邮箱与同学或朋友互发一封通知邮件。

④ 与同学互相发送和接收带附件的电子邮件，并将附件保存到"我的文档"文件夹中。

⑤ 将收到邮件的发件人邮箱地址添加到通讯录中。

✎ 本章练习

1. 什么是计算机网络？计算机网络最主要的特点是什么？

2. TCP/IP 模型分为哪些层次？

3. 计算机网络可以分为哪几类？

4. 网络协议的作用是什么？

5. 局域网有什么特点？它是如何组成的？

6. 什么是 Internet？其前身是哪个网络？

7. 请说出 Internet 的特点。

8. IPv4 与 IPv6 主要区别何在？

9. ADSL 连接方式需要哪些硬件？需要哪个特殊的协议？

10. Ping 命令可以测试出网线的故障吗？

11. 当指定的网页无法打开时，可能是什么问题？如何解决？

12. FTP 是什么？如何使用 FTP？

13. 搜索引擎有什么作用？不用它可以吗？

14. 收藏夹的主要作用有哪些？

15. 不用 Outlook 也可以收发电子邮件吗？

16. Web 邮箱、Outlook 各有什么特点？

17. 电子邮件地址的格式是怎么定义的？

18. 如何在电子邮件中添加附件？

● 考核要点

- 计算机网络的分类、拓扑结构、协议
- 局域网的特点与组成
- Internet 的概念和特点
- IP 地址和域名系统的概念
- 局域网、无线网络的连接
- IE 参数设置

- 打开指定网页和超链接
- 使用搜索引擎查找
- 使用收藏夹保存网页
- 邮件的基本操作
- 帐户设置
- 邮件管理基本操作
- 使用通讯录

🖳 上机完成实验

⊙ 使用自测课件检查学习和掌握情况。

第 4 章　Word 2016 文字处理系统

学习内容

1. Word 2016 的特点和功能
2. Word 2016 的用户界面组成
3. 建立和编辑文档
4. 文档版面设计
5. 表格的建立和编辑
6. 表格的修饰和排版
7. 文本框
8. 图片插入及版式控制
9. 建立和使用样式
10. 打印输出

学习目标

1. 了解　Word 2016 的主要功能，帮助命令的使用方法；项目符号和编号；模板的概念。

2. 掌握　Word 2016 的启动和退出；Word 2016 用户界面的基本构成元素；文档的基本操作，视图的使用，文本编辑的基本操作，剪切、移动和复制操作，定位、替换和查找操作，插入符号的操作；字体、段落和页面设置，边框、底纹、页眉和页脚的添加操作；表格的创建，表格格式和内容的基本编辑；自选图形的绘制操作，图形元素的基本操作；图形、文本框的插入，SmartArt 图形的插入，截取屏幕操作，图文混排的方法；样式的建立与使用；打印预览，打印参数设置和打印输出。

学习时间安排

视频课	实验	定期辅导	自习（包括作业）
2	12	2	10

4.1　Word 2016 概述

4.1.1　Office 简介

MS-Office 办公系列软件（简称 Office 套件）是美国 Microsoft（微软）公司开发的，全面支持简繁体中文和多国文字的办公自动化套装软件包，是全球应用较广泛的办公软件之一。

Office 套件经过了多次升级，最新的版本为 Office 2016。本教材主要介绍 Office 2016 中的相关组件。Office 2016 套件包括了文字处理软件 Word 2016、电子表格处理软件 Excel 2016、电子幻灯演示软件 PowerPoint 2016、笔记记录和管理软件 OneNote 2016、日程及邮件信息管理软件 Outlook 2016、桌面出版管理软件 Publisher 2016、数据库管理软件 Access 2016、即时通信客户端软件 Communicator 2016、信息收集和表单制作软件 InfoPath 2016、协同工作客户端软件 SharePoint Workspace 2016。Office 2016 套件中的所有软件功能在 Windows 10 操作系统平台下都会得到充分发挥。

Microsoft Office 2016 提供的强大功能远超以往版本，其新增的功能主要体现在：

（1）截屏功能：Office 2016 的 Word、Excel、PowerPoint、OneNote 组件中增加了截屏功能，用户不必借助第三方软件就可以获取需要的屏幕截图。

（2）翻译功能：当鼠标指针指向一个选定的词组或短语时，就会出现一个悬浮窗口（迷你翻译器），给出相关的翻译和定义，从而实现跨区域、跨语言的通信协作。

（3）背景移除功能：从一张图片中抠取需要的部分，使文档更加丰富多彩。

（4）作者许可：通过"审阅"选项卡下的"保护"组命令、Word 文档直接保存成 PDF 或 XPS 格式文件、打开从网络上下载的文档时启动的保护模式都可以限制作者以外的用户对文档进行编辑。

（5）Office 管理中心：单击"文件"选项卡可进入 Office 管理中心，可以实现对文档操作的所有功能。

（6）查找导航：单击"开始"选项卡的"编辑"命令组中的"查找"按钮后，屏幕显示的不是传统的对话框，而是"导航"页面，输入关键字并按 Enter 键后，将显示与关键字相关的诸多信息，极大地提高了查找效率。

（7）内容粘贴：当完成粘贴操作后，会出现"粘贴选项"按钮，单击该按钮可以根据需要确定粘贴的格式。

4.1.2 ► Word 2016简介

1. Word 2016 的功能和特点

Word 2016 是 Office 2016 的核心组件之一，其主要特点包括改进的搜索和导航体验、与同伴协同工作、在任何地点访问和共享文档、向文本添加视觉效果、将个性化文本转化为精彩的图表、为文档添加视觉效果、轻松恢复丢失的工作、跨越语言障碍、将截屏图片插入文档中和利用增强的用户界面完成更多的工作等。

那么 Word 2016 能做什么呢？

Word 2016 作为一款文字处理软件，能够创建、编辑多种类型的文档文件，如书信、文章、计划、备忘录等。用户使用它不但可以在文档中加入图形、图片、表格等，而且可以对文档内容进行修饰和美化。同时，Word 2016 还具有自动排版、自动更正错误、自动套用格式、自动创建样式和自动编写摘要等功能。

"所见即所得"是 Word 的一个显著特点。"所见"是指在页面视图时屏幕显示的效果，"所得"是指在打印机上的输出效果。也就是说，打印机上打印出的效果与显示器上的显示效果一致。

2. Word 2016 的运行环境、安装和启动

Word 是运行在 Windows 操作系统平台中的文字处理应用软件，Word 2016 最佳的操作系统运行平台是 Windows 10。

一般情况下，Word 2016 是与 Office 2016 组件一起安装的。安装成功后，在 Windows 10 操作系统"开始"菜单中会增加一个 Word 2016 菜单项，鼠标单击该菜单项，就可以启动 Word 2016 了。

4.1.3 ► Word 2016的用户界面

1. Word 2016 的工作界面组成

Office 2016 中的应用程序都具有相似的用户界面（user interface，UI）和相同的风格。当启动 Word 2016 后，就会在屏幕上打开 Word 2016 工作界面，如图 4.1 所示。

（1）标题栏。从图 4.1 中可以看到，标题栏位于 Word 2016 用户界面的顶端正中位置。标题栏上显示的是：当前文档名（文档 1）和正在使用的应用程序名"Word"。

（2）快速访问工具栏。快速访问工具栏集成了多个常用的功能按钮，用户可以根据需要通过工具栏右侧的"▼"按钮添加和更改功能按钮，也可以将该工具栏移至功能区下方显示。

"文件"按钮　快速访问工具栏　选项卡　标题栏　功能区　获得功能和帮助标题区　窗口操作按钮

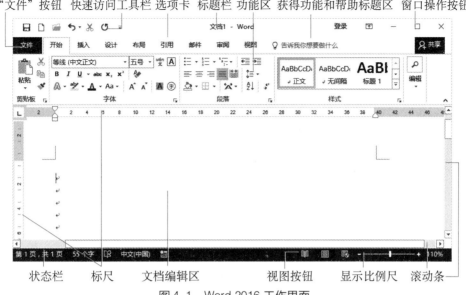

状态栏　　　标尺　　　文档编辑区　　　　　视图按钮　　　显示比例尺　　滚动条

图 4.1　Word 2016 工作界面

工作界面顶端最右侧的 3 个窗口操作按钮自左至右依次为"最小化""最大化/向下还原""关闭"按钮。

（3）"文件"按钮（选项卡）。单击"文件"按钮（选项卡），可以在打开的菜单中，针对文档进行新建、打开、保存、打印等操作。

在"文件"按钮右侧排列了 8 个选项卡，都是针对文档内容操作的。单击不同的选项卡，可以得到不同的操作设置选项。

（4）功能区。功能区显示的是不同选项卡中包含的操作命令组。例如，"开始"选项卡中主要包括了剪贴板、字体、段落、样式等功能区。功能区操作命令组右下角带有"↘"标记的按钮，表示有命令设置对话框。

（5）标尺。在功能区下方带有刻度和数字的水平栏称为水平标尺。水平标尺具有调整文档的缩进方式、边界及表格宽度等功能。在"页面"视图方式下还会出现垂直标尺。标尺中部的白色部分表示排版时的版心宽度，两端的灰色部分是页面四周的空白区，该区域内不能写入文字。

水平标尺上有 4 个小滑块，它们的作用是：

- 左端上沿的尖滑块调整文档段落的"首行缩进"。
- 左端下沿的尖滑块调整文档段落的"悬挂缩进"。
- 左端下沿的方滑块调整文档段落的"左缩进"。
- 右端下沿的尖滑块调整文档段落的"右缩进"。

关于"首行缩进""悬挂缩进""左缩进""右缩进"的含义，后面会详细介绍。

（6）文档编辑区和滚动条。

① 文档编辑区。水平标尺与垂直标尺白色部分的交叉区域称为文档编辑区。该区域专门用于加工和编辑文字、表格、图形或其他的文档信息。

② 滚动条。文档编辑区的右侧和下方各有一个滚动条，分别称为垂直滚动条和水平滚动条。利用滚动条可以快速查看文档内容。

（7）状态栏。状态栏用于显示当前正在编辑文档的光标位置、总页数、字数、所用语言等信息。

（8）视图按钮和比例尺。在状态栏右侧有"阅读视图""页面视图""Web 版式视图"3个视图快捷按钮，单击它们可以快速改变视图方式。视图按钮右侧是显示比例尺，可用于调节文档编辑区显示内容的大小。

（9）获得功能和帮助标题区。在该区域输入所需信息标题，可以获得功能和帮助内容。

2. Word 2016 的操作约定

Word 2016 的一般操作方法与 Windows 10 操作系统及其应用软件的一般操作方法完全一样。

（1）鼠标操作的约定。"单击"是指快速按下再释放鼠标的左键，"双击"是指连续两次单击，"三击"是指连续三次单击，单击鼠标的右键则称为"右击"。

（2）菜单命令操作的约定。菜单命令操作主要有"打开"和"选定"两个动作。打开是指用鼠标单击选项卡或组命令；选定是在下拉菜单中移动鼠标指针至要选择的菜单项（命令），再单击，即可完成对该菜单命令的操作。

为了简化上述操作动作的描述，本教材后面的文字叙述针对选项卡统称为：

单击【…】→〖…〗→"…"项……，其中【…】为选项卡名，〖…〗为功能区名，"…"为命令名或功能按钮名。

（3）关于对话框内的选择操作。本教材所讨论的许多操作可能都涉及对话框操作。由于对话框内的选项种类繁多，文字教材在讲述上存在诸多不便（如对一个对话框内的多个选择往往要花费大量篇幅），所以请读者以看录像或课件为主，本教材只做必要的说明或提示。

3. 使用帮助

Word 2016 提供了方便的联网帮助功能，可以帮助读者在学习中遇到困难时尽快找到解决的方法。学会使用"帮助"功能，对后续内容和其他 Office 组件的学习以及使用是非常重要的。

（1）使用帮助目录。按 F1 键，会在文档编辑区右侧弹出"帮助"任务窗格，如图 4.2 所示。

图 4.2　Word 2016 "帮助" 任务窗格

该任务窗格中列出了一些可以获得帮助的内容，如无所需内容，可在窗口的"搜索帮助"文本框中输入需要帮助的关键词，即可看到相关的帮助内容。

🔔

应该强调的是：Word 2016 所提供的大部分帮助是需要连接互联网的。Office 的其他组件也是如此。

（2）搜索帮助内容。在选项卡区右侧的"获得功能和帮助标题区"中，输入需要帮助的关键词，也可以得到相关的帮助信息。

4.2　Word 2016 基本操作

初学者只要按照本教材的章节循序渐进地学习，就可以掌握 Word 2016 的基本操作和使用方法，足以满足日常办公的需要。如果你是一个有一定 Word 使用经验的用户，通过本教材的学习你也可以对 Word 2016 有更深入的了解，从而提高办公效率和使用技能。

4.2.1　建立和编辑文档

1. 文档的建立、打开和关闭

Word 2016 的文档以文件形式存放于磁盘中，其文件扩展名为".docx"。Word 2016 并不只限于能够处理自身可以识别的文档格式文件，还可以打开或编辑纯文本文件（txt）、多文本文件（rtf）、低版本 Word 文件（doc）、模板文件（dot）、可移植文件（pdf）等 10 多种格式的文件。Word 文档的建立："文件"→"新建"（可以选用不同的模板）或按快捷键 Ctrl + N（用默认的空白模板）。

Word 2016 在正常启动之后会自动打开一个名为"文档1"的文档，使用户可以直接进行文档内容的输入和各种编辑操作，相当于建立一个新文档。对于磁盘中已有的文档文件则要通过打开文档的操作，将其调入 Word 2016 的文档编辑区。

（1）打开已有文档。

● 打开【文件】→〖打开〗→"浏览"项（或单击"快速访问工具栏"中的"打开"按钮），可弹出"打开"对话框。

在该对话框中查找需要编辑的 Word 文档，然后双击文档名（或选定文档名，再单击右下的"打开"按钮），即可打开该文档。

● 当打开【文件】→〖打开〗时，可以看到过去一段时间打开过的文档列表，单击需要的文档名即可打开该文档。

- 直接双击 Word 文档，系统会自动启动 Word 2016 并打开该文档。

（2）关闭文档。Word 2016 的退出方法有多种。最常用的方法是：

- 单击标题栏最右侧的“关闭”按钮，退出当前编辑的文档并关闭 Word 2016 应用程序。
- 单击【文件】→〖关闭〗项，退出当前编辑的文档。
- 右击桌面底部任务栏上的 Word 任务按钮→“关闭窗口”项，可以关闭当前打开的 Word 文档。如果关闭的 Word 文档是最后一个文档，将同时关闭 Word 2016 应用程序。
- 按快捷键 Ctrl + F4 仅关闭当前的 Word 文档，并不关闭 Word 2016 应用程序（即使是最后一个 Word 文档）。按快捷键 Alt + F4 关闭文档后同时关闭 Word 2016 应用程序。

2. 制作个人简历

下面就开始通过一个案例带你一步一步地走进 Word 2016 的世界。

案例一　制作个人简历

图 4.3 是一份制作好的个人简历，这份个人简历中不仅有标题、正文等内容，还包含了字体、字号、字形、字体颜色和样式等的变化。提供这份个人简历的目的是对制作个人简历有一个最直观的认识，了解要做什么。

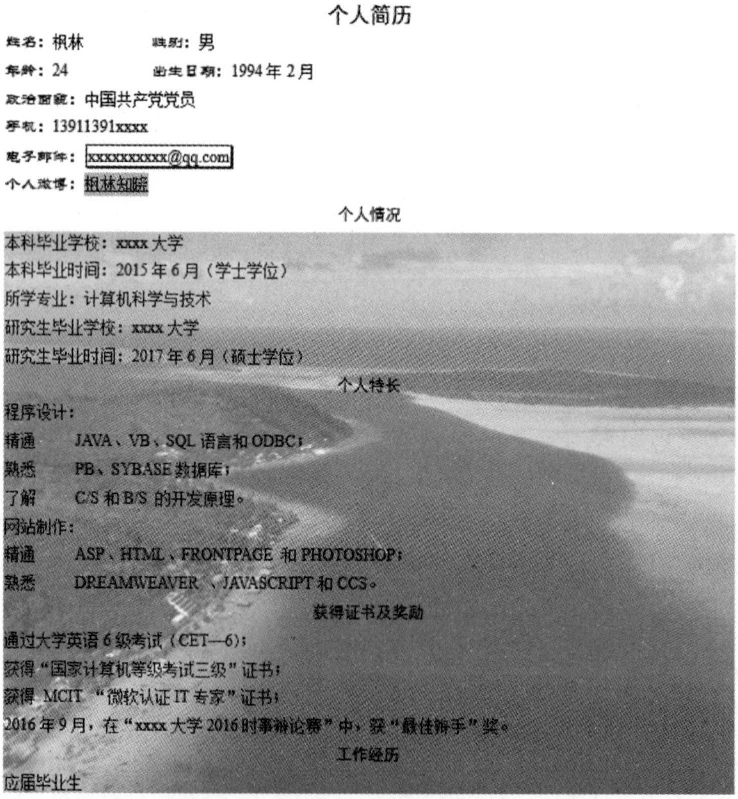

个人简历

姓名：枫林　　性别：男

年龄：24　　出生日期：1994年2月

政治面貌：中国共产党党员

手机：13911391xxxx

电子邮件：xxxxxxxxxxx@qq.com

个人微博：枫林知晓

个人情况

本科毕业学校：xxxx 大学

本科毕业时间：2015 年 6 月（学士学位）

所学专业：计算机科学与技术

研究生毕业学校：xxxx 大学

研究生毕业时间：2017 年 6 月（硕士学位）

个人特长

程序设计：

精通　JAVA、VB、SQL 语言和 ODBC；

熟悉　PB、SYBASE 数据库；

了解　C/S 和 B/S 的开发原理。

网站制作：

精通　ASP、HTML、FRONTPAGE 和 PHOTOSHOP；

熟悉　DREAMWEAVER、JAVASCRIPT 和 CCS。

获得证书及奖励

通过大学英语 6 级考试（CET—6）；

获得“国家计算机等级考试三级”证书；

获得 MCIT “微软认证 IT 专家”证书；

2016 年 9 月，在“xxxx 大学 2016 时事辩论赛”中，获“最佳辩手”奖。

工作经历

应届毕业生

图 4.3　个人简历

在这个案例中，将重点讲述使用 Word 2016 制作个人简历的过程和方法，同时还将讲述与其相关的知识点和操作技能，使用用户对 Word 2016 有更具体、更直观的认识。

需要说明的是，本教材所有案例中的内容和操作方法并不是唯一的，只是为了抛砖引玉和讲述相关的知识和操作方法。

后续内容中凡是与案例相关的内容和操作描述，都以"◇"作为提示。

3. 文字输入

（1）页面设置。一般情况下的写作，要先准备好大小尺寸合适的写作用纸。同样，使用计算机写文档时，也应该先确定文档编辑区的尺寸和规格，这叫作页面设置。它关系到该文档以后的输出效果。

● 启动 Word 2016。

● 单击【布局】→〖页面设置〗功能区右下角的对话框启动器，就会弹出"页面设置"对话框，如图 4.4 所示。

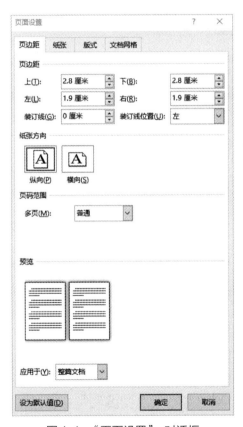

图 4.4　"页面设置"对话框

在"页面设置"对话框中有页边距、纸张、版式和文档网格 4 个选项卡。其中"页边距"用于设置页面上打印区域（文档编辑区）之外的空白空间（相当于设置版心尺寸）、装订线、装订线位置、纸张方向、页码范围等；"纸张"用于选择和更改所用纸张的规格和尺寸；"版式"用于设置节的起始位置、奇偶页面的页眉和页脚是否不同及页眉和页脚距离纸张边界的尺寸等；"文档网格"用于设置文字排列的方向和栏数、有无网格、每行的跨度和字符个数等。

◇ 在此，选择页边距为：上下各 2.8 厘米，左右各 1.9 厘米，页面纵向；选择纸张规格为 16 开；其他为默认设置。

（2）输入文档内容。

◇ 使用在 Windows 10 操作系统中介绍的文字输入方法，将个人简历内容输入到文档编辑区，如图 4.5 所示。

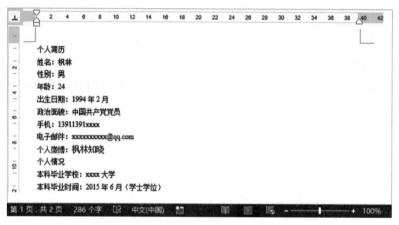

图 4.5　个人简历内容

（3）保存文档。文档的保存就是将当前正在编辑的内容写入文档文件。

① 新文档的保存。

● 按快捷键 Ctrl + S 或打开【文件】→〖另存为〗项，弹出"另存为"对话框，如图 4.6 所示。

图 4.6　"另存为"对话框

● 选择恰当的保存位置并输入文件名，单击"保存"按钮即可。

如果为了交流，还可以先在"保存类型"框内选择文件格式的类型（默认的文件格式类型为"Word 文档"），如纯文本、RTF 格式、PDF、Word 97 – 2003 等，再单击"保存"按钮。

② 已存在文档的保存。这种文档的保存是对原有文档文件内容的覆盖，故又称为回写。此项操作十分简单，也可以按快捷键 Ctrl + S 或用鼠标单击快速访问工具栏中的"保存"按钮即可（或打开【文件】→〖保存〗）。

◇ 对于新输入的个人简历内容，采用新文档的保存方法，设定文件名为"个人简历"，保存到 E 盘根目录下。

4. 编辑文档

在输入个人简历的内容时，可能会移动文字的位置、复制和修改一些内容、查找或替换一些文字和符号等，这些操作是否规范和熟练将直接影响工作的效率。

（1）常用的编辑方法和功能键。

① 光标。在文档窗口编辑区中不断闪烁的呈"｜"形状的称为光标。几乎所有的文档编辑都是以光标所在的位置或选定的内容作为操作对象的。在进行文档编辑时，小范围的光标移动主要依赖键盘。表 4.1 列出了 Word 2016 常用的编辑功能键。

表 4.1　Word 2016常用的编辑功能键

功能键	作用	功能键	作用
→	光标右移	←	光标左移
↑	光标上移	↓	光标下移
Ctrl + ↑	光标上移至本段行首	Ctrl + ↓	光标下移至下段行首
Page Up	光标上移一屏	Page Down	光标下移一屏
Home	光标移至行首	End	光标移至行尾
Ctrl + End	光标移至文档末尾	Ctrl + Home	光标移至文档开头
Del	删除光标右侧的一个字符	Backspace	删除光标左侧的一个字符

利用鼠标也可以移动光标。先使用滚动条查找编辑位置，找到后，将鼠标指针移至要编辑的位置单击，则光标便会移至鼠标指针所在的位置。使用滚动条滚动文档时，光标不会移动。

② 文档的选定。如果要对文档内连续的内容（包括图形）进行编辑，则需要先做一个选定的操作，即被选定的文档内容呈现为反显状态，选定操作既可以用键盘，也可以用鼠标完成。

使用鼠标进行选定操作：

● 将鼠标指针移至需要操作文档内容的起始位置后，按下鼠标左键拖拽至文档结尾处抬起，选定即告完成。

● 双击可以选定一个词组，三击鼠标左键可以选定 1 个自然段。

● 将鼠标指针移至段落的左侧选择区（纸张左边距的空白区，鼠标指针变为向右上方的箭头）。单击或上下拖动可以选定一行或多行。

文档内矩形区域的选定：

● 将鼠标指针移至要操作文档内容的起始位置。

● 一只手指按住 Alt 键，另一只手指按下鼠标左键拖拽至矩形区域的另一个对角处再抬起，选定即告完成。

与前面的选定方法的最大不同之处是，这种被选定的含有多行文字内容文档中不含有 Enter 键。

全部文档的选定：

● 按快捷键 Ctrl + A。

● 鼠标在选择区连续三击。

● 将鼠标移至左侧选择区，按住 Ctrl 键的同时单击即可。

③ 编辑动作的撤消与恢复。在文档的编辑过程中经常会产生一些误操作，这时可单击快速访问工具栏上的"撤消键入"与"恢复键入"按钮来修正这些误操作。"撤消键入"是依据编辑动作的时间顺序逆序进行排列的，即由近及远地"恢复"已完成的操作。"恢复键入"则是对"撤消键入"的否定，无撤消操作则不能进行恢复的操作。所以即使"撤消键入"过头也不必担心，只要再用"恢复键入"按钮找回来就可以了。按快捷键 Ctrl + Z 等同于按"撤消键入"按钮。

（2）Office 剪贴板。"Office 剪贴板"（简称剪贴板）允许用户从任意的 Office 文档或其他程序中收集文字和图形，再将其粘贴到任意的 Office 文档中。例如，可以从一个 Word 文档中复制一些文字，从 Excel 中复制一些数据，从 PowerPoint 中复制一个带项目符号的列表，从 IE 中复制一些内容，从 Access 中复制一个数据表等，再切换回 Word 并在 Word 文档中安排所收集到的任意或全部内容。因此，Office 剪贴板对所有的 Office 应用程序都是有效的。

剪贴板可与标准的"复制"和"粘贴"命令配合使用。将需要的内容复制到剪贴板中，即可随时将其粘贴到任何 Office 文档中。

① 打开剪贴板。单击【开始】→〖剪贴板〗功能区右下角的对话框启动器即可打开"剪贴板"任务窗格，如图 4.7 所示。

一般情况下的单一复制、粘贴操作不必打开剪贴板，除非需要在多个不同的 Office 程序之间传输需要甄别的信息时，才有必要打开剪贴板。

如果在一个 Office 程序中打开了剪贴板，在切换到另一个 Office 程序时，剪贴板不会自动出现，但仍可继续从剪贴板中复制项目。

在"复制""剪切""粘贴"命令不可用的地方，剪贴板也不可用。退出所有的 Office 程序或在 Office 剪贴板上单击"全部清空"之前，所收集的项目会一直保留在剪贴板中。

② 剪贴板内容显示和粘贴。在将项目添加到剪贴板时，最新的项目总是添加到顶端，每项包含一个代表源 Office 程序的图标以及所复制内容的一部分或是所复制图形的缩略图。

图 4.7　"剪贴板" 任务窗格

剪贴板内容可以逐项粘贴，或是一次性粘贴全部内容。"粘贴"命令只能粘贴最后复制的项目。"全部粘贴"将粘贴存储在剪贴板中的所有项目。

③ "Office 剪贴板" 与 Windows 系统剪贴板。"Office 剪贴板" 与 Windows 系统剪贴板有如下联系：

● 当向 "Office 剪贴板" 复制多个项目时，所复制的最后一项将被复制到 Windows 系统剪贴板上。

● 当清空 "Office 剪贴板" 时，Windows 系统剪贴板也同时被清空。

● 当使用"粘贴"命令时，按"粘贴"按钮或快捷键 Ctrl + V 所粘贴的是 Windows 系统剪贴板的内容，而非 "Office 剪贴板" 上的内容。

（3）复制和移动文档。

① 文档内容的复制。当文档中出现重复的内容时不必重复录入，只要通过下述的操作方法之一进行复制就可以了。

直接复制：

● 选定要复制的文档内容，并使鼠标指针指向被选定的文档内容（此时的鼠标指针为箭头显示）。

● 按住 Ctrl 键，按下鼠标左键拖拽至目标位置释放鼠标和 Ctrl 键即可。

利用剪贴板复制（Ctrl + C、Ctrl + V）：

● 按上述介绍的方法将选定的文档内容复制到剪贴板。

● 将光标定位到目标处，右击并选择〖粘贴〗项；或单击"开始"选项卡中"剪贴板"功能区的〖粘贴〗项；或按快捷键 Ctrl + V。

② 文档内容的移动。移动是指将选定的文档内容从一个位置搬移到另一个位置。常用的操作过程如下。

直接移动：
- 选定要移动的文档内容并使鼠标指针指向被选定的文档内容。
- 按下鼠标左键，直接拖拽至目标位置后抬起即可。

利用剪贴板移动（Ctrl + X、Ctrl + V）：
- 选定要移动的文档内容，右击后在弹出的快捷菜单中选择〖剪切〗项，或单击"开始"选项卡中"剪贴板"功能区的"剪切"按钮，或按快捷键 Ctrl + X。
- 将光标定位到目标处，右击选择〖粘贴〗项，或单击"开始"选项卡中"剪贴板"功能区的"粘贴"按钮，或按快捷键 Ctrl + V。

"剪切"不是"删除"。剪切是先将选定内容移至剪贴板，再粘贴到需要的位置；删除则是从文档中清除选定的内容。

（4）查找和替换文档。查找是依据已知的关键字（词）串，在文档中查找其出现位置的操作；而文档的替换则是将已知的关键字（词）串替换成需要的其他内容的操作。

按快捷键 Ctrl + F 或单击【开始】→〖编辑〗→"查找"项，系统会弹出如图4.8所示的"导航"任务窗格。

在"导航"任务窗格的搜索内容框中输入查找内容后，系统会自动在当前文档中搜索要查找的内容，并将找到的位置、数量等信息显示在"导航"任务窗格中，同时在文本编辑区高亮显示找到的内容。

按快捷键 Ctrl + H 或单击【开始】→〖编辑〗→"查找"→"高级查找"（或直接选定"替换"）命令，系统会弹出如图4.9所示的"查找和替换"对话框。可以看到，"查找"与"替换"是同一个对话框，用户可根据需要单击对话框中不同的选项卡进行操作。

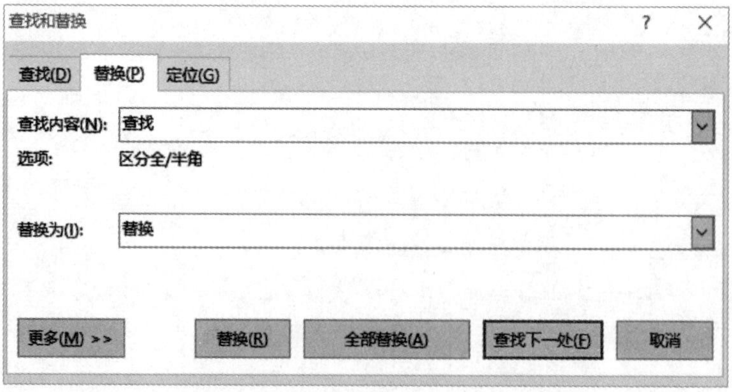

图4.8 "导航" 任务窗格

图4.9 "查找和替换" 对话框

查找和替换的操作过程如下：

① 查找。

● 在如图 4.9 所示的对话框中单击 "查找" 选项卡。

● 在 "查找内容" 列表框内键入要查找的内容，单击 "查找下一处" 按钮即可。此时，对话框并不消失，查找到的文档内容呈反显状态。若再单击 "查找下一处" 按钮，则符合查找条件的下一个内容呈反显状态，若结束查找操作，可单击 "取消" 按钮。根据查找的要求可以单击 "更多" 按钮，恰当选用对话框中的各选项，以使查找更加准确和迅速。

② 替换。

● 在如图 4.9 所示的 "查找内容" 列表框内键入准备要被替换的内容。

● 在 "替换为" 列表框内键入要替换的内容，如果列表框内为空，则替换的结果是删除该查找内容。

● 单击 "替换" 按钮后，第一个遇到的满足 "查找内容" 的文档内容就会被替换。如果要将文档中所有满足 "查找内容" 的部分替换，只要单击 "全部替换" 按钮即可。

（5）文档显示模式。文档内容在编辑时所呈现的显示形态被称为<u>显示模式</u>。不同的显示模式适用于不同的编辑要求。Word 2016 提供了 5 种显示模式：页面视图、阅读视图、Web 版式视图、大纲视图和草稿视图。改变视图的操作如下：

● 将鼠标指针指向位于窗口底部偏右的 3 个快捷按钮，系统会显示其所代表的相应显示模式说明，单击其中某个按钮就可以改变文档显示模式。

● 单击【视图】→〖视图〗功能区需要的视图模式按钮。

页面视图是 Word 2016 启动后的默认视图，也是最常用的显示模式。在页面视图中，可以看到包括正文及正文区之外版面上的所有内容。此时，屏幕显示的文档内容与打印输出的效果完全一致，这就是所谓的 "所见即所得"。

4.2.2　文档版面设计

1. 段落设置

对于如图 4.5 所示的个人简历，无论谁看了都不会有什么印象的，因为它的版面没有任何的个性和特点，所以必须对其加以适当的编排和修饰。

（1）整段编排。个人简历段落的安排可以根据个人的喜好和审美来安排。可以将基本情况排在一起，如姓名、性别、年龄、出生日期、政治面貌和联系方式等；将学习经历排在一起，如毕业学校、毕业时间、所学专业和最后学历等；还有个人的工作经历（包括从何年何月至何年何月在何处就职，主要从事何种工作，担任何种职务，有何突出表现和成绩以及离职的原因等)、所获得的证书和奖励、特长爱好等。将这些情况分门别类地归纳在一起并划分成若干段，就会给人一种整洁、清晰并且有条理的感觉。

✧ 现在，将图4.5的个人简历进行一个初步划分，如图4.10所示，看起来是不是要好一些了呢？

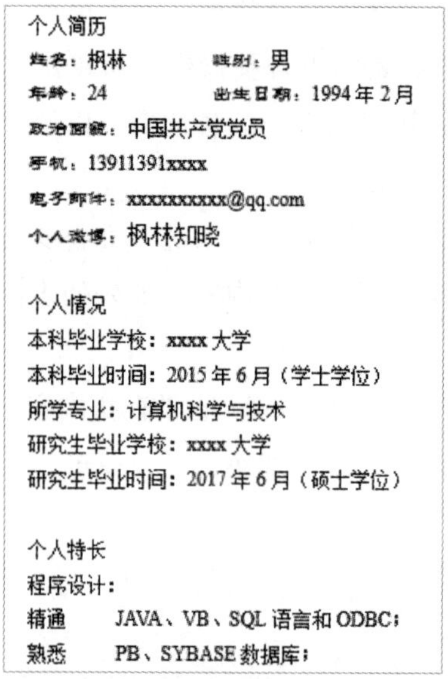

个人简历

姓名：枫林　　　　性别：男

年龄：24　　　　出生日期：1994年2月

政治面貌：中国共产党党员

手机：13911391xxxx

电子邮件：xxxxxxxxxx@qq.com

个人微博：枫林知晓

个人情况

本科毕业学校：xxxx大学

本科毕业时间：2015年6月（学士学位）

所学专业：计算机科学与技术

研究生毕业学校：xxxx大学

研究生毕业时间：2017年6月（硕士学位）

个人特长

程序设计：

精通　　JAVA、VB、SQL语言和ODBC；

熟悉　　PB、SYBASE数据库；

图4.10　整段编排后的个人简历

Word 2016文档中的段落一般是由一定数量的文本、图形及其他符号组成的，其结束标志为段落标识符（↵）。每按Enter键换行一次就插入一个段落标识符。因此，在输入文字时，除非段落结束，一定不要随便按Enter键换行。

在Word 2016中还有一种换行操作方式，就是按快捷键Shift + Enter，此时在段尾会显示“↓”。这是强制换行符，但并没有分段，强制换行前、后的行还属于同一段落。

段落格式设置仅作用于光标所在的段落或事先选定的段落。

建议在输入文字之前先设置段落格式，中文的习惯是：首行缩进2个字符，行距根据需要设置。先设置段落格式的好处是：当按Enter键换行分段时，下一段会自动沿用上一段的段落格式。在中间没有特殊段落格式需要调整的情况下，可以实现一次设置，全文统一沿用的效果。

（2）对齐方式的选择。对齐方式是指位于左、右缩进之间的一行文字在编排时起始端（左、右、居中等）的选定。Word 2016的段落有5种对齐方式：居中对齐、左对齐、右对齐、两端对齐和分散对齐。

两端对齐是默认的对齐方式，两端对齐的意思是段落的每一行全部向页面两边对齐，可以自动调整文字的水平间距，使其均匀分布在左右页边距之间，使两侧文字具有整齐的边缘。若最后一行字数较少，则是左边对齐。左对齐和右对齐都是指以标尺的左、右缩进位置为各自的起始端，键入字符后将向另一端自动展开。居中对齐是以标尺的左、右缩进位置的中心为起始端，键入字符后将向两侧自动展开。分散对齐主要是使段落内容平均分散至左、右缩进之间。

设置对齐方式的操作方法是：

- 选定要对齐的段落，或将光标定位在要以该对齐格式输入文字的位置。
- 单击【开始】→〖段落〗，单击相应的对齐方式快捷按钮。

可以看到，图 4.10 中个人简历的所有内容是两端对齐方式。第一行的"个人简历"是标题，应该放在文档的正中间。

◇ **对齐文档。**

- 选定"个人简历"。
- 单击【开始】→〖段落〗→"居中"按钮。

此时，可以看到"个人简历"4 个字就处于该行的正中间位置了。

注意，如果居中的内容前有空格或缩进，则应先删去，以保证其真正居中。

2. 字体设置

一个文档中的文字可由多种字体组成。字体通常又是由表现形状的字体、表现大小的字号以及其他一些具有修饰作用的成分（如下画线、字符边框、底纹等）所构成的。

字体可以在文字输入前设置，也可以先输入后修改。建议在输入文字之前先设置字体格式。先设置字体格式的好处是：当按 Enter 键换行分段时，下一段会自动沿用上一段的字体格式。在中间没有特殊字体格式调整的情况下，可以实现一次设置，全文统一沿用的效果。

Word 2016 中默认模板（Normal. dotx）的英文为 Times New Roman（TNR）5 号，中文为宋体 5 号。

（1）文字输入前的字体设置。

- 将光标置于输入位置。
- 按快捷键 Ctrl + D 或单击【开始】→〖字体〗→"字体"列表框右侧的下拉按钮，并从表中选定需要的字体。
- 单击【开始】→〖字体〗→"字号"列表框右侧的下拉按钮，并从表中选定需要的字号。
- 如果需要，还可用鼠标单击"加粗""倾斜""下划线""字符边框""字符底纹""字体颜色"等快捷按钮进行设置。
- 开始输入文字。

（2）修改已有的文字字体。

- 先选定要改变字体的文档内容。
- 单击【开始】→〖字体〗→"字体"列表框右侧的下拉按钮，使鼠标指针在列表框中移动，此时可以看到被选定的文档内容字体会随鼠标指针移动而改变（以下简称随动），当找到了合适（或规定）的字体后单击即可。
- 修改字号与上述修改字体的操作类似，只是在"字号"列表框中选定。操作过程也是随动的。

● 如果需要，还可单击其他功能的快捷按钮，修改效果就会立即出现。其中下画线、文本效果、突出显示文本、字体颜色等的改变是随动的。

（3）综合设置。上述的两类字体设置操作步骤较多，也可用下面的综合设置来实现。

● 将光标置于输入位置，或选定将要改变字体的文档内容并使鼠标指针处于其中变为箭头。

● 按快捷键 Ctrl + D 或右击，并在弹出的快捷菜单中选定〖字体〗项，（或单击【开始】→〖字体〗→右下角的对话框启动器），可弹出"字体"对话框。

● 利用该对话框的各个选项卡、列表框和选项可以十分方便地实现字体的综合设置。

（4）使用格式刷。当部分文档内容的字体、字号、段落格式等已经确定，并且希望将其格式应用于文档内的其他部分时，可以按 F4 键（重复上一次操作的功能）重复刚才的格式设置（先选定后按 F4 键）或使用"格式刷"功能。其操作步骤如下：

● 将已设定格式文档的部分内容选定（选定一个字符即可）。

● 单击或双击【开始】→〖剪贴板〗→"格式刷"按钮，此后鼠标指针进入文档编辑区时呈现为一把小刷子形状。

● 用格式刷刷希望使用与之相同字体的文档内容即可。

● 单击格式刷只能刷 1 次，双击格式刷可以刷无数次，直至再次单击"格式刷"按钮或按 Esc 键取消格式刷操作为止。

（5）符号及特殊字符的使用。Word 2016 提供了丰富的符号和特殊字符，如罗马数字、数学运算符号、各种箭头和小图标等。

插入符号和特殊字符的方法为：

● 将光标定位在需要输入符号或特殊字符的位置。

● 右击并选定〖插入符号〗项（或单击【插入】→〖符号〗→"符号"按钮，在显示的下拉框中选定〖其他符号〗项），弹出"符号"对话框，如图 4.11 所示。

图 4.11　"符号"对话框

● 在"符号"对话框中的"符号"选项卡中，利用"字体"列表框右侧的下拉按钮选择符号所属的字符集，如果选择的字符集是"宋体"，则其右边会出现一个"子集"列表框。"子集"列表框可以使用户快速找到需要的符号，若用户不知道符号属于哪个子集，也可以利用滚动条查找。

● 找到需要的符号后，双击该符号即可完成插入。

（6）其他字体字符格式设置。在"字体"功能区还有"加粗""倾斜""下划线""字符边框""字符底纹""字符缩放""字体颜色"等常用格式设置快捷按钮。这些按钮的功能从其字面意思就可以理解，它们的使用效果留给读者通过实践去体会和掌握。

◇ 现在，对个人简历中的字体进行设置。

将"个人简历"设置为：黑体、小三、居中；将"姓名""性别""年龄""出生日期""政治面貌"和联系方式等设置为：华文隶书；相应地，还可以设置"个人情况""个人特长""获得证书及奖励""工作经历"为：黑体、小四、居中，设置后的效果如图 4.12 所示。

图 4.12　设置后的效果

3. 边框和底纹

为了突出文档中段落的视觉效果，将一些文字或段落用边框包围起来或附加一些背景修饰，这是文档编排中常用的手段，Word 2016 将其称为边框和底纹。

（1）附加边框的操作。

① 加简单边框。

● 选定要附加边框的文字或段落。

● 单击【开始】→〖段落〗→"边框"下拉按钮。

● 选择边框类型。

② 加修饰型边框。

● 选定要附加边框的文字或段落。

● 单击【设计】→〖页面背景〗→"页面边框"项，弹出"边框和底纹"对话框，如图 4.13 所示。

● 单击该对话框上部的"边框"选项卡后，选取恰当的"设置""样式""颜色""宽度"等项，并在"应用于"列表框内选定"文字"或"段落"，在"预览"框中即可看到附加边框的效果，如果满足要求可单击"确定"按钮。

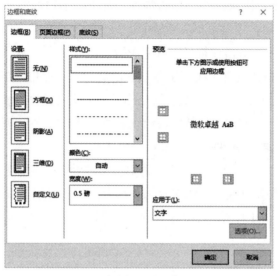

图 4.13 "边框和底纹" 对话框

（2）附加底纹的操作。

① 加简单底纹。

● 选定要附加底纹的文字或段落。

● 单击【开始】→〖段落〗→"边框"下拉菜单→"边框和底纹"项，打开"边框和底纹"对话框。

● 在该对话框中完成设置。

② 加修饰型底纹。

● 选定要附加底纹的文字或段落。

● 打开如图 4.13 所示的对话框。

● 单击该对话框上部的"底纹"选项卡后，选取恰当的"填充"色、底纹"样式"和"颜色"等项，并在"应用于"列表框内选定"文字"或"段落"，在"预览"框中观察组合选取的底纹效果，若满足要求可单击"确定"按钮。

◇ 现在，可以用上述方法将个人简历中的"xxxxxxxxxx@qq.com"加1磅的阴影框，将"枫林知晓"加填充色为"白色，背景1，深色25%"的底纹，结果和图4.14一样吗？

图 4.14 附加边框和底纹后的效果

需要特别注意的是，Word 2016 从【开始】→〖段落〗→"边框"→"边框和底纹"与从【设计】→〖页面边框〗打开的"边框和底纹"对话框是有差别的。

4. 项目符号和编号

项目符号是放在文本列表项目前用以强调效果的圆点或其他符号。创建多级符号列表可以使文档具有更好的视觉效果。

编号是对标题样式进行的自动设置。它可以使文档具有更好的结构效果。

操作步骤如下：

● 选定要编号或添加项目符号的段落。

● 单击【开始】→〖段落〗→"项目符号"项、"编号"项或"多级列表"项，即可为选定的段落自动设置"项目符号""编号"或"多级列表"。

设置了"项目符号""编号"或"多级列表"的文档，在按下 Enter 键后会自动产生顺序的"项目符号""编号"或"多级列表"。

5. 页眉和页脚

Word2016 将页面正文的顶部空白称为页眉，底部页面空白称为页脚。通常一部装帧完整的书的页眉内都含有书名、章名等内容（如本教材），而页脚常用来放置页码、作者信息、日期等。在整个文档中可自始至终使用相同的页眉、页脚，也可以在文档的不同部分（如不同的章节）使用不同的页眉和页脚，还可以对文档的奇、偶页使用不同的页眉和页脚。对页眉、页脚进行的操作只能使用鼠标来完成。

（1）创建页眉、页脚。

● 单击【插入】→〖页眉和页脚〗→"页眉"按钮，在下拉菜单中选择适用的页眉样式并单击，功能区将会出现"页眉和页脚工具""设计"选项卡，如图 4.15 所示。此时，文档编辑区内容变灰显示，光标自动定位在页眉区内，等待输入文字或图形内容。

图 4.15　"页眉和页脚工具""设计"选项卡及其功能区

● 要创建页眉，可以在页眉区的虚框中输入文字、图形或图片，也可以插入日期、时间和页码等。如果需要还可以在"选项"功能区进行"首页不同""奇偶页不同"的设置。

● 要创建页脚，单击"转至页脚"按钮，然后用上述创建页眉的方法输入页脚内容。

● 完成页眉和页脚内容输入后，单击"关闭页眉和页脚"按钮就完成了页眉和页脚的创建操作。此时页眉与页脚区变灰显示，光标回到文档编辑区。

（2）编辑和修改页眉与页脚。页眉与页脚的编辑与文档的编辑方法完全相同。只要用鼠标双击页眉（或页脚）区内的任意一点，则打开"页眉和页脚工具""设计"选项卡，进入页眉和页脚显示方式，将光标移至页眉（或页脚）区内，此时可以编辑或修改页眉（或页脚）内的文字、图形等信息。当编辑或修改完毕后按 Esc 键或单击"关闭页眉和页脚"按钮，则可返回到文档编辑区内。

只有在页面视图和阅读视图模式下才会显示页眉和页脚。

◇ 现在，向个人简历中添加页眉和页脚。

● 激活"个人简历"文档窗口，使其处于页面视图显示模式。

● 单击【插入】→〖页眉和页脚〗→"页眉"按钮并在下拉框中选定"空白"样式。

● 在页眉显示区的"键入文字"位置输入"个人简历"，字体为楷体，字号为小五并左对齐。

● 单击"转至页脚"按钮，单击"插入页码"按钮。

● 选中页码，设置其字体为 Arial、字号为小五并右对齐。

● 单击"关闭页眉和页脚"按钮。

添加页眉和页脚后的个人简历如图 4.16 所示。

图 4.16　添加页眉和页脚后的个人简历

（a）添加页眉后的效果；（b）添加页脚后的效果

6. 版面的编排

（1）字间距与行间距的调整。

① 字间距的调整。

● 选定需要调整字间距的文档内容。

● 使鼠标指针处于选定内容区域（此时，鼠标指针变成箭头显示），右击，并选定〖字体〗项（或单击【开始】→〖字体〗→右下角的对话框启动器），弹出"字体"对话框。

● 单击"字体"对话框上部的"高级"选项卡，"字体"对话框变化如图 4.17 所示。

● 根据需要选定"间距"列表框右侧的"磅值"后，单击"确定"按钮即可。

② 行间距的调整。

行间距（行距）是指从一行文字的底部到另一行文字底部的间隔距离。

● 选定需要调整行间距的文档段落或整个文档。

● 使鼠标指针处于选定内容区域（此时，鼠标指针变成箭头显示），右击，并选定〖段落〗项（或单击【开始】→〖段落〗功能区右下角的对话框启动器），弹出如图 4.18 所示的"段落"对话框。

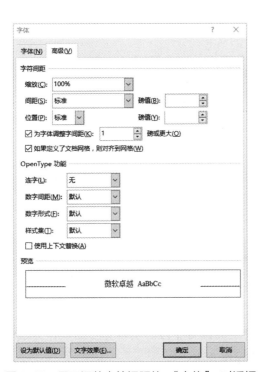

图 4.17　用于调整字符间距的"字体"对话框

图 4.18　"段落"对话框

在"行距"列表框内可以选择不同的行距，各种行距表示的意思是：

单倍行距：每行中最大字体的高度加很小的额外间距。单倍行距是 Word 2016 的默认行距。

1.5 倍行距：每行的行距是单倍行距的 1.5 倍。

2 倍行距：每行的行距是单倍行距的 2 倍。

最小值：能包含本行中最大字体或图形的最小行距，Word 2016 会按实际情况自动调整该值大小。

固定值：为每行设置固定的行距值。

多倍行距：允许设置每行行距为单倍行距的任意倍数。例如，当选中本项后，在其右边的"设置值"列表框中键入 0.65 或 4.25，则表示将每行行距设置为单倍行距的 0.65 倍或 4.25 倍。

● 行距选择确定后，单击"确定"按钮即可完成行距设置。

"段落"对话框中的"间距"列表框是用于调整段落之间距离的，读者可以学习使用和体会。

（2）首字下沉。自然段的第一个字呈现为与其相邻字完全不同的字体和字号被称为首字下沉，这是一种报刊中常用的版面编排手段。操作步骤如下：

● 将光标置于要使用首字下沉编排效果的自然段的任意位置。

● 单击【插入】→〖文本〗→"首字下沉"项，在下拉菜单中选定"首字下沉选项"项，弹出如图 4.19 所示的"首字下沉"对话框。

图 4.19 "首字下沉"对话框

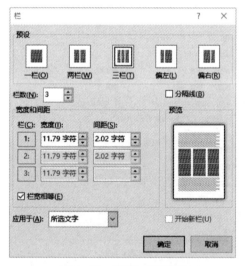

图 4.20 "栏"对话框

（3）分栏编排。分栏是报刊中常见的一种版面编排手段。实现分栏的操作方法有多种，这里只讨论以被选定的文档为单位实现分栏的操作方法：

● 选定要分栏的文档部分。

● 单击【布局】→〖页面设置〗→"栏"项，在下拉菜单中选定"更多栏..."项，弹出如图 4.20 所示的"栏"对话框。

● 根据需要选定栏数、栏宽度、栏间距、分隔线及应用范围（所选文字或整篇文档）等选项后单击"确定"按钮即可。

7. 背景、水印和主题

（1）背景和水印。背景主要用于为联机查看创建更有趣的背景。背景主要显示在 Web 版式视图和阅读版式视图中，并不是为打印而设计的。

水印是显示在文档文本后面的文字或图片。它们可以增加趣味性或标识文档的状态，水印是可以打印出来的。

在页面视图下或打印出的文档中可以看到水印。如果使用图片，可将其淡化或冲蚀，使其不影响文档文本的显示。如果使用文字，可从内置词组中选择或另外输入。

① 添加背景。

● 单击【设计】→〖页面背景〗→"页面颜色"按钮，在弹出的下拉菜单中选择"主题颜色"项／"标准色"项下方所需的颜色（或"其他颜色"项）。

● 单击"填充效果"项，以更改或添加特殊效果，如渐变、纹理、图案或图片等。

更改背景与添加背景操作过程相同，只是选项设置不同。

删除背景只需在"页面颜色"按钮的下拉菜单中选定"无颜色"项。

② 为文档添加水印。

● 单击【设计】→〖页面背景〗→"水印"按钮，在弹出的下拉菜单中选定"自定义水印"项，系统弹出"水印"对话框，如图 4.21 所示。

图 4.21　"水印"对话框

● 若要将一幅图片作为水印，则单击"图片水印"选择按钮，再单击"选择图片"按钮进入"插入图片"对话框，双击所需的图片，根据需要选择"缩放"和"冲蚀"，再单击"水印"对话框中的"应用"按钮（或直接单击"确定"按钮），若效果满意可单击"关闭"按钮退出，如不满意还可以重选。

● 若要插入文字水印，选中"文字水印"选择按钮，再设置其他相关项，最后单击"应用"和"确定"按钮。

如果要删除水印，可以单击【设计】→〖页面背景〗→"水印"按钮，并在弹出的下拉菜单中选定"删除水印"项，或在"水印"对话框中单击"无水印"选择按钮，单击"确定"按钮。

◇ 为文档添加水印。

- 打开"个人简历"文档。

- 单击【设计】→〖页面背景〗→"水印"按钮，在弹出的下拉菜单中选定"自定义水印"项，弹出"水印"对话框。

- 在该对话框中选中"图片水印"选择按钮，再单击"选择图片"按钮进入"插入图片"对话框。

- 找到需要的图片并双击，不勾选"冲蚀"复选框，"缩放"为自动，再单击"水印"对话框中的"应用"按钮查看效果，若满意则单击"关闭"按钮。添加水印后的效果如图4.22 所示。

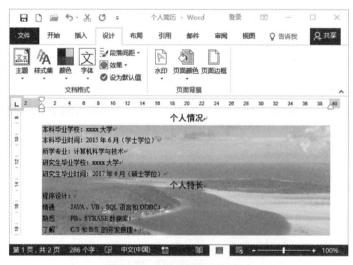

图 4.22　添加水印后的效果

（2）主题。文档主题是由一套格式选项构成的，其中包括一组主题颜色、一组主题字体（包括标题和正文字体）以及一组主题效果（包括线条和填充效果）。通过使用主题，可以轻松、快速地创建具有专业水准、设计精美的文档。

主题与后面介绍的模板不同，主题不提供自动图文集词条、自定义工具栏、宏、菜单设置或快捷键等。单击【设计】→〖文档格式〗→"主题"按钮可选择主题，由于主题的使用比较复杂，在此不做详细讲述，读者如有兴趣可通过 Office 2016 的"帮助"功能自学。

4.2.3　输出文档

在完成文档的编辑和排版之后，文档就可以在打印机上输出了。若在 Windows 操作系统安装时已设置好打印机，那么在 Word 2016 中打印文档是很简单的。

1. 文档输出预览

Word 的"所见即所得"，就是指在屏幕上看到的样子就是打印出来的样子。但为了能在打印之前看到打印出来的效果，Word 2016 中提供了"打印预览"的功能。因此，建议在实际打印输出前，用此功能先查看打印出来的效果，再决定是否打印输出。

按快捷键 Ctrl + P 或单击【文件】→〖打印〗项，"打印"窗口如图 4.23 所示。

图 4.23　"打印"窗口

在此窗口的右侧是打印预览区，使用垂直滚动条和底部中间的"◀""▶"箭头可以翻页，底部右侧的比例尺可以调整预览内容的大小和打印预览区显示的页数。

2. 文档输出

在预览文档完成后，就可以在打印窗口的中间区域进行打印设置了。打印设置包括打印所有页还是当前页，是单面打印还是双面（自动/手动）打印，还可以进行打印份数、打印方向、打印边距、缩小/放大尺寸等设置。所有设置完成后，单击"打印"按钮即可开始打印文档。

如果只按默认的打印条件打印整个文档，单击快速访问工具栏上的"快速打印"按钮（如果存在）即可。

3. 文档格式的转换

文档格式一般在保存文件时变更。需要注意的是：文档格式改变后，其中原有的部分内容（如图形、表格、样式等）可能在改变格式时丢失。文档格式转换的操作步骤如下：

- 按 F12 键或单击【文件】→〖另存为〗项，系统弹出"另存为"对话框。
- 在该对话框内的"保存类型"中选择需要的文件类型，在"文件名"栏中键入恰当的文件名，并选择文件存放的磁盘驱动器和文件夹。
- 单击"保存"按钮即可。

◇ 如果计算机已经安装了打印机，就把个人简历打印出来，尽管很简单，但是说明你已初步掌握了 Word 2016 的使用方法。

4.3 表格处理

Word 2016 提供了多种创建和编辑表格的工具，可以方便灵活地进行表格处理。尤其是对日常工作中用到的二维表格，Word 2016 的表格处理能力就更为突出。下面就向大家介绍 Word 2016 的表格处理方法。

4.3.1 表格的建立和编辑

1. 制作会议通知

案例二 制作广告收费表

在这个案例中，将重点讲述使用 Word 2016 制作会议通知的过程和方法，同时还将讲述与其相关的知识点和操作技能，使用户对 Word 2016 有进一步的了解。

图 4.24 是一份制作好的广告收费表。这份收费表与个人简历显然不太一样，其中不仅包含案例一所学的知识，还增加了表格的制作。该案例的教学目标是学习表格的建立、编辑和修饰，复习前面所讲的内容。

广告收费表

说　明 广告位置	广告项目	规格（宽×高） （CM）	价格（人民币）
展馆外	彩虹门	1600×700	10000元
	条幅	1500×600	1500元
	汽球条幅	600×3000	2500元
展会画册	封面		15000元
	封底		13000元
	封二	21.6×28	10000元
	封三		8000元
	彩色插页		6000元
	广告页（彩色需分色片）		5000元
宣传资料	门票		5000元/万张
	礼品袋		5000元/千个
	请柬		8000元/万张

图 4.24　广告收费表

2. 表格的创建

表格的一般创建可使用下列两种方法：

（1）使用对话框工具。

- 将光标定位于需插入表格的位置。

- 单击【插入】→〖表格〗→"表格"按钮，在弹出的下拉菜单中选定"插入表格"项，就会弹出"插入表格"对话框，如图 4.25 所示。

- 在"列数"和"行数"文本框中分别输入表格的列数和行数。

- 如果需要，可以设置其他可选项。

- 单击"确定"按钮，文档编辑区就会出现一个满足设置要求的表格。

（2）使用快捷工具。

- 将光标定位于需插入表格的位置。

- 单击【插入】→〖表格〗→"表格"按钮，在弹出的下拉框中可以看到如图 4.26 所示的表格网格框。在网格框中，将鼠标指针指向左上第一格并向右下移动鼠标至需要的方格位置后单击，即可完成表格的插入。

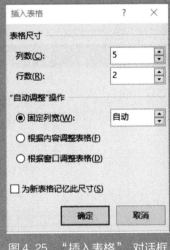

图 4.25　"插入表格"对话框　　　　图 4.26　表格初始化形状

◇ 创建表格并输入内容。

在空白文档的第一行输入"广告收费表"并居中，再将光标置于下一行的起始位置。然后用上述任意一种方法创建一个 3 列、13 行的表格，并将图 4.24 中第 1、第 2 和第 4 列内容填入新建表格的相应表格单元中，如图 4.27 所示。

在表格单元中输入字符与在文档中输入字符没有区别。

创建表格后，当鼠标指针在表格不同区域移动时，可以发现鼠标指针发生不同的变化，这些变化主要是针对改变表格格式的，如图 4.28 所示。

表格中常见的鼠标指针形状、用途和显示位置见表 4.2。

广告收费表

广告位置	广告项目	价格（人民币）
展馆外	彩虹门	10000元
	条幅	1500元
	汽球条幅	2500元
展会画册	封面	15000元
	封底	13000元
	封二	10000元
	封三	8000元
	彩色插页	6000元
	广告页（彩色需分色片）	5000元
宣传资料	门票	5000元/万张
	礼品袋	5000元/千个
	请柬	8000元/万张

图 4.27　新创建的表格

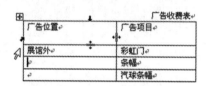

图 4.28　表格中常见的鼠标指针变形位置

表 4.2　表格中常见的鼠标指针形状、用途和显示位置

鼠标指针形状	用途	显示位置
⊞	选择整个表格	表格左上角外侧
◿	选择整行	表格左侧线外
↓	选择整列	欲选列顶部横线内
↗	选择单元格	欲选单元格左侧格线内
↔	改变列宽	各列线上
↕	改变行高	各行线上
□	改变整表大小	表格右下角外侧

（3）表格内各单元的选定。表格内各单元的选定同文档内容的选定类似，对表格也可以单元格、行或列为单位进行选定的操作。

● 将光标定位于单元格内：使鼠标指针指向表的某一单元格内后单击。

● 单元格的选定：使鼠标指针指向表的某一单元格内后三击鼠标左键，则该单元格被选定并呈反显状态。

● 行的选定：使鼠标指针指向表的某行最左侧表格线之外单击。如果要选定若干连续行，可在起始行最左侧表格线之外单击，再纵向拖拽至结束行。

● 列的选定：使鼠标指针指向表的某列上方的表格线外侧，当鼠标呈"↓"状时单击，使该列呈反显状态（也可用横向拖拽的方法选定若干连续的列）。

3. 表格的编辑

（1）在表格内插入新的行、列和单元格。

① 插入新的行。

● 若需在表格中插入新行，可将光标定位于新行之上或之下的任一单元格内。

● 鼠标右击，在弹出的快捷菜单中移动鼠标指针至"插入"项，在弹出的下级子菜单中选择"在上方插入行"或"在下方插入行"命令项并单击，则呈反显的新行出现在光标所在行的上面或下面。

② 插入新的列。

● 若需在表格中插入新列，可将光标定位于新列左侧或右侧的任一单元格内。

● 鼠标右击，在弹出的快捷菜单中移动鼠标指针至"插入"项，在弹出的下级子菜单中选择"在左侧插入列"或"在右侧插入列"命令项并单击，则呈反显的新列出现在光标所在列的左侧或右侧。

③ 插入单元格。

● 若在某单元格的上方或左侧插入单元格，需先将光标定位于该单元格内。

● 鼠标右击，在弹出的快捷菜单中移动鼠标指针至"插入"项，在弹出的下级子菜单中选择"插入单元格"命令项并单击，可弹出"插入单元格"对话框，如图 4.29 所示。

● 根据需要选定一项后，单击"确定"按钮。

"插入单元格"对话框有 4 个选项，各项的意义为：

活动单元格右移，在选中的单元格左侧插入单元格。

活动单元格下移，在选中的单元格上方插入单元格。

整行插入，在选中的单元格上方插入一整行。

整列插入，在选中的单元格左侧插入一整列。

图 4.29 "插入单元格"对话框

◇ 使用上述插入列的方法，在如图 4.27 所示表格的第 2 列和第 3 列之间插入 1 列并填入相应内容。插入列后的表格如图 4.30 所示。

广告收费表

广告位置	广告项目	规格（宽×高）(cm)	价格(人民币)
展馆外	彩虹门	1600×700	10000 元
	条幅	1500×600	1500 元
	汽球条幅	600×3000	2500 元
展会画册	封面		15000 元
	封底		13000 元
	封二		10000 元
	封三		8000 元
	彩色插页		6000 元
	广告页（彩色需分色片）		5000 元
宣传资料	门票		5000 元/万张
	礼品袋		5000 元/千个
	请柬		8000 元/万张

图 4.30 插入列后的表格

（2）表格的删除。

① 删除单元格。

● 将光标定位于要删除的单元格。

● 鼠标右击，在弹出的快捷菜单中选定"删除单元格"项并单击，可弹出"删除单元格"对话框，如图 4.31 所示。

图 4.31 "删除单元格"
对话框

● 根据需要选定一项后，单击"确定"按钮。

② 删除行。

● 选定要删除的行。

● 使鼠标指针指向被选定的行后右击，在弹出的快捷菜单中选定"删除行"项，则被选定的行即被删除。

③ 删除列。

● 选定要删除的列。

● 使鼠标指针指向被选定的列后右击，在弹出的快捷菜单中选定"删除列"项，则被选定的列即被删除。

④ 删除全表。

● 单击表格左上角的 ⊞。

● 鼠标右击，在弹出的快捷菜单中选定"删除表格"项并单击，或按"Backspace"键即可删除整个表格。

4.3.2 表格修饰

1. 表格的拆分

（1）拆分单元格。

● 使光标定位于要拆分的单元格内。

● 鼠标右击，在弹出的快捷菜单中选定"拆分单元格"项并单击，可弹出"拆分单元格"对话框，如图 4.32 所示。

● 在该对话框中输入要拆分成的列数和行数，然后单击"确定"按钮。

（2）拆分整行。

● 选定一行后鼠标右击，在弹出的快捷菜单中选定"拆分单元格"项并单击，可弹出如图 4.33 所示的对话框。

● 选定要拆分的"列数"和"行数"。

● 若勾选"拆分前合并单元格"复选框，表示将该行认为只有 1 列，而不管该行原来有几列。若取消勾选"拆分前合并单元格"复选框，表示对该行所有的列按同等的"列数"和"行数"进行拆分。然后单击"确定"按钮即可。

图 4.32　"拆分单元格" 对话框　　　　图 4.33　整行拆分

（3）拆分表格。拆分表格是将一个表格从选定的位置开始分成两个表格。操作过程为：

● 使光标定位于要拆分的表格单元格内（与该单元格同行的所有单元格拆分后将成为下一表格的第一行）。

● 打开"表格工具""布局"选项卡，单击"合并"功能区的"拆分表格"按钮，即可将一个表格拆分成两个表格。

2. 表格的合并

（1）合并单元格。

● 选定行或列中相邻的、需合并的两个以上的连续单元格。

● 鼠标右击，在弹出的快捷菜单中选定"合并单元格"项并单击（或打开"表格工具""布局"选项卡，单击"合并"功能区的"合并单元格"按钮），则被选定的若干个单元格便被合并为一个单元格了。

（2）合并整行（列）。合并整行（列）的方法与合并单元格的方法相同，只不过选定的对象是相邻的、需合并的两个以上的行或列。

◇　**合并单元格**。

使用上述合并单元格的方法，将如图 4.30 所示表格第 3 列的第 5 到第 10 个单元格合并成 1 个单元格，并填入"21.6×28"，合并单元格后的表格如图 4.34 所示。

广告位置	广告项目	规格 （宽×高）（cm）	价格(人民币)
展馆外	彩虹门	1600×700	10000 元
	条幅	1500×600	1500 元
	汽球条幅	600×3000	2500 元
展会画册	封面	21.6×28	15000 元
	封底		13000 元
	封二		10000 元
	封三		8000 元
	彩色插页		6000 元
	广告页（彩色需分色片）		5000 元
宣传资料	门票		5000 元/万张
	礼品袋		5000 元/千个
	请柬		8000 元/万张

图 4.34　合并单元格后的表格

3. 添加表头斜线

◇　**添加表头斜线和内容**。

● 删除第 1 行第 1 列单元格中的"广告位置"，并使光标停留在该单元格中。

149

● 单击【插入】→〖插图〗→"形状"按钮，在弹出的下拉菜单中选择"线条"项中的"直线"项并单击，光标呈"＋"状。

● 移动"＋"状光标至单元格左上角并单击，拖拽鼠标至单元格右下角，会画出一条斜线，在选项卡区显示"绘图工具""格式"选项卡。

● 单击该选项卡"形状样式"功能区右下的对话框启动器，系统弹出"设置形状格式"任务窗格，在该任务窗格中单击"填充与线条"项，再选择"线条"项，设置斜线为黑色、实线、宽度为0.5磅，如图4.35所示。

图4.35　设置斜线格式

根据需要还可以调整表头斜线至最佳位置。如果表头斜线多于一条，添加方法相同，位置可根据需要自定。

● 单击【插入】→〖插图〗→"形状"按钮，在弹出的下拉菜单中选择"基本形状"项中的"文本框"项并单击，光标呈"＋"状。

● 在表头斜线上方（下方）拖动鼠标绘制一个文本框，并在文本框中输入表头内容（本例字体/字号与表中内容相同），然后选中文本框，打开"绘图工具""格式"选项卡，单击"形状样式"功能区的"形状轮廓"按钮，在弹出的下拉菜单中选定"无轮廓"项，即可取消文本框轮廓线。

● 调整文本框至合适位置，即可完成表头斜线和内容的添加，如图4.36所示。

广告收费表

说明 广告位置	广告项目	规格 （宽×高） （cm）	价格(人民币)
展馆外	彩虹门	1600×700	10000元
	条幅	1500×600	1500元
	汽球条幅	600×3000	2500元
展会画册	封面	21.6×28	15000元

图4.36　添加表头斜线后的表格

一般情况下，表头内容可能需要使用多个文本框，但操作方法都是相同的。

表头斜线的添加也可以使用边框设置方式实现，读者可以自行体验。

4．预设表格样式的应用

为了得到具有较好装饰效果的表格，可以使用 Word 2016 预设的表格样式。

◇　**对广告收费表使用预设的表格样式。**

● 单击需要使用预设表格样式的表格。

● 单击【表格工具】→【设计】→〖表格样式〗功能区的表格样式右下角的快翻按钮（见图 4.37），并在弹出的下拉列表中选定"典雅型"（见图 4.38），即可完成表格样式的设置，如图 4.39 所示。

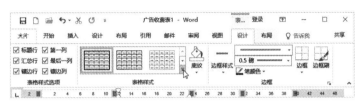

图 4.37　打开表格样式下拉列表

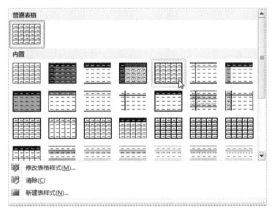

图 4.38　在预设的表格样式中选择

广告收费表

广告位置说明	广告项目	规格（宽×高）（CM）	价格（人民币）
展馆外	彩虹门	1600×700	10000 元
	条幅	1500×600	1500 元
	汽球条幅	600×3000	2500 元
展会画册	封面	21.6×28	15000 元
	封底		13000 元
	封二		10000 元
	封三		8000 元
	彩色插页		6000 元
	广告页（彩色需分色片）		5000 元
宣传资料	门票		5000 元/万张
	礼品袋		5000 元/千个
	请柬		8000 元/万张

图 4.39　使用预设表格样式后的表格

表格预设样式既可以在修饰中使用，也可以在创建表格时确定。

4.3.3 表格排版

为了使表格更加规范和美观，除了要对表格结构进行处理外，还必须对表格内容、表格线等加以修饰。

1. 表格中文字的对齐

表格中的每个单元格都等价于一个独立的页面，单元格中文字的段落格式、字体格式设置与非表格内文字相同，设置方法同上。

（1）水平对齐。

● 选中表格中需要水平对齐内容的单元格。

● 单击【开始】→〖段落〗→"居中"按钮，则所有选中单元格中的内容就居中对齐了。使用相似的方法，也可以将选中单元格中的内容左、右或两端对齐。

（2）垂直对齐。

● 选中表格中需要垂直对齐内容的单元格。

● 鼠标右击，在弹出的快捷菜单中选定"表格属性"项，系统弹出"表格属性"对话框，如图4.40所示。

图4.40 "表格属性" 对话框

● 单击"单元格"选项卡，选中"居中"（"上"或"底端对齐"）项，再单击对话框底部的"确定"按钮，即可完成所选单元格中内容垂直对齐的操作了。

单击【表格工具】→【布局】→〖对齐方式〗→"水平居中"按钮可以实现单元格内容水平和垂直都居中。

◇ 对齐广告收费表中相关内容。

● 使用上述水平对齐方法将广告收费表中所有单元格的内容水平居中对齐。

● 使用上述垂直对齐方法将广告收费表中第 1 行第 2 列、第 1 行第 4 列和第 5 行第 3 列单元格的内容垂直对齐。

● 将第 3 列左侧竖格线向右调整，结果如图 4.41 所示。

广告收费表

广告位置 说明	广告项目	规格（宽×高）（CM）	价格（人民币）
展馆外	彩虹门	1600 × 700	10000 元
	条幅	1500 × 600	1500 元
	汽球条幅	600 × 3000	2500 元
展会画册	封面	21.6 × 28	15000 元
	封底		13000 元
	封二		10000 元
	封三		8000 元
	彩色插页		6000 元
	广告页（彩色需分色片）		5000 元
宣传资料	门票		5000 元/万张
	礼品袋		5000 元/千个
	请柬		8000 元/万张

图 4.41　单元格内容对齐后的表格

2. 修改表格框线和添加底纹

使用"表格工具""设计"选项卡中〖边框〗功能区命令可以完成表格框线的修饰；使用〖表格样式〗功能区的"底纹"命令可以完成表格底纹的添加操作。而使用"边框和底纹"对话框可以完成表格边框、底纹的综合添加操作。

（1）修改表格框线。

◇ **修改表格中的第 2 条横格框线为 0.5 磅双线。**

● 选定表格第 2 行。

● 单击【表格工具】→【设计】→〖边框〗功能区右下角的对话框启动器，系统弹出"边框和底纹"对话框，如图 4.42 所示。

● 在"样式"框中选择双线，在"宽度"框中选择 0.75 磅，单击"预览"区上边框按钮两次，达到满意效果后单击"确定"按钮，则表格中的第 2 条横格线就被修改成了双线。

图 4.42　"边框和底纹"对话框"边框"选项卡

（2）添加底纹。

◇ **为表格的第 1 行和第 1 列添加 25% 底纹。**

- 选定表格第 1 行。

- 打开"边框和底纹"对话框，单击"底纹"选项卡，如图 4.43 所示。

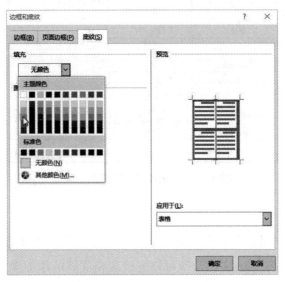

图 4.43 "边框和底纹" 对话框 "底纹" 选项卡

- 在"填充"框中选择"白色，背景 1，深色 25% "的灰色，在"应用于"下拉框中选定"单元格"项，在"预览"框中查看效果，满意后单击"确定"按钮。

- 使用上述方法为表格第 1 列的所有单元格添加灰色底纹。

经修改表格框线和添加底纹后的表格如图 4.24 所示。

3. 表格位置调整

- 单击表格中的任意位置。

- 鼠标右击，在弹出的快捷菜单中选定"表格属性"项，弹出"表格属性"对话框，单击"表格"选项卡（默认），如图 4.44 所示。

- 选择对齐方式和是否文字环绕。

- 单击"确定"按钮，就可以完成表格在页面中的位置调整了。

4. 文档与表格间的转换

（1）文档内容转换为表格。

- 全选要转换为表格的文档内容。

- 单击【插入】→〖表格〗→"表格"→"文本转换成表格"项，弹出"将文字转换成表格"对话框，如图 4.45 所示。

- 在"文字分隔位置"中选中"制表符"，则"表格尺寸"中"列数"列表框中的数字会自动变成制表符（如 Tab、逗号等）所分隔的列数。

图 4.44　"表格属性" 对话框

- 单击"确定"按钮即可。

（2）表格内容转换为文档。

- 单击表格中的任意位置。

- 单击【表格工具】→【布局】→〖数据〗→"转换为文本"项，系统弹出"表格转换成文本"对话框，如图 4.46 所示。

- 选择相应的分隔符选项，再单击"确定"按钮，则表格被清除，表格内容变为纵向排列整齐的文档。

图 4.45　"将文字转换成表格" 对话框　　　　图 4.46　"表格转换成文本" 对话框

4.4　图形处理

Word 2016 提供了一整套较为完善的图形制作工具，可以让用户方便地绘制一些常用的图形，如线条、基本形状、各种箭头、流程图和标注等，还可以插入图片、剪贴画、图表和 SmartArt 图形等，并且可以对已绘制的图形和插入的图片进行各种处理，如组合、移动、旋转、对齐和层叠，以及为图形添加艺术字、阴影和三维处理等。无论是绘制的图形还是插入的图片，都可以如同文字一样方便地进行编辑操作。

4.4.1　图形制作

1. 制作请柬

案例三　制作请柬

图 4.47 是一份制作好的请柬。请柬中包括了文字、背景、图形、图片、艺术字等组成元素。该案例的教学目标是认识图形操作对象与文字、表格操作对象的区别，学习图形、图片的建立、编辑和修饰，以及图文混排的方法和技巧等。

图 4.47　请柬

2. 制作请柬的准备

（1）设置请柬用纸。

◇　**准备制作用纸**。

● 启动 Word 2016。

● 新建一个空白文档，此时显示的是系统默认的"A4"纸型。

- 单击【布局】→〖页面设置〗功能区的对话框启动器，系统弹出"页面设置"对话框。
- 单击"纸张"选项卡，在"纸张大小"下拉列表框中选择"32 开"。
- 单击"页边距"选项卡，在"页边距"区中将纸张 4 个页边距（上、下、左、右）均设置为 1 厘米，再单击"纸张方向"区的"横向"版式。
- 单击"确定"按钮即可完成设置。

（2）输入请柬内容。

◇ 将请柬的基本内容输入进行编辑和修饰，并以"请柬"为名保存，如图 4.48 所示。

图 4.48　输入请柬内容

3. 插入图片

◇ 插入背景图片。

- 进入请柬案例页面，将光标置于页面首位。
- 单击【插入】→〖插图〗→"联机图片"项，系统弹出"插入图片"对话框，如图 4.49（a）所示。
- 在该对话框的文本框内输入关键词，如"海岛风景"，单击"搜索"按钮后，符合条件的图片将显示出来，如图 4.49（b）所示。

(a)　　　　　　　　　　　　　　　(b)

图 4.49　插入图片
（a）联机"插入图片"搜索对话框；（b）联机"插入图片"选择对话框

● 利用显示区右侧的滚动条，可以查看符合搜索条件的图片，选定后，单击"插入"按钮即可完成图片的插入。

如果需要插入的图片已经保存在本机中，则单击〖插图〗→"图片"项，系统弹出"插入"对话框，找到并双击图片文件名即可完成插入。

4. 图形的特征和版式

一般情况下，在页面中添加的图片或剪贴画均附着在一个"框"对象中，这个框的作用就是帮助剪辑内容和编排版式。

"框"对象在屏幕中的基本显示状态为：图框四周显示边框线，边框线周围显示 8 个尺寸控制点（也称拉框按钮），使用鼠标拖拽控制点可以放大/缩小图框，如图 4.50 所示。

一般情况下，系统默认插入图片的版式为"嵌入型"。这种版式可使图片尾随相应说明文字段落，不会因文字的增删而出现走版现象。

对于需要活泼一些的版式（如请柬、邀请函等），用户常常希望文字内容环绕于添加的图片周围，形成多种灵活的排版格式，例如，使图形参与绕排、透排等，就需要改变图框的版式，改变的方法如下。

图 4.50　插入图片后显示的图框

◇ 改变图片版式。

● 右击图片任意区域，弹出快捷菜单，如图 4.51 所示。

● 移动鼠标指针至"环绕文字"项，在弹出的下一级子菜单中单击"衬于文字下方"项（或单击"其他布局选项"项，弹出"布局"对话框，单击"文字环绕"选项卡，如图 4.52 所示，选定"衬于文字下方"项并单击），就可以将该图片透过请柬页面输入的文字进行排版了。

◇ 改变图片尺寸。

● 右击插入的图片，在弹出的快捷菜单中选定"大小和位置"项并单击，系统弹出"布局"对话框。

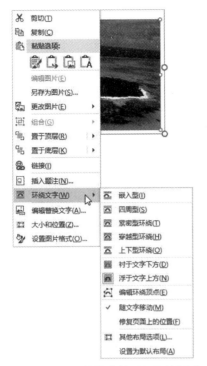

图 4.51　使用快捷菜单设置图片版式　　　　　图 4.52　设置图片版式对话框

● 在该对话框中单击"大小"选项卡，在"高度"和"宽度"文本框中分别输入 13 厘米和 18.4 厘米（32 开页面尺寸），勾选"缩放"区的"锁定纵横比"复选框，如图 4.53 所示。

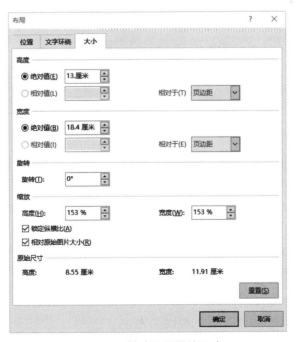

图 4.53　精确设置图片尺寸

● 单击"确定"按钮，图片将"撑满"整个页面。

5. 修饰图形对象

（1）水印效果。

◇ *设置图片水印效果*。

● 单击图片，单击【图片工具】→【格式】中的"格式"项。

● 单击〖调整〗→"颜色"按钮，在弹出的下拉菜单中的"重新着色"区选定"冲蚀"项并单击，如图 4.54 所示，即可将图片设置为水印效果，如图 4.55 所示。

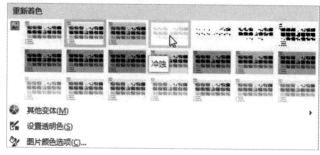

图 4.54　为图片设置水印效果

图 4.55　将图片设置为水印效果后的页面

如果希望调整图片的其他颜色（如灰度、黑白），则选择相应选项。如果希望恢复图片原有色，单击"不重新着色"项即可。

（2）设置对比度和明亮度。改变图片的对比度和明亮度，可以增强屏幕显示或打印输出效果。

● 右击背景图片，在弹出的快捷菜单中选定"设置图片格式"项，弹出"设置图片格式"任务窗格。

● 单击"图片"选项卡中的"图片校正"项，如图 4.56 所示。

● 拖动"亮度"滑块，观察图片的亮度变化。

● 拖动"对比度"滑块，观察图片的显示效果变化。

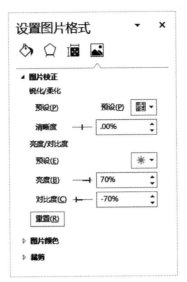

图 4.56　"设置图片格式" 任务窗格 "图片" 选项卡中的 "图片校正" 项

如果对设置的亮度、对比度不满意，可以单击"重置"按钮。

4.4.2　添加和编辑艺术字

艺术字通常用于演示文稿、广告、宣传画、邀请函等文稿的特殊文字修饰，以丰富版面的文字效果。艺术字是体现风格的文字，可以作为图形对象参与页面的排版，如旋转、分层、设置大小和位置等。

1. 创建艺术字

◇　添加艺术字。

● 进入请柬案例页面，单击【插入】→〖文本〗→"插入艺术字"按钮。

● 在弹出的下拉菜单中选定需要的样式并单击，如图 4.57 所示。

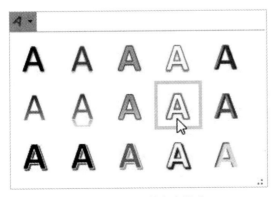

图 4.57　选择艺术字样式

● 在文档编辑区显示"请在此放置您的文字"文本框，如图4.58所示。

图4.58 插入艺术字文本框

● 在文本框中输入"请柬"，选中"请柬"二字，设置字体为"华文琥珀"，字号为48，选定的艺术字将显示于请柬文档页面中，如图4.59所示。

图4.59 添加艺术字标题

2. 编辑艺术字

艺术字的编辑包括倾斜、排列、颜色填充、线条颜色设置、形状改变、三维及阴影效果等。

◇ 调整艺术字位置。

● 进入请柬案例页面，单击标题艺术字。

● 将添加的艺术字拖至标题位置。

● 右击标题艺术字，在弹出的快捷菜单中选择"其他布局选项"项，弹出"布局"对话框。

● 单击"位置"选项卡，在"水平"选项区的"对齐方式"栏中选定"居中"项，即可将标题艺术字居中排列。

◇ 设置艺术字填充色和轮廓线颜色。

● 选定艺术字，单击【绘图工具】→【格式】→〖艺术字样式〗→"文本填充"按钮，在弹出的下拉菜单中选定"黄色"并单击。

● 单击〖艺术字样式〗→"文本轮廓"按钮，在弹出的下拉菜单中选定"自动"项并单击，再次单击"文本轮廓"按钮，在弹出的下拉菜单中移动鼠标指针至"粗细"项，在弹出的下拉菜单中选定"0.5磅"并单击即可完成设置。

◇　**设置艺术字阴影效果**。

● 选中标题艺术字，单击【绘图工具】→【格式】→〖艺术字样式〗功能区右下方的对话框启动器，系统弹出"设置形状格式"任务窗格。

● 单击"文本选项"→"文字效果"→"阴影"项，单击右侧的"预设"按钮，在弹出的下拉菜单中选择"外部选择区"中的"偏移：右下"项并单击，设置"距离"为 10 磅，单击"关闭"按钮，设置效果如图 4.60 所示。

图 4.60　为艺术字添加阴影效果

4.4.3　文本框和自绘图形

1. 文本框

<u>文本框的作用是在页面中添加另一个可以独立存在的文字输入区域</u>。

文本框的特点是：可以与页面文字形成灵活的排版效果，如文中套文（绕排）、文中显文（透排）等。文本框内的文字也可以设置为横排和竖排两类，以丰富排版和修饰效果。

（1）创建文本框。

◇　**为请柬添加文本框**。

● 进入"请柬"案例页面，单击【插入】→〖插图〗→"形状"→"文本框"项，页面中的鼠标指针变为十字（绘画拖拽工具）。

● 移动十字到合适位置，按住鼠标左键从左（右）上向右（左）下拖拽至合适位置，松开鼠标左键，编辑区就会添加一个用于输入文字内容的文本框，"│"形光标（插入点）在框线中显示。

● 输入与邀请函相关的内容并设置其字体和字号，如图 4.61 所示。

图 4.61　在添加的文本框中输入文字

（2）调整文本框尺寸。

● 单击文本框，显示框定位标志。

- 移动鼠标指针到框线上任意尺寸控制点位置，光标变形为双箭头光标。
- 按住鼠标左键拖拽，至合适的大小后松开鼠标左键即可。

（3）修饰文本框边框和背景。

◇ **设置文本框线和背景。**

- 单击文本框，显示框定位标志。
- 单击【绘图工具】→【格式】→〖形状样式〗功能区右下角的对话框启动器，系统弹出"设置形状格式"任务窗格。
- 单击"形状选项"→"填充"→"纯色填充"项，在"填充颜色"区选择"浅绿"色，透明度设置为 50% ，如图 4.62 所示。
- 单击"形状选项"→"线条"→"无线条"项，如图 4.63 所示。

图 4.62　设置文本框填充颜色和透明度

图 4.63　设置文本框的线条

完成上述所有修饰后的请柬如图 4.47 所示。

2. 自绘图形

Word 2016 提供了线条、矩形、基本形状、箭头总汇、公式形状、流程图、星与旗帜和标注共 8 种类型，通过不同类型自绘图形的组合，可以制作出不同效果的图形。

Word 2016 允许图形与文字以叠加的形式同时出现在文档内，因此画图时可以在文档编辑区的任意位置起笔。

（1）插入自选图形。

- 单击【插入】→〖插图〗→"形状"按钮，在弹出的下拉列表中选定需要的图形（流程图：可选过程）并单击，鼠标指针变为十字。
- 将十字定位在要开始画图的位置，按住鼠标左键并拖拽至目标位置后松开，则一个自选图形就画好了。

（2）组合图形。

● 按住 Shift 键不放，依次单击需要组合的图形。

● 在"绘图工具""格式"选项卡的"排列"功能区中单击"组合"按钮，或右击需要组合的图形，在弹出的快捷菜单中单击"组合"项，在弹出的下一级子菜单中单击"组合"项，组合后的图形就可作为一个图形对象进行处理了。

3. SmartArt 图形

SmartArt 图形是指信息和观点的视觉表示形式。用户可以通过预设的 SmartArt 图形，制作出表示流程、循环、关系等不同布局的图形，使信息的传达更加迅速、准确和有效。

插入 SmartArt 图形的操作如下。

● 单击【插入】→〖插图〗→SmartArt 按钮，系统弹出"选择 SmartArt 图形"对话框。

● 单击该对话框左侧需要的类型选项，如"循环"，在中间的列表窗口中单击"射线循环"图标，如图 4.64 所示。

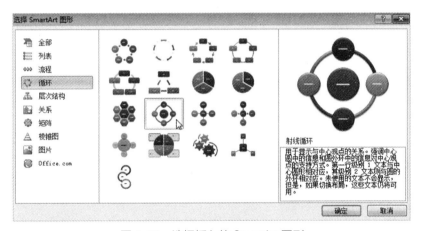

图 4.64　选择插入的 SmartArt 图形

● 预览和阅读对话框右侧窗口中的图形和说明，如果符合需要则单击"确定"按钮，一个 SmartArt 图形就被插入文档中了，如图 4.65 所示。

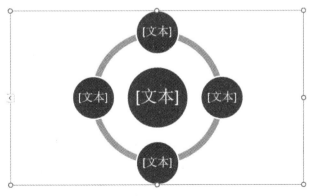

图 4.65　插入 SmartArt 图形

此时，可以看到插入的图形是位于 SmartArt 图形框之中的，也就是说，插入的 SmartArt 图形中的元素可以在 SmartArt 图形框的范围中任意移动。

插入的 SmartArt 图形可以根据需要进行添加文本、更改布局、添加形状、设置样式等操作，以达到用户满意的效果。

4. 截取屏幕

Word 2016 提供了截取屏幕显示内容的功能，可以截取打开的程序窗口或窗口中的一部分图像并插入文档中，最小化的窗口图像不能被截取。

（1）截取程序窗口图像。

● 将光标定位在插入图像的位置。

● 单击【插入】→〖插图〗→"屏幕截图"按钮。

● 在弹出的列表框中单击需要截取的窗口图像，如图 4.66 所示。

● 打开的窗口图像被插入文档中，根据需要可以对其进行编辑和修饰。

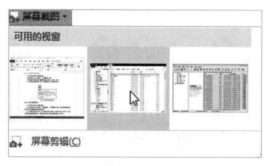

图 4.66　截取打开的窗口图像

（2）自定义截取图像。

● 将光标定位在插入图像的位置。

● 单击【插入】→〖插图〗→"屏幕截图"→"屏幕剪辑"按钮，并迅速在屏幕底部的状态栏中单击需要截图的程序窗口图标。

● 打开截图的程序窗口后，整个屏幕会呈现半透明状，鼠标指针变为十字，单击并拖拽鼠标截取需要的区域，释放鼠标左键后，截取的图像就被插入文档中了。

4.5　样式和模板

使用 Word 中的字体和段落格式选项，可以创建外观千变万化的文档。由于 Word 提供的格式选项很多，如果每次设置文档格式时都逐一进行选择，将会花费很多时间。使用样式可以避免文档修饰中的重复性操作，并且提供快速、规范化的行文帮助。

4.5.1　样式的作用

办公文书格式的基本要求就是"规范"。所谓"规范"，是指文章的标题、正文和落款等段落具有固定的格式，从而使整个文体具备相对固定的风格，如图 4.67 所示。

图 4.67　使用段落格式体现文章风格

段落格式的内容，即修饰参数主要包括：字体、字号、缩进、对齐方式等。例如，普通办公文书的一级标题格式为："二号、黑体、居中对齐"。

统一文章风格的修饰规律是：在同一篇文章中，相同级别的段落应当具有相同的修饰风格，即"格式"。例如，一篇文章中有 3 个一级标题，每个同级标题的段落均修饰为"二号、黑体、居中对齐"格式。

按传统行文方式，这一修饰过程通常都是在重复操作中完成的，不但在行文过程中浪费了时间，而且还经常出现同级段落的格式各异的现象，影响了文体风格的统一性。

将修饰某一类段落的参数（包括：字体、字号、对齐方式等）组合，赋予一个特定的段落格式名称，就称为"样式"。按行文规则，"样式"也可称为"段落格式"。例如，将普通公文的一级标题修饰为"二号、黑体、居中"格式，并为其命名为"标题 1"。于是，"标题 1"就是一级标题的样式名。此后，凡是修饰相同格式的段落（如"二号、黑体、居中"）都可以先将光标定位在该段落，再通过"点名"的方法简化修饰操作。

4.5.2　使用样式

1. 使用已有样式

Word 程序中预先设置了一些样式（如正文、标题、副标题、强调、引用等），这些样式可以适用于简单的文档。当用户需要时可以直接使用，当然，如果这些样式不能满足需要，还可以创建新的自定义样式。

（1）使用命令方式。

● 单击要应用样式的段落中的任意位置。

● 单击【开始】→〖样式〗功能区右下角的对话框启动器，系统弹出"样式"任务窗格，如图 4.68 所示。

图 4.68 "样式" 任务窗格

- 从列表中选定所需要的样式并单击即可。

如果对段落中的字符设置样式，则要先选中字符，再使用上述方法完成设置。

（2）使用格式刷。"格式刷" 可以将选定对象的格式应用到其他指定的对象中。

- 单击已确定格式的段落或字符。
- 单击【开始】→〖剪贴板〗→"格式刷" 按钮，光标将变成格式刷 "🖌️I"。
- 移动鼠标指针至需改变格式的段落上单击即可，如图 4.69 所示。

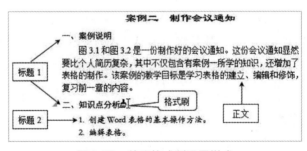

图 4.69 使用格式刷设置样式

如果需要改变格式的是若干个字符，则须用格式刷光标单击起始字符并拖拽至结束字符。双击"格式刷"按钮，可以对多个指定段落的格式进行连续设置。但完成设置后，需要再次单击"格式刷"按钮才能结束设置格式操作。

2. 创建样式

例如，要创建专用行文的抬头（一级标题），其格式为：黑体、三号、加粗、2 倍行距、居中，并可通过快捷键 Alt + 2 调用，创建过程如下：

- 单击【开始】→〖样式〗功能区的对话框启动器，系统弹出"样式"任务窗格。
- 单击该任务窗格左下角的"新建样式"按钮，系统弹出"根据格式化创建新样式"对话框。
- 在"名称"文本框中输入"抬头"，作为新样式的名称。
- 在"样式类型"下拉列表中选择"段落"。
- 在"样式基准"下拉列表中选择"正文"。

在下拉列表中选择或输入新样式的基准样式名称，可以根据已有的样式进行修改。如果不希望新样式受到其他样式的影响，应选择"无样式"。

- 在"后续段落样式"下拉框中选择"正文"项。

如果在"样式类型"中选择了"段落"，则需在"后续段落样式"下拉框中选择或输入一个样式名称，表示这个样式是在所设定的段落后面紧跟着的一个段落的样式。

- 单击对话框左下角的"格式"按钮，可分别对字体、段落、制表位、边框、语言、图文框、编号、快捷键和文字效果等进行设置。
- 首先设置字体，单击"格式"按钮，在弹出的下拉菜单中选择"字体"项，弹出"字体"对话框。
- 在"字体"对话框中，将"中文字体""字型""字号"分别设置为"黑体""加粗""三号"，如果有必要还可以对字体颜色、效果和字符间距（"高级"选项卡中）等进行设置。
- 设置完毕后单击"确定"按钮，返回"根据格式化创建新样式"对话框。
- 单击"格式"按钮，在弹出的下拉菜单中选择"段落"项，弹出"段落"对话框。
- 在"段落"对话框中，选择"对齐方式"为"居中"，选择"大纲级别"为"1 级"，选择"行距"为"2 倍行距"。
- 单击"确定"按钮，返回"根据格式化创建新样式"对话框。
- 单击"格式"按钮，在弹出的下拉菜单中选择"快捷键"项，弹出"自定义键盘"对话框。
- 将光标移至"请按新快捷键"输入框中，然后在键盘上按下快捷键 Alt + 2，再单击"指定"按钮，在"当前快捷键"选择框中就会出现"Alt + 2"。
- 单击"关闭"按钮关闭对话框，返回"根据格式化创建新样式"对话框。
- 单击"确定"按钮，一个新的样式就创建完成了。

4.5.3　模板

实现文体风格的规范化、统一化，是公务文章的基本要求。办公类文书根据文书类型的不同，以不同的文体风格表现。每一类文书的文体风格，又是通过该类文书的若干种固定段落格式规范的。以国家行政类公文为例，可以分为以下 10 类。

（1）命令（令）、指令：用于发布重要行政法规和规章，采取重大强制性行政措施，任免、奖惩有关人员，撤销下级机关和决定等。

（2）决定与决议：用于党政机关、社会团体、企业事业单位为重要事项或重大行动作出安排。

（3）指示：用于上级对下级机关人员布置工作，阐明工作活动的指导原则和基本要求。

（4）布告、公告、通告：用于各级机关和社会团体以张贴或登报公示，在较大范围内向民众公布应当遵守或周知的事项。

（5）通知：用于发布行政法规和规章，转发上级机关或同级机关或不相隶属机关的公文，批转下级机关的公文、要求、周知等事项。

（6）通报：用于表彰先进、批评错误、传达重要情况。

（7）报告与请示：用于向上级机关汇报工作、反映情况、提出建议。

（8）批复：用于上级机关批示和答复下级机关请示。

（9）函：用于上下级、平行或不相隶属机关之间相互商洽工作、询问和答复问题，或向各有关主管部门请求批准。

（10）会议纪要：用于传达会议议定事项和主要精神，要求与会单位共同遵守、执行的事项。

以上 10 种类型的公文，在形式上是通过不同版面规格的设置和段落格式的修饰加以区别的。行政公文如此，其他商务文章也相似。总之，文体风格的确定，关键在于文章中各类段落的格式。以"通知"类公文为例，常规段落包括：三级标题、正文及落款。行文要求是：每次制作同类公文，其内容可以不同，但是段落的格式必须相同，而且不能因人、因时、因地而有所改变。这样，才能保证同类公文的风格相同。

模板的作用，就是保证同一类文体风格的整体一致性，使用户既快又好地建立新文档，避免从头编辑和设置文档格式。

凡是可以通过填空方式制作的文稿，统称"模板"。

模板文件具有两个基本特征：一是文件中包含某类文体的固定内容，包括抬头和落款部分；二是文件中包含此类文体中必须使用的样式列表。

4.6 实验指导

4.6.1 Word 2016文档基本操作

1. 实验目的

掌握使用 Word 2016 建立和编辑文档的基本方法。

2. 实验要求

（1）掌握 Word 2016 的启动和退出方法。

（2）掌握 Word 文档的建立、打开和保存方法。

（3）掌握在 Word 中输入中文、英文的方法。

（4）掌握 Word 文档的一般编辑方法（如选定、插入、删除、剪切、粘贴、复制、移动、替换指定的文档内容等）。

（5）掌握在 Word 2016 中阅读、页面、大纲视图模式的转换方法。

3. 实验内容和步骤

（1）启动 Windows 后，在桌面上查找 Word 2016 的快捷图标。尝试启动、退出 Word 2016，观察其启动、结束的情况是否正常，同时观察在正常启动后 Word 2016 的窗口状态、默认文档名、选项卡、功能区的组成等内容是否与本教材所讲的一致。

（2）在当前文档内随意输入若干中英文文字、词汇（各 10 个以上）后，将此文档保存为一个名为 test. docx 的文档文件（文件夹自定），并观察操作过程的执行是否正常。

（3）请用最便捷的方法和最恰当的编辑手段，使用五号宋体字，输入下述阴影部分的文字内容。

Word 2016 的主要功能

Microsoft Word 2016 可以使用户更轻松地协作使用和浏览长文档。其主要功能集中于为已完成的文档增色。

将最佳想法变成现实

Word 2016 为其功能（如表格、页眉与页脚以及样式集）配套提供了引人注目的效果、新文本功能以及更简单的导航功能。

更轻松地工作

在 Word 2016 中，用户可通过自定义工作区将常用命令集中在一起，还可以访问文档的早期版本，更轻松地处理使用其他语言的文本。

在任意位置使用 Word 工作

在 Word 2016 中，用户可以根据需要在任意地理位置利用既熟悉又强大的 Word 功能，可以从浏览器或移动电话查看、导航和编辑 Word 文档。

实现更好的协作

Word 2016 可帮助用户更有效地与同事协作。Word 2016 的一些功能，使用户的信息在共享工作时更为安全，并使用户的计算机免受不安全文件的威胁。

（4）在输入完成后观察此文档在各种显示模式中的显示效果。

（5）将此文档保存为一个名为 Test1. docx 的文档文件（文件夹自定）。

4.6.2 Word 2016文档编辑和排版

1. 实验目的

掌握 Word 2016 文档版面简单的编排方法。

2. 实验要求

（1）掌握 Word 2016 页面的设置与修改方法。

（2）掌握 Word 2016 字体的设置与修改方法。

（3）掌握 Word 2016 段落的设置与修改方法。

（4）掌握 Word 2016 边框和底纹的设置与修改方法。

（5）掌握 Word 2016 编号及项目符号的设置与修改方法。

（6）掌握 Word 2016 页眉、页脚和页码的设置与修改方法。

3. 实验内容和步骤

（1）沿用上一个实验输入的文字内容并将其打开输入到文档编辑区内。

（2）将文档的范围限定在下述尺寸之内：

- 左边界 3 厘米。
- 右边界 2.5 厘米。
- 上、下边界各 2.5 厘米。

（3）请按下述的字体和版面要求设置该文档：

- 各自然段向左缩进 0.8 厘米。
- 标题采用的字体和字号标在各标题右侧的括号内（如宋五即表示宋体五号字）。
- 各级小标题一律左对齐。
- 所有正文部分一律使用宋体小四号字。
- 所有英文字母字体一律使用 Times New Roman。

（4）其他版面如边框、分栏、项目符号等都应与该文档的范例相同。

（5）在页眉的中部键入该文档的文件名，并在右侧输入学号和姓名；在页脚的中部插入页码。

（6）将本文档以 Test2. docx 为名保存。

（7）制作一份学习计划，要求其中包括标题、正文、项目符号和编号、边框和底纹、页眉和页脚、特殊字符和背景等元素，采用分栏排版，保存时加保护密码。该学习计划文档须打印出来，上交作为实验作业 1。

4.6.3 Word 2016文档中的表格编辑

1. 实验目的

掌握 Word 2016 表格的建立、使用、编辑和调整方法。

2. 实验要求

（1）掌握 Word 2016 表格的建立方法。

（2）掌握 Word 2016 表格结构的设置与修改方法（如插入、删除、合并、拆分等）。

（3）掌握 Word 2016 表格内部文字的编辑方法。

3. 实验内容和步骤

（1）建立一个 5 列 4 行的表格框架，所有单元格的文字均设定为中间对齐并要求列的宽度不小于 2.5 厘米。

（2）表格结构的修改操作：

- 将自上向下数起的第 3 行的（自左至右数起）第 3 列拆分成两列。
- 在自上向下数起的第 4 行的前面插入新的一行，且将新行内的（自左至右数起）第 3 列与第 4 列单元格合并为一个单元格。
- 删除本表最右侧的一列。

（3）设置表头和输入内容：

- 使用两种方法绘制斜线表头，并输入文字。
- 在首行的任意单元格内输入文字，并有意使文字数超过列的宽度，观察所产生的现象。
- 在第 2 行的某单元格内输入若干文字（不超过该单元格的宽度时）后按 Enter 键继续键入少量的文字（少于上一行即可），观察所产生的现象并将其与前一步的效果对比，有何异同。
- 向其他单元格内输入任意的数值或文字。

（4）设置表格属性：

- 使用"表格属性"将所有单元格内的内容垂直居中对齐。
- 使用"表格属性"将整个表格相对于页面居中对齐。

（5）将本文档以 Test3.docx 为名保存。

（6）制作一份履历表或产品介绍，其中包括标题、说明、表格、边框和底纹、制表位等元素。该履历表或产品介绍文档须打印出来，上交作为实验作业 2。

4.6.4 图片的插入和编辑

1. 实验目的

掌握 Word 2016 图片和艺术字的插入、编辑、调整方法和简单图形的绘制方法。

2. 实验要求

（1）掌握 Word 图片的插入和调整方法。

（2）掌握 Word 文档的图文混排方法。

（3）掌握 Word 简单图形的绘制方法。

3. 实验内容和步骤

（1）新建一个文档文件并执行以下操作：

● 插入一幅图片，页面上出现了什么？

● 插入一个文本框，页面上显示了什么？尝试在文档中添加文本框、图片、艺术字等，然后将自己的体会用文字记录下来后进行分组交流。

（2）再向文档内插入任意两幅具有相同幅面的图片后执行下述操作：

● 将一幅图片覆盖另一幅图片的一小部分后观察效果。

● 经剪贴板将此两幅图片复制到一个有一定数量文字的另一文档内，（如"4.6.2　Word 2016 文档编辑和排版"实验的结果），放于恰当的位置后，用打印预览功能观察效果。

（3）执行下述的绘图操作：

● 绘制包括至少一个圆、一个矩形和一个三角形在内的简单图形（图形间不要出现覆盖现象）。

● 试着放大或缩小其中某个图形的大小。

● 试着拖拽其中某个图形，在文档内随意移至表格上，此时出现了什么现象？

● 将此文档保存为一个名为 Test4. docx 的文件。

（4）制作一份邀请函或贺年卡，其中包括标题、文字、背景、艺术字、文本框、图片、自绘图形等元素。将制作好的邀请函或贺年卡打印出来，上交作为实验作业 3。

4.6.5 样式

1. 实验目的

掌握 Word 2016 样式的创建和使用方法。

2. 实验要求

（1）掌握样式的创建和使用方法。

（2）掌握样式的复制和删除方法。

3. 实验内容和步骤

（1）打开"4.6.2　Word 2016 文档编辑和排版"实验的结果文档，新建一个空白文档。

（2）修改其中"标题 1"的样式为：

● 中文黑体、小一、不加粗，西文 Arial，单倍行距。

- 段前和段后均为"自动"。

（3）修改其中"标题 1"的样式为：

- 中文黑体、小二、不加粗。

- 西文 Arial。

- 1.5 倍行距，段前和段后均为 0.5 行。

- 自动更新。

（4）新建"标题 4"的样式为：

- 基于正文、后续样式为正文。

- 中文黑体、小四、加粗。

- 西文 Arial。

- 1.5 倍行距。

- 带边框，框线 1/4 磅。

- 10% 底纹。

（5）将新建的样式和修改后的样式复制到"4.6.2　Word 2016 文档编辑和排版"实验的结果文档中，会出现什么问题？想一想怎么解决，解决后写出心得。

✏️ 本章练习

1. 在 Word 2016 的操作中经常会使用鼠标的右键。请启动 Word 2016 后使鼠标指针置于文档编辑区内右击，你看到了什么？你认为这样的操作设计有何好处？

2. 启动 Word 2016 后，用鼠标单击快速访问工具栏上的"新建"快捷按钮，这时标题栏上发生了什么变化？

3. Word 2016 有哪几种显示模式？

4. 若要将两篇文章首尾相连，合并成一篇文章可采用何种方法实现？请叙述各操作步骤。

5. 页眉距离页面的上边距默认值都是正值，如果将其改为负值将会产生什么现象？如何解释？

6. 图文混排是指什么？

7. 什么叫样式？样式主要起什么作用？

8. 有时在改变文档某段的字体时，其他内容字体也会改变，问题出在哪里？

💡 考核要点

- Word 2016 的操作约定和基本操作方法

- 建立和保存文档
- 设置页面
- 文档内容的移动、复制、查找和替换、段落设置、字体设置
- 使用项目符号和编号
- 设置文档版面的边框和底纹、页眉和页脚、背景和主题、编排版面
- 转换文档的存储格式
- 插入图片和剪贴画
- 修饰图形对象
- 创建和编辑艺术字
- 创建和使用文本框
- 图文混排
- 插入 SmartArt 图形
- 屏幕截图
- 创建和使用样式

🖳 上机完成实验

⊙ 使用自测课件检查学习和掌握情况。

第 5 章　Excel 2016 电子表格系统

学习内容

1. Excel 2016 的基本概念、启动、退出及工作界面组成
2. 电子表格的创建与编辑
3. 公式和函数
4. 数据处理（数据查找、数据排序、数据筛选、分类汇总）
5. 创建和编辑图表

❂ 学习目标

1. 了解 Excel 2016 的基本功能和运行环境，Excel 2016 的工作界面结构；工作表的结构；图表类型；数据的分类汇总；图表类型。

2. 掌握 Excel 2016 的启动和退出方法；单元格地址表示；数据输入和编辑操作，工作表格式化的基本操作，工作表的基本操作；公式的使用，单元格的引用，常用函数的使用，工作表之间的编辑操作；数据的查找、排序和筛选；图表的创建和编辑。

🖳 学习时间安排

视频课	实验	定期辅导	自习 （包括作业）
2	10	2	12

5.1　Excel 2016 概述

5.1.1　Excel 2016的功能和运行环境

1. Excel 2016 的功能

电子表格利用计算机的强大计算能力，对表格内的数据进行数字处理。不但缩短了处理时间、保证了数据处理的准确性和精确性，还可以对数据进行进一步分析和再利用。

Excel 2016 是微软公司推出的办公套件 Microsoft Office 2016 中的重要成员。Excel 2016 作为当前流行的电子表格处理软件，能够创建工作簿和工作表、实现多工作表间计算、利用公式和函数对数据进行处理和分析、修饰表格、创建图表等。

2. Excel 2016 的运行环境

Excel 2016 是可以运行在 Windows 10 等操作系统之上的大型应用软件系统。一般情况下，Excel 2016 是和 Office 2016 组件一起安装的。当安装成功后，在 Windows 操作系统中会增加一组 Microsoft Office 应用程序组。

5.1.2　Excel 2016的启动和退出

······ 1. Excel 2016 的启动 ···

启动 Excel 2016 的方法主要有以下 3 种：

（1）使用"开始"菜单启动。单击【开始】→【Excel 2016】按钮，即可启动 Excel 2016。

（2）使用桌面快捷方式启动。如果桌面上有"Excel 2016"快捷图标，可直接双击该快捷图标启动 Excel 2016。

（3）利用 Excel 创建的文档启动。双击由 Excel 创建的文档（∗.xlsx、∗.xls），可以启动 Excel 2016，并同时打开该文档。

······ 2. Excel 2016 的退出 ···

退出 Excel 2016 的方法有多种，最常用的方法是：

（1）使用"文件"选项卡退出。单击【文件】→【关闭】按钮，可退出 Excel 2016。

（2）使用标题栏的"关闭"按钮退出。单击 Excel 2016 窗口标题栏右上角的"关闭"

按钮，也可退出 Excel 2016。

（3）使用快捷键退出。按快捷键 Ctrl + F4 退出当前编辑的工作簿，按快捷键 Alt + F4 可快速退出 Excel 2016。

5.1.3 Excel 2016的基本概念

1. 工作簿

工作簿是 Excel 2016 用来处理并存储数据的文件，默认情况下文件扩展名为 ".xlsx"。数据以工作表的形式存储在工作簿文件中，默认情况下新建工作簿包含 3 张工作表，且一个工作簿最多可包含的工作表数受可用内存的限制。单击【文件】→〖新建〗按钮，可创建工作簿（按快捷键 Ctrl + N 创建默认空白模板）。

2. 工作表

在 Excel 2016 中，工作表是最多可由 1 048 576 行和 16 384 列所构成的电子表格，它能够存储文本、数值、公式、图表、声音等信息。

3. 单元格

工作表中行与列交叉形成单元格。单元格是工作表存储信息的基本单元，是 Excel 数据处理的最小操作对象。工作表中的单元格按所在行、列位置命名，其中行号用数字标识，自上而下依次为 1，2，3，…，1 048 576（按快捷键 Ctrl + ↓ 查看）；列标用英文字母标识，由左到右依次为 A，B，C，…，XFD，共 16 384 列（按快捷键 Ctrl + → 查看）。如单元格 B3，指位于第 3 行 B 列交叉点上的单元格。使用快捷键 Ctrl + Home、Ctrl + End 可移动光标至数据表格的开头和结尾。

5.1.4 Excel 2016的工作界面

1. Excel 2016 的工作界面结构

在制表过程中，人机的交互操作是通过 Excel 2016 的工作界面进行的。熟悉 Excel 2016 的工作界面是能够更加方便、有效利用电子表格处理数据的基础。

当启动 Excel 2016 后，就会在屏幕上出现 Excel 2016 的工作界面。Excel 2016 工作界面的结构如图 5.1 所示。

2. Excel 2016 的工作界面工具

（1）标题栏。标题栏位于 Excel 2016 工作界面的最上方。标题栏中间显示当前工作簿名称和程序名称，右端为窗口控制按钮，包括 "最小化" "最大化/向下还原" "关闭" 按钮。

图 5.1　Excel 2016 工作界面的结构

（2）快速访问工具栏。快速访问工具栏默认位于标题栏左侧，由"保存""撤消""恢复"等常用按钮组成。用户可以自定义快速访问工具栏。

（3）"文件"选项卡。"文件"选项卡是位于标题栏下方左侧的一个绿色选项卡。单击"文件"选项卡可打开 Backstage 视图，其中包含文件操作、打印操作和 Excel 选项设置等常用命令。

（4）功能区。功能区是位于标题栏下方的一个带状区域，由"开始""插入""页面布局""公式""数据""审阅""视图"等选项卡组成。每个选项卡中包含若干功能组，每个功能组集成了一些相关的操作命令按钮。

（5）活动单元格。活动单元格是指工作表中被选定的单元格，也是工作表当前进行数据输入和编辑的单元格，一般以粗框表示。

（6）名称框。名称框位于功能区下方左侧，用于显示活动单元格地址或所选单元格、单元格区域或对象的名称。

（7）编辑栏。编辑栏位于名称框的右侧，用于显示或编辑活动单元格中的数据、公式和函数。

（8）工作表编辑区。工作表编辑区位于名称框和编辑栏的下方，是工作表内容的显示和编辑区域，主要用于工作表数据的输入、编辑和各种数据处理。工作表编辑区上方是列标，左侧是行号，右侧为垂直滚动条，下方是水平滚动条。

（9）工作表标签。工作表标签位于工作表编辑区的左下方，用于显示工作表名。默认情况下，当前工作表标签底色为白色，而非当前工作表标签底色为灰色。

（10）状态栏。状态栏位于 Excel 2016 工作界面的最下方，用于显示所选单元格或单元格区域数据的状态，如平均值、计数、最大值、最小值、求和值、显示比例等。

（11）帮助（F1）。与其他 Office 2016 应用程序组件相似，Excel 2016 也提供了方便的联机和联网帮助，可以帮助读者在学习中遇到困难时尽快找到解决的方法。

单击【文件】→〖新建〗按钮，可以看到 4 个 Excel 2016 新增的用于学习的模板，分别是："欢迎使用 Excel""数据透视表教程""更好地利用数据透视表""公式教程"。用不同的模板创建工作簿就可以开始学习了。

5.2 工作表的建立与编辑

数据是电子表格处理的核心，输入数据是最基础的操作。因此，建立工作簿后，首先需要在工作表中输入数据。不同类型数据的输入方法和技巧有所不同。

5.2.1 制作职工信息表

案例一 制作职工信息表

本案例主要使用户学习工作表中数据的输入与编辑操作、工作表的格式设置，以及与其相关的知识点和操作技能，使用户掌握 Excel 2016 的基本操作方法。

图5.2 是需要制作的工作表"职工信息表"，其中包含了一些基本的数据类型。

序号	职工号	姓名	性别	出生日期	家庭住址	联系电话	年收入
					职工信息表		
1	012	张薇	女	1956年7月5日	新华路12号青园3幢1单元302室	13201016542	￥165,760.59
2	039	许珊珊	女	1962年6月15日	中山南路89号求知新村2幢3单元203室	13801078656	￥151,667.95
3	066	刘东方	男	1953年4月30日	中山南路89号求知新村3幢1单元501室	13901025147	￥140,799.30
4	106	魏然	男	1965年10月12日	解放路370号清水新村5幢1单元201室	13501457136	￥124,860.40
5	112	金欣	女	1970年7月5日	大学路155号柳巷6幢2单元301室	13652471086	￥137,900.32
6	165	刘力军	男	1972年9月1日	北山西路160号嘉园1号楼405室	13701019090	￥113,743.81
7	180	王子丹	男	1978年6月15日	曙光路256号恒力花园30幢3单元1502室	13801013919	￥101,025.52
8	193	叶辉	男	1980年5月4日	凤山路40号世贸丽江城9幢2单元1801室	13501014203	￥80,822.71

图5.2 职工信息表

5.2.2 输入数据

在 Excel 2016 中，单元格中的数据可以是文本、数字、公式、日期、图形图像等类型。在单元格中输入数据的步骤如下：

- 选定要输入数据的单元格。

● 在该单元格中输入数据，如图 5.3 所示。如果单元格中的数据需要换行，可按 Alt + Enter 键。

图 5.3　在单元格中输入数据

● 输入完成后，按 Enter 键，或按 Tab 键，或按光标移动键，或单击编辑栏左边的"输入"按钮，或单击工作表中的任意其他单元格均可确认输入。当然，如果要放弃输入，则可按 Esc 键或单击编辑栏左边的"取消"按钮取消输入。

1. 输入文本

Excel 中的文本是指字符、数字及特殊符号的组合。默认情况下，单元格中输入的文本是左对齐的。

当输入的文本超过单元格宽度时，默认情况下，若右侧相邻单元格中没有数据，则超出的文本会延伸到右侧单元格，如图 5.4 所示；如右侧单元格中已有数据，则超出文本将被隐藏，如图 5.5 所示。加大列宽或设置单元格为自动换行后，可显示单元格全部内容。

图 5.4　超出文本延伸至右侧单元格

图 5.5　超出文本被隐藏

当输入纯数字文本时，Excel 默认为数值，如输入数值"012"，则系统将自动显示"12"，即删除了最前面的"0"。如果需要保留前面的"0"，可在数字前添加一个英文单引号"'"，如"'012"。此时，单元格左上角会出现一个绿色三角标记，且左对齐，如图 5.6 所示。

2. 输入数值

Excel 中数值的有效数字包含"0～9""+""－""（""）""/""$""%""."　"E"　"e"。在单元格中输入数值，只需选定单元格后直接输入即可。如果输入正数，则数字前面的"＋"可以省略；如果输入负数，则数字前应加一个负号"－"，或将数字放在半角的圆括号"（）"内。默认情况下，单元格中输入的数值是右对齐的。

当数值的数字长度超过 11 位时，将以科学计数法的形式表示，如将单元格 G3 中的数据修改为"8613201016542"，则显示为"8.6132E＋12"，如图 5.7 所示。

图 5.6　纯数字文本

图 5.7　数值的数字长度超过 11 位

当单元格列宽太小不能显示整个数值时，将以符号"####"或科学计数法的形式表示。如图5.8所示，在单元格H3中输入"165760.59"，则显示"####"，调整列宽则可显示完整的数值。

在Excel中输入日期和时间时有格式要求，当输入日期时，可以用"/"或"-"分隔日期的各部分，如图5.9所示；当输入时间时，可以用"："分隔时间的各部分。如果要在同一个单元格中同时输入日期和时间，必须在两者之间加一个空格。

G	H
联系电话	年收入
13201016542	########
13801078656	

图5.8　单元格列宽太小

E	F
出生日期	家庭住址
1956/7/5	新华路12号青园
1962/6/15	中山南路89号求

图5.9　输入日期

3. 填充数据

使用填充功能最常用的方法是"将鼠标指针移至填充柄处，当鼠标指针形状变为十字时，按住鼠标左键拖动"。填充柄是指选定单元格或单元格区域时黑框右下角的小黑方块，如图5.10和图5.11所示。

图5.10　用填充柄输入相同的数据

图5.11　完成相同数据的填充

（1）填充相同的数据。在单元格区域中填充相同数据的常用方法有以下3种：

① 使用填充柄输入相同的数据。选定需填充区域的第一个单元格，如D5，在单元格中输入数据，如"男"；将鼠标指针置于该单元格的填充柄处，如图5.10所示，按住鼠标左键拖动到填充区域的最后一行（或列），如D8，释放鼠标即可完成填充，如图5.11所示。

② 使用Ctrl + Enter键输入相同的数据。选定需填充相同数据的单元格区域，如D5：D6和D8：D10，在活动单元格（如D8）中输入数据，如"男"，输入完毕后按Ctrl + Enter键即可将输入的数据同时复制到选定的单元格区域（如D5：D6和D8：D10）中，如图5.12所示。

图5.12　在不连续的单元格区域中输入相同的数据

③ 自动重复已输入的文本字符。在单元格中输入文本字符时，如果输入的前几个字符与该列中已有的内容相匹配，Excel 会自动填充其余的字符，如在单元格 F5 中输入"中"字后，就自动填充"中山南路 89 号求知新村 2 幢 3 单元 203 室"，如图 5.13 所示。此时，可以按 Enter 键接受自动填充，也可以不接受自动填充继续输入或按 Backspace 键删除后继续输入。

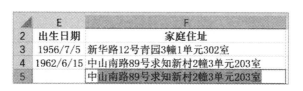

图 5.13　自动重复已输入的文本字符

（2）填充有规律的数据。

① 使用填充柄输入等差序列。在需填充区域的前两个单元格中输入等差序列的前两个数值（如"1"和"2"），并选定这两个单元格（如 A3：A4），将鼠标指针置于单元格 A4 的填充柄处，按住鼠标左键拖动至结束单元格（如 A10）即可完成填充，如图 5.14 所示。

图 5.14　用填充柄输入等差序列

图 5.15　"序列"对话框

② 使用"序列"对话框输入序列。利用"序列"对话框可在单元格区域中输入不同类型的数据序列，如等差序列、等比序列、日期和自动填充等，具体操作步骤如下：

● 选定需填充区域的第一个单元格（如 A3），输入数据序列中的初始值（如"1"）。

● 选定填充区域（如 A3：A10）。

● 单击【开始】→〖编辑〗→"填充"按钮，在展开的下拉列表中单击"序列"选项卡，打开"序列"对话框，如图 5.15 所示。

● 设置"序列产生在""类型""步长值"等选项（如"步长值"设为 1），单击"确定"按钮，即可完成序列的输入，如图 5.14 所示。

（3）填充自定义序列数据。Excel 提供了常用的序列，如"星期一、星期二、星期三……"，"甲、乙、丙……"等，用于序列数据的自动填充。例如，在单元格中输入"星期一"后，当按住鼠标左键拖动该单元格的填充柄时，会自动填充"星期二、星期三……"。

此外，Excel 也允许用户设置自定义序列，设置自定义序列的具体操作步骤如下：

- 单击【文件】→〖选项〗按钮，打开"Excel 选项"对话框。
- 单击【高级】→〖常规〗→"编辑自定义列表"按钮，打开"自定义序列"对话框。
- 在"输入序列"列表框中输入自定义的序列，如"第一名、第二名、第三名、第四名"等，输入每一项后按 Enter 键，输入完成后单击"添加"按钮。
- 单击"确定"按钮完成自定义序列定义。

此后，在输入"第一名、第二名、第三名、第四名"自定义序列时，只需在第一个单元格中输入"第一名"，然后将鼠标指针置于该单元格的填充柄处，按住鼠标左键拖动即可自动填充"第二名""第三名""第四名"。

5.2.3 编辑数据

1. 数据的修改与清除

（1）修改整个单元格内的数据。修改单元格数据时，如果新数据与原数据完全不同或大部分不同，可按如下步骤操作：

- 选定要修改数据的单元格，直接输入正确的数据。
- 输入完成后，按 Enter 键即可完成数据的修改。

（2）修改单元格内的部分数据。

① 在编辑栏修改数据。

- 选定要修改数据的单元格。
- 把插入点光标定位在编辑栏中需要修改的字符位置，通过按 Backspace 键或 Delete 键删除错误的数据字符后，输入正确的数据。
- 输入完成后，按 Enter 键即可完成数据的修改。

② 在单元格修改数据。

- 双击要修改数据的单元格，进入单元格内部编辑状态，此时单元格中会出现插入点光标。
- 把插入点光标定位到需要修改的字符位置，通过按 Backspace 键或 Delete 键删除错误的数据字符后，输入正确的数据。
- 输入完成后，按 Enter 键即可完成数据的修改。

（3）清除单元格。清除单元格包括清除内容、清除格式、清除批注、清除超链接及全部清除，可按以下步骤操作：

- 选定要清除的单元格或单元格区域。
- 单击【开始】→〖编辑〗→"清除"按钮，在展开的下拉列表中单击相应的清除命令即可（按 Delete 键即可清除内容）。

2. 数据的复制和移动

（1）使用鼠标拖动法复制或移动单元格数据。

① 复制单元格数据。

● 选定要复制数据的单元格或单元格区域。

● 把鼠标指针移至选定单元格的边框，按住 Ctrl 键，当鼠标指针形状变为右上角带十字的空心箭头时，按住鼠标左键拖动到目标单元格，然后释放鼠标即可。

② 移动单元格数据。

● 选定要移动数据的单元格或单元格区域。

● 把鼠标指针移至选定单元格的边框，当鼠标指针形状变为带箭头的十字时，按住鼠标左键拖动到目标单元格，然后释放鼠标即可。

（2）使用功能区按钮复制或移动单元格数据。

① 复制单元格数据。

● 选定要复制数据的单元格或单元格区域。

● 按快捷键 Ctrl + C，或单击【开始】→〖剪贴板〗→"复制"按钮，将数据复制到剪贴板。

● 选定目标单元格，按快捷键 Ctrl + V，或单击〖剪贴板〗→"粘贴"按钮即可完成单元格数据的复制。也可以单击"粘贴"按钮下方的小箭头，展开"粘贴"选项，根据需要选择。其中单击"选择性粘贴"选项可以打开"选择性粘贴"对话框，在该对话框中可选择更多的"粘贴"选项。

② 移动单元格数据。移动单元格数据操作与复制单元格数据操作基本相同，只是把单击【开始】→〖剪贴板〗→"复制"按钮，改为"剪切"按钮，将数据剪切到剪贴板。其余操作与复制单元格数据操作相同。可使用快捷键 Ctrl + X。

3. 撤消和恢复操作

在编辑过程中，如出现误操作时可以使用"撤消"功能来取消操作，也可以使用"恢复"功能取消撤消操作。具体操作方法如下。

（1）撤消。按快捷键 Ctrl + Z，或单击快速访问工具栏中的"撤消"按钮，即可撤消前一步的操作。单击快速访问工具栏中的"撤消"按钮右侧的小箭头，在展开的下拉列表中单击目标步数，即可撤消前几步的操作。

（2）恢复。单击快速访问工具栏中的"恢复"按钮，即可恢复前一步"撤消"操作。单击快速访问工具栏中的"恢复"按钮右侧的小箭头，在展开的下拉列表中单击目标步数，即可恢复前几步"撤消"操作。

5.2.4　设置单元格格式

为了使工作表满足不同需要，可对工作表及单元格的格式进行设置，如设置数字分类、对齐方式、字体、边框和底纹等。

1. 设置字体格式

设置字体格式的常用方法有以下两种：

（1）使用功能区按钮设置字体格式。

● 选定要设置格式的单元格或单元格区域，如表头合并单元格 A1。

● 单击【开始】→〖字体〗项，选择需使用的字体和字号。

● 选定需设置格式的单元格区域，如 A2：H2，单击【开始】→〖字体〗→"加粗"按钮，效果如图 5.16 所示。

1				职工信息表				
2	序号	职工号	姓名	性别	出生日期	家庭住址	联系电话	年收入
3	1	012	张薇	女	1956/7/5	新华路12号青园3幢1单元302室	13201016542	¥165,760.59
4	2	039	许珊珊	女	1962/6/15	中山南路89号求知新村2幢3单元203室	13801078656	¥151,667.95
5	3	066	刘东方	男	1953/4/30	中山南路89号求知新村3幢1单元501室	13901025147	¥140,799.30
6	4	106	魏然	男	1965/10/12	解放路370号清水新村5幢1单元201室	13501457136	¥124,860.40
7	5	112	金欣	女	1970/7/5	大学路155号柳巷6幢2单元301室	13652471086	¥137,900.32
8	6	165	刘力军	男	1972/9/1	北山西路160号嘉园1号楼405室	13701019090	¥113,743.81
9	7	180	王子丹	男	1978/6/15	曙光路256号恒力花园30幢3单元1502室	13801013919	¥101,025.52
10	8	193	叶辉	男	1980/5/4	凤山路40号世贸丽江城9幢2单元1801室	13501014203	¥80,822.71

图 5.16　字体设置后的效果

（2）使用"设置单元格格式"对话框设置字体格式。

● 选定要设置格式的单元格区域，如 A2：H10。

● 按快捷键 Ctrl＋1，或单击【开始】→〖字体〗右侧的小箭头，打开"设置单元格格式"对话框，如图 5.17 所示。

图 5.17　"设置单元格格式" 对话框 "字体" 选项卡

● 在该对话框中，可以根据需要对字体、字形、字号、下划线、颜色以及特殊效果进行设置，如设置字号为"18"。

2. 设置数字格式

（1）使用功能区按钮设置数字格式。

● 选定要设置格式的单元格或单元格区域，如选定"年收入"列的单元格区域 H3：H10。

● 单击【开始】→〖数字〗项，选择需要使用的数字格式，如"货币"。

（2）使用"设置单元格格式"对话框设置数字格式。

● 选定要设置格式的单元格或单元格区域，如选定"出生年月"列的单元格区域 E3：E10。

● 按快捷键 Ctrl + 1，或单击【开始】→〖数字〗右侧的小箭头，打开"设置单元格格式"对话框，如图 5.18 所示。

图 5.18　"设置单元格格式"对话框　"数字"选项卡

● 在该对话框中，可以根据需要在"分类"列表中，单击要使用的格式，如"日期"，在"类型"列表中选择一种日期格式，如"＊2012 年 3 月 14 日"，设置数字格式后的效果如图 5.19 所示。

3. 设置对齐方式

（1）使用功能区按钮设置对齐格式。

● 选定要设置对齐方式的单元格或单元格区域，如 A2：H2。

● 单击【开始】→〖对齐方式〗，选择需要的对齐方式，如"居中"。

1	职工信息表						
2	序号	职工号	姓名	性别	出生日期	家庭住址	联系电话	年收入
3	1	012	张薇	女	1956年7月5日	新华路12号青园3幢1单元302室	13201016542	¥165,760.59
4	2	039	许珊珊	女	1962年6月15日	中山南路89号求知新村2幢3单元203室	13801078656	¥151,667.95
5	3	066	刘东方	男	1953年4月30日	中山南路89号求知新村3幢1单元501室	13901025147	¥140,799.30
6	4	106	魏然	男	1965年10月12日	解放路370号清水新村5幢1单元201室	13501457136	¥124,860.40
7	5	112	金欣	女	1970年7月5日	大学路155号柳巷6单元2单元301室	13652471086	¥137,900.32
8	6	165	刘力军	男	1972年9月1日	北山西路160号嘉园1号楼405室	13701019090	¥113,743.81
9	7	180	王子丹	男	1978年6月15日	曙光路256号恒力花园30幢3单元1502室	13801013919	¥101,025.52
10	8	193	叶辉	男	1980年5月4日	凤山路40号世贸丽江城9幢2单元1801室	13501014203	¥80,822.71

图5.19 设置数字格式后的效果

（2）使用"设置单元格格式"对话框设置对齐格式。

● 选定要设置格式的单元格或单元格区域，如A2：B10。

● 按快捷键Ctrl+1，或单击【开始】→〖对齐方式〗右侧的小箭头，打开"设置单元格格式"对话框，单击"对齐"选项卡，如图5.20所示。

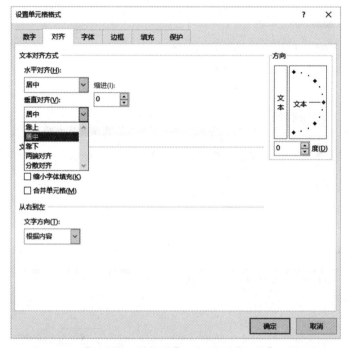

图5.20 "设置单元格格式" 对话框 "对齐" 选项卡

4. 设置边框格式

设置边框格式的常用方法有以下两种：

（1）使用功能区按钮设置边框格式。

● 选定要设置边框格式的单元格或单元格区域，如A2：H10。

● 单击【开始】→〖字体〗，选择所需边框（如"所有框线"）即可。

（2）使用"设置单元格格式"对话框设置边框格式。

● 选定要设置边框格式的单元格或单元格区域，如A2：H10。

● 按快捷键Ctrl+1，或单击【开始】→〖对齐方式〗右侧的小箭头，打开"设置单元格格式"对话框，单击"边框"选项卡，可根据需要设置线条样式和颜色（如单击"外边框"按钮和"内部"按钮）。

5. 设置条件格式

条件格式是指以特定的格式显示满足指定条件的数据。本节只介绍设置突出显示单元格规则和清除规则的方法，其他内容不再介绍。

（1）设置突出显示单元格规则。突出显示单元格规则用于设置当单元格的值满足一定条件（如大于、等于、小于）时，所使用的格式。如当年收入大于 120 000 时用加粗、红色显示的操作步骤如下：

● 选定单元格区域 H3：H10。

● 单击【开始】→〖样式〗→"条件格式"按钮右侧的小箭头，在展开的下拉列表中单击"突出显示单元格规则"下的"大于"命令，打开如图 5.21 所示的"大于"对话框。

图 5.21 "大于" 对话框

在该对话框左侧的框中输入"￥120 000"，在"设置为"列表中直接选择需要的格式，若没有需要的格式，可选择"自定义格式"，单击"确定"按钮即可完成突出显示。

（2）清除规则。当不再需要某个条件格式时，可通过清除规则将其清除。

① 清除一个条件规则。

● 选择要清除规则的单元格区域。

● 单击【开始】→〖样式〗→"条件格式"按钮右侧的小箭头，在展开的下拉列表中单击"清除规则"下的"清除所选单元格的规则"命令即可。

② 清除整个工作表的规则。单击【开始】→〖样式〗→"条件格式"按钮右侧的小箭头，在展开的下拉列表中单击"清除规则"下的"清除整个工作表的规则"命令即可。

6. 调整行高和列宽

（1）使用鼠标调整行高或列宽。将鼠标指针移至行号或列标的边界处，当鼠标指针形状变成上下双箭头或左右双箭头时，按住鼠标左键拖动即可简单调整行高或列宽。

（2）使用功能区按钮调整行高或列宽。

● 选定要调整行高或列宽的行、列、单元格或单元格区域，如 A2：H10。

● 单击【开始】→〖单元格〗→"格式"按钮，单击在"单元格大小"下的"行高"或"列宽"进行调整即可。

7. 插入与删除单元格、行或列

（1）插入单元格、行或列。

① 插入行或列。

● 选定要插入行或列的下一行或右侧列。

● 右击鼠标，在弹出的快捷菜单中选择"插入"命令；或单击【开始】→〖单元格〗→"插入"按钮右侧的小箭头，在展开的下拉列表中单击"插入工作表行"或"插入工作表列"命令，即可插入行或列。

② 插入单元格。

● 选定要插入单元格所在位置的单元格。

● 右击鼠标，在弹出的快捷菜单中选择"插入"命令，或单击【开始】→〖单元格〗→"插入"按钮右侧的小箭头，在展开的下拉列表中单击"插入单元格"命令，打开"插入"对话框，如图 5.22 所示，选择一种插入方式，单击"确定"按钮即可。

（2）删除行或列、单元格。

① 删除行或列。

● 选定要删除的行或列。

● 右击鼠标，在弹出的快捷菜单中选择"删除"命令，或单击【开始】→〖单元格〗→"删除"按钮右侧的小箭头，在展开的下拉列表中单击"删除工作表行"或"删除工作表列"命令，即可删除行或列。

② 删除单元格。

● 选定要删除的单元格。

● 右击鼠标，在弹出的快捷菜单中选择"删除"命令，或单击【开始】→〖单元格〗→"删除"按钮右侧的小箭头，在展开的下拉列表中单击"删除单元格"命令，打开"删除"对话框，如图 5.23 所示，选择一种删除方式，单击"确定"按钮即可。

图 5.22 "插入" 对话框

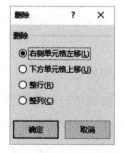

图 5.23 "删除" 对话框

5.2.5　工作表的基本操作

在工作簿中，用户可以根据需要对工作表进行选择、插入、删除、移动和复制等操作。以下介绍工作表的基本操作方法。

1. 插入与删除工作表

（1）插入工作表。

① 使用"新工作表"按钮插入工作表。如图 5.24 所示，单击工作表标签栏上的"新工作表"按钮后，即可将新工作表插在现有工作表的最后，如图 5.25 所示。

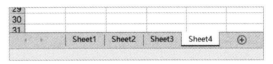

图 5.24　插入工作表之前　　　　　　　　图 5.25　插入工作表之后

② 使用快捷菜单插入工作表。右击工作表标签，在弹出的快捷菜单中选择"插入"命令，打开"插入"对话框，如图 5.26 所示，选中"工作表"图标，单击"确定"按钮，将在被右击的工作表标签前插入一张新工作表。

图 5.26　"插入"对话框

③ 使用功能区命令插入工作表。单击【开始】→〖单元格〗→"插入"按钮右侧的小箭头，在展开的下拉列表中单击"插入工作表"选项，即可在当前工作表前插入一张新工作表。

（2）删除工作表。

① 使用快捷菜单删除工作表。右击要删除工作表的标签，在弹出的快捷菜单中选择"删

除"命令，即可删除该工作表。

② 使用功能区按钮删除工作表。选定要删除的工作表，单击【开始】→〖单元格〗→"删除"按钮右侧的小箭头，在展开的下拉列表中单击"删除工作表"选项，也可删除工作表。

2. 移动与复制工作表

Excel 允许在同一个工作簿内和不同工作簿间移动与复制工作表。

（1）在同一个工作簿内移动或复制工作表。

用鼠标左键直接拖动要移动的工作表的标签，将出现一个图标和一个小三角箭头来指示该工作表将要移到的位置，如图 5.27 所示，到达目标位置时释放鼠标左键即可移动工作表。如果要复制工作表，与移动工作表不同的只是需要按住 Ctrl 键再用鼠标左键拖动工作表的标签，此时图标上有一个" ＋"号，如图 5.28 所示。

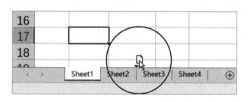
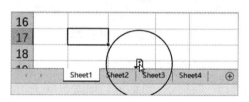

图 5.27　移动工作表　　　　　　图 5.28　复制工作表

（2）在不同工作簿间移动或复制工作表。

● 打开目标工作簿（若没有目标工作簿则新建工作簿）。

● 打开源工作簿，右击要移动或复制的工作表的标签，在弹出的快捷菜单中选择"移动或复制工作表"命令；或单击【开始】→〖单元格〗→"格式"按钮右侧的小箭头，在展开的下拉列表中单击"移动或复制工作表"命令，弹出如图 5.29 所示的"移动或复制工作表"对话框。

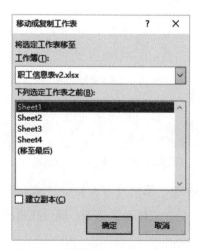

图 5.29　"移动或复制工作表" 对话框

- 在"将选定工作表移至工作簿"下拉列表框中选择目标工作簿名；在"下列选定工作表之前"列表框中，选择要在其前面插入工作表的工作表名。
- 如果是复制工作表，则勾选"建立副本"复选框。
- 单击"确定"按钮即可完成工作表的移动或复制。

3. 重命名工作表

- 右击要重命名的工作表标签，在弹出的快捷菜单中选择"重命名"命令；或单击【开始】→〖单元格〗→"格式"按钮右侧的小箭头，在展开的下拉列表中单击"重命名工作表"命令；或双击工作表标签，使工作表标签处于编辑状态，如图 5.30 所示。
- 输入新的工作表名，如"职工信息表"，按 Enter 键即可完成工作表重命名，如图 5.31 所示。

图 5.30　重命名工作表

图 5.31　重命名工作表后

4. 设置工作表标签颜色

- 右击要设置颜色的工作表标签，在弹出的快捷菜单中选择"工作表标签颜色"命令；或单击【开始】→〖单元格〗→"格式"按钮右侧的小箭头，在展开的下拉列表中单击"工作表标签颜色"选项。
- 在弹出的颜色列表中单击所需颜色即可。

5.3　公式与函数

在分析和处理数据时，公式和函数起着很重要的作用。灵活运用公式和函数可以大大提高工作效率。本节主要介绍公式和函数的基本使用方法。

5.3.1　制作工资明细表

案例二　制作工资明细表

本案例将使用户重点学习在工作表中使用公式和函数进行数据处理，利用排序、筛选和分类汇总进行数据分析，同时还将介绍相关的知识点和操作技能，使用户对 Excel 2016 有较深入的了解和应用。

图 5.32 是一份制作好的工资明细表。这份工资明细表包含职工号、姓名、部门、职称、基本工资、洗理费、工龄、奖金和应发工资。本案例除包含案例一所学的知识外，主要增加了对公式、函数的运用，以及对排序、筛选和分类汇总方法的使用。

	A	B	C	D	E	F	G	H	I
1	工资明细表								
2								1	月份
3	职工号	姓名	部门	职称	基本工资	洗理费	工龄	奖金	应发工资
4	012	张薇	计算机系	副教授	840.00	175.50	13.00	650.00	1665.50
5	039	许珊珊	计算机系	副教授	750.00	175.50	11.00	550.00	1475.50
6	066	刘东方	机械系	教授	1250.00	100.00	25.00	800.00	2150.00
7	106	魏然	机械系	助教	546.00	100.00	8.00	450.00	1096.00
8	112	金欣	土木工程系	副教授	1060.00	175.50	19.00	750.00	1985.50
9	165	刘力军	土木工程系	助教	450.00	100.00	3.00	300.00	850.00
10	180	王子丹	计算机系	讲师	915.00	100.00	17.00	700.00	1715.00
11	193	叶辉	机械系	教授	1500.00	175.50	27.00	850.00	2525.50
12	总计人数（人）		8			合计金额（元）		13463.00	
13	制表人：	闫瑾			审核人：	郑派	日期：	2018年1月5日	

图 5.32　工资明细表

5.3.2 公式

在 Excel 中，公式是根据用户需求对工作表中的数据执行计算的等式，以等号开始，等号后面是参与计算的运算数和运算符。

1. 运算符及其优先级

在 Excel 中，要正确输入公式必须掌握公式规定的运算符和运算规则。

（1）运算符。Excel 2016 中包含 4 种运算符：算术运算符、比较运算符、文本连接运算符和引用运算符。使用运算符可以把常量、单元格引用、函数以及括号等连接起来组成表达式。

① 算术运算符。算术运算符用于完成基本的算术运算，包括加（+）、减（-）、乘（*）、除（/）、乘方（^）和百分比（%）。

② 比较运算符。比较运算符用于两个数据的比较，比较结果将产生逻辑值 TRUE（1）或 FALSE（0）。比较运算符包括大于（>）、等于（=）、小于（<）、大于或等于（>=）、小于或等于（<=）和不等于（<>）。

③ 文本连接运算符。文本连接运算符（&）用于将两个或多个文本连接在一起，形成一个字符串，如"Excel" &"2016" 的结果为"Excel 2016"。

④ 引用运算符。引用运算符用于指定单元格区域范围，引用运算符包括区域运算符（:）、联合运算符（,）和交集运算符（空格）。

- 区域运算符（:）。区域运算符（:）表示单元格区域中的所有单元格，例如，A1：A5 表示单元格 A1 至单元格 A5 的所有 5 个单元格。

● 联合运算符（,）。联合运算符（,）将多个引用合并为一个引用，例如，A1：A5，B1：B5 表示单元格 A1 至单元格 A5、单元格 B1 至单元格 B5 的所有 10 个单元格，通常用于不连续单元格的引用。

● 交集运算符（空格）。交集运算符（空格）表示几个单元格区域所共有的单元格，例如，A1：C5 B1：D2 表示单元格区域 A1：C5 与单元格区域 B1：D2 的共有单元格 B1、C1、B2 和 C2。

（2）运算符的优先级。当公式中同时使用了多个运算符时，将按运算符优先级从高到低的运算顺序进行计算，如表 5.1 所示，先计算优先级高的运算符，后计算优先级低的运算符。若公式中包含了相同优先级的运算符，则按照从左到右的原则进行计算。

例如，公式“ = 15 – 4 * 3”，根据运算符的优先级，应先做乘法运算，再做减法运算。当然也可以利用括号更改运算顺序，如果需要先计算减法，则可以把公式改为“ = (15 – 4) * 3”。

表 5.1　运算符的优先级

运算符	说明	优先级
–	负号	高
%	百分号	
^	乘方	
* 和 /	乘和除	
+ 和 –	加和减	
&	文本连接运算符	
= , < , > , > = , < = , < >	比较运算符	低

2. 公式的输入和编辑

（1）输入公式。公式的输入与普通文字的输入基本相同，差别仅在于公式必须以等号开始，且应符合语法规则。单元格将显示公式的计算结果，而公式内容则会在编辑栏中显示。

（2）移动和复制公式。公式的移动和普通文字的移动完全一样，但公式的复制和普通文字的复制就有较大的区别。复制公式时，其中的相对引用地址将会随位置改变（相对引用的概念将在下面介绍），如把单元格 I4 中的公式“ = E4 + F4 + H4”复制到单元格 I5，则单元格 I5 的公式为“ = E5 + F5 + H5”，如图 5.33 中的编辑栏所示。

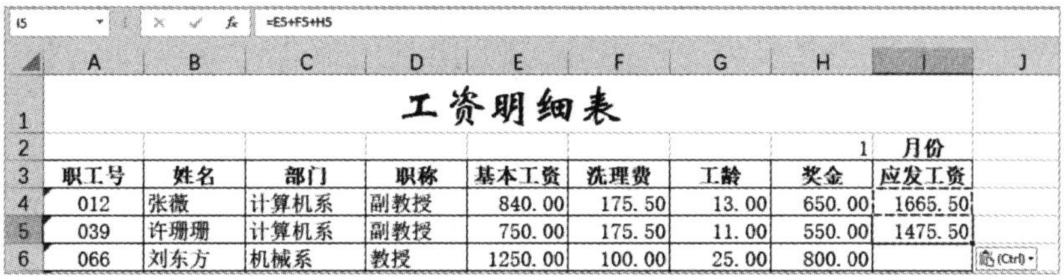

图 5.33　公式复制完成后单元格 I5 的结果

5.3.3 单元格引用

单元格引用是用来指定工作表中的单元格或单元格区域，并在公式中使用该单元格或单元格区域的数据。通过单元格引用，可以在公式中使用以下 3 种不同位置的单元格或单元格区域数据：

- 同一工作表中的单元格数据：直接用该单元格地址或名称表示，如要引用当前工作表 E1 单元格中的数据，单元格引用可表示为"E1"。

- 同一工作簿中不同工作表的单元格数据：在该单元格地址或名称前面加上工作表名，并以"！"分隔，如要引用工作表"Sheet2"中单元格 C8 的数据，单元格引用可表示为"Sheet2！C8"。

- 不同工作簿中的单元格数据：在该单元格地址或名称前面加上工作簿名和工作表名，其中工作簿名用括号"〔〕"括起来，如要引用"工资明细表.xlsx"工作簿中的"1 月份"工作表中单元格 B5 的数据，则单元格引用可表示为"〔工资明细表.xlsx〕1 月份！B5"。

同时，根据公式所在单元格的位置发生变化时单元格引用的变化情况可以把单元格引用分为相对引用、绝对引用和混合引用 3 种类型。

1. 相对引用

在进行公式复制时，如果希望公式中所引用的单元格或单元格区域地址随相对位置改变，则应该使用相对引用，其表示方法为直接书写单元格或单元格区域的地址。如 E3、E3：E5。

2. 绝对引用

在进行公式复制时，如果不希望公式中所引用的单元格或单元格区域地址随相对位置改变，则应该使用绝对引用，其表示方法为在单元格地址的列标和行号前面加上"$"符号，如 A5、C1。

◇ 例：在如图 5.34 所示的销售统计表中，计算"占全年比例"列数据，具体步骤如下：

- 选定单元格 C2，输入公式"=B2/B6"，并设置单元格数字格式为百分比。
- 用拖动填充柄的方式把单元格 C2 的公式复制到单元格 C3、C4 和 C5。

	A	B	C
1	季度	销售金额	占全年比例
2	1	45637	39.72%
3	2	23456	20.42%
4	3	34561	30.08%
5	4	11234	9.78%
6	合计	114888	

图 5.34 销售统计表

3. 混合引用

混合引用是指在单元格或单元格区域地址中，行或列只能有一个使用绝对引用，另一个必须使用相对引用。在进行公式复制时，相对引用部分的地址随相对位置改变，绝对引用部分的地址不随相对位置改变。如地址 $C1 中，列采用绝对引用，行采用相对引用；又如 C$1，列采用相对引用，行采用绝对引用。编辑时，反复按 F4 键可以在绝对引用、混合引用、相对引用间进行切换。

✧ **例：制作如图 5.35 所示的简易乘法表，具体步骤如下：**

- 在第 1 行和第 1 列分别输入数字 1～9。
- 在单元格 B2 中输入公式“= $A2 * B$1”。
- 用拖动填充柄的方式把单元格 B2 的公式复制到该简易乘法表的各单元格中。

	A	B	C	D	E	F	G	H	I	J
1		1	2	3	4	5	6	7	8	9
2	1	1								
3	2	2	4							
4	3	3	6	9						
5	4	4	8	12	16					
6	5	5	10	15	20	25				
7	6	6	12	18	24	30	36			
8	7	7	14	21	28	35	42	49		
9	8	8	16	24	32	40	48	56	64	
10	9	9	18	27	36	45	54	63	72	81

图 5.35　简易乘法表

5.3.4　函数

函数是执行计算、分析等数据处理任务的特殊公式，是预先定义的内置公式。Excel 2016 提供了大量的函数，熟练使用函数可以大大提高计算速度和计算准确率。

1. 函数的格式

函数的一般格式为：函数名称（参数 1，参数 2，…，参数 n）。

其中，每个函数都有特定的参数要求，如需要一个或多个参数（最多不能超过 255 个）、或不需要参数。参数可以是数字、文本或单元格引用等，也可以是常量、公式或其他函数。

例如，求和函数 SUM，其函数格式为：SUM（number1，number2，…）

其功能为：计算单元格区域中所有数值的和。

如果把单元格 I4 的公式“= E4 + F4 + H4”通过函数计算来表示，则可以把公式修改为“= SUM（E4，F4，H4）”，如图 5.36 所示。

2. 函数的输入

在 Excel 2016 中输入函数的常用方法有以下 3 种：

图 5.36　使用求和函数 SUM 计算

（1）使用功能区选择函数。

● 选中要输入公式的单元格。

● 单击【公式】→〖函数库〗中相应的函数按钮，如单击"自动求和"按钮下方的小箭头，在展开的下拉列表中单击所需选项。

● 系统将自动生成公式。

● 按 Enter 键完成函数的输入，并显示公式的计算结果。

（2）使用"插入函数"对话框输入函数。

● 选中要输入公式的单元格。

● 单击【公式】→〖函数库〗→"插入函数"按钮，打开"插入函数"对话框。

● 在"或选择类别"的下拉列表中选择函数类别，如"常用函数"；在"选择函数"列表框中选择函数，如 SUM，在对话框的下方显示被选函数的格式及功能描述，单击"确定"按钮，打开"函数参数"对话框。

● 如果 Excel 自动推荐的数据区域并不是所要计算的区域，可重新选择计算区域，如单击 Number1 文本框右侧的"压缩对话框"按钮，在工作表中选择单元格区域。然后单击压缩对话框右侧的"展开对话框"按钮，还原"函数参数"对话框，此时在 Number1 文本框中显示的参数为求和区域。

● 如果有多个单元格区域，可以继续在 Number2 文本框中输入数值、单元格或单元格区域引用。参数输入完毕后，单击"确定"按钮，完成函数的输入，单元格将显示公式的计算结果。

（3）直接在单元格中输入函数。如果对所用函数十分熟悉，可以选中求和单元格，直接输入求和函数，按 Enter 键即可。

3. 常用函数

　　Excel 2016 系统中内置了大量的函数，包括数学与三角函数、统计函数、逻辑函数、财务函数、信息函数、数据库函数、文本函数、查找和引用函数及日期与时间函数等。常用函数如表 5.2 所示。

表 5.2　常用函数

函数名	类别	功能
AVERAGE	统计	求一组数据的平均值
COUNT	统计	求一组数字数据的个数
COUNTA	统计	求一组非空数据的个数
MAX	统计	求一组数值中的最大值
MIN	统计	求一组数值中的最小值
SUM	数值计算	求一组数值的和
RAND	数值计算	返回一个 0～1 范围内的随机数
IF	逻辑	执行真假值判断，并根据判断真假返回不同的结果
NOW	日期与时间	返回系统当前的日期和时间
TODAY	日期与时间	返回系统当前的日期
YEAR	日期与时间	返回函数表示的年份
MONTH	日期与时间	返回函数表示的月份
DAY	日期与时间	返回函数表示的月内天数

5.4　数据处理

5.4.1　数据的排序

排序是指按照特定的顺序，将工作表中指定的数据重新排列，是数据管理分析的一项经常性工作。对工作表数据的不同字段，按照一定的方式进行排序，可以满足不同数据分析的要求。

1. 排序原则

在 Excel 2016 中，按内容可进行有标题行与无标题行排序；按关键字个数可进行单关键字及多关键字排序；按依据可对数值、单元格颜色、字体颜色、单元格图标等进行排序；按次序可进行升序、降序及自定义顺序的排序。排序的基本原则如下：

- 升序：将数据按从小到大的顺序排列。
- 降序：将数据按从大到小的顺序排列。

对于数据升序和降序进行判断的原则：

- 数字：按从最小负数到最大正数排列为升序，反之为降序。
- 日期：按从最早日期到最晚日期排列为升序，反之为降序。
- 文本字符：
  - 先排数字文本，再排符号文本，接着排英文字符，最后排中文字符。

- 排序时，从左到右逐个字符进行比较。
- 英文字符按 ASCII 码顺序，A ~ Z 为升序，Z ~ A 为降序。
- 系统默认排序不区分全角/半角字符，不区分大小写字符。

- 空白单元格：单元格中没有任何内容，排序时始终排在最后。
- 空格单元格：单元格中存放着一个"空格"字符，是 ASCII 码中的一个确定符号，升序排在数字之后，降序排在数字之前。
- 隐藏行不参与排序，公式按其计算结果排序。
- 逻辑值按其字符串的 ASCII 码顺序排序。升序时，FALSE 排在 TRUE 之前。
- 多次排序后只保留最后一次的排序结果。

2. 排序

（1）单关键字排序。

- 选中需要排序列中的任意单元格。
- 单击【开始】→〖编辑〗→"排序和筛选"按钮，在下拉菜单中选择"升序""降序"或"自定义排序"项。

（2）多关键字排序。单关键字排序只能按一列排序，一旦该列出现了重复值，这些具有相同值的数据谁在前、谁在后呢？这时就要使用多关键字排序。

以如图 5.32 所示的工资明细表为例，先按"部门"升序排序，当"部门"相同时再按"应发工资"升序排序，最后按"奖金"升序排序。

- 选中要排序的单元格区域 A3：I11，单击【数据】→〖排序和筛选〗→"排序"按钮，将打开如图 5.37 所示的"排序"对话框。

图 5.37　"排序"对话框

- 从"列"选项的"主要关键字"下拉列表中选择"部门"，从"排序依据"下拉列表中选择"单元格值"，从"次序"下拉列表中选择"升序"，完成主要关键字的设置。
- 单击"排序"对话框中的"添加条件"按钮，添加次要关键字（第二），按照前面的操作方法，将"列"选项的"次要关键字"设置为"应发工资"，"排序依据"设置为"单元格值"，"次序"设置为"升序"，完成次要关键字（第二）的设置。
- 依次类推将"次要关键字"（第三）设置为"奖金"，"排序依据"设置为"单元格值"，"次序"设置为"升序"，单击"确定"按钮完成多关键字的排序，多关键字的排序结果如图 5.38 所示。

3	职工号	姓名	部门	职称	基本工资	洗理费	工龄	奖金	应发工资
4	106	魏然	机械系	助教	546.00	100.00	8.00	450.00	1096.00
5	066	刘东方	机械系	教授	1250.00	100.00	25.00	800.00	2150.00
6	193	叶辉	机械系	教授	1500.00	175.50	27.00	850.00	2525.50
7	039	许珊珊	计算机系	副教授	750.00	175.50	11.00	550.00	1475.50
8	012	张薇	计算机系	副教授	840.00	100.00	13.00	650.00	1665.50
9	180	王子丹	计算机系	讲师	915.00	100.00	17.00	700.00	1715.00
10	165	刘力军	土木工程系	助教	450.00	100.00	3.00	300.00	850.00
11	112	金欣	土木工程系	副教授	1060.00	175.50	19.00	750.00	1985.50

图 5.38　多关键字的排序结果

5.4.2　数据的筛选

数据的筛选是指显示工作表中满足条件的行并隐藏不满足条件的行，从而帮助用户观察与分析数据。在 Excel 2016 中，有自动筛选和高级筛选，本节将介绍这两种筛选的使用。

1. 自动筛选

◇ 例：将如图 5.32 所示的工资明细表设置自动筛选，并分别完成以下操作：

（1）筛选出职称为"副教授"的所有记录。

（2）筛选出部门为"计算机系"且职称为"副教授"的所有记录。

● 打开工资明细表，选择要筛选的数据区域 A3：I11，单击【数据】→〖排序和筛选〗→"筛选"按钮。

● 单击"职称"右侧的筛选按钮，在如图 5.39 所示的列表中勾选"副教授"（取消勾选其他复选框），单击"确定"按钮完成对"副教授"的筛选。

图 5.39　筛选列表

● 在上步操作结果的基础上，单击"部门"右侧的筛选按钮，在打开的列表中勾选"计算机系"，单击"确定"按钮，完成对部门为"计算机系"且职称为"副教授"的所有记录的筛选，自动筛选结果如图5.40所示。

3	职工号	姓名	部门	职称	基本工资	洗理费	工龄	奖金	应发工资
7	039	许珊珊	计算机系	副教授	750.00	175.50	11.00	550.00	1475.50
8	012	张薇	计算机系	副教授	840.00	175.50	13.00	650.00	1665.50

图5.40　自动筛选结果

关于自动筛选的几点说明如下：

① 筛选按钮的图标若是向下箭头，表示该列未应用筛选，反之则表示已应用筛选。

② 当将鼠标指针悬停在筛选按钮时，将显示该按钮下的筛选条件。

③ 若要清除某个筛选按钮下的筛选条件，可单击该筛选按钮，在列表中选择"从'××'中清除筛选"命令。

④ 单击【数据】→〖排序和筛选〗→"筛选"按钮，可取消已经设置的自动筛选。

2. 高级筛选

使用高级筛选必须遵循以下原则：

职称
教授

图5.41　职称为"教授"

（1）条件区域必须在空白区域中建立。

（2）条件区域中必须包含标题，在标题下面放置筛选条件。标题即筛选条件所依据的字段名，必须与待筛选数据区域中的标题相同。条件为对该标题的条件描述，因而高级筛选的条件区域至少有两行。例如，要设置职称为"教授"，条件区域的设置如图5.41所示。

（3）要对一列或多列设定多个条件且要同时满足时（与），须将各条件放在相应标题下面同一行的不同列。例如，要设置职称为"教授"且部门为"机械系"，条件区域的设置如图5.42所示。又如，要设置应发工资大于1 500元且小于2 000元，条件区域的设置如图5.43所示。

职称	部门
教授	机械系

图5.42　职称为"教授"且
部门为"机械系"

应发工资	应发工资
>1500	<2000

图5.43　应发工资大于1 500元
且小于2 000元

（4）要对一列或多列设定多个条件且只要满足其中的任何一个时（或），须将各条件放在相应标题下的不同行。例如，要设置职称为"教授"或"副教授"，条件区域的设置如图5.44所示。又如，要设置职称为"教授"或部门为"机械系"，条件区域的设置如图5.45所示。

职称
教授
副教授

图5.44 职称为"教授"或
"副教授"

职称	部门
教授	
	机械系

图5.45 职称为"教授"或
部门为"机械系"

（5）如果有多行条件，则须逐行进行计算。

◇ 例：以如图5.32所示的工资明细为例，使用高级筛选功能，筛选出机械系所有教授、计算机系所有副教授或应发工资大于1 700元的职工的所有记录。

本例涉及部门、职称和应发工资三个条件，筛选条件有三组，第一组条件是要同时满足部门为"机械系"及职称为"教授"，因而应作为第一行条件。第二组条件是部门为"计算机系"同时职称为"副教授"，且与第一组条件之间满足任何一个即可。第三组条件是"应发工资"大于1 700元，且与前两组条件之间满足任何一个即可，因而应作为第三组条件。条件区域设置如图5.46所示。

图5.46 定义高级筛选条件区

- 打开工资明细表并清除全部筛选条件。

- 在任意空白单元格（本例为C14、D14、E14）分别输入"部门""职称""应发工资"，在单元格C15和D15中分别输入"机械系"和"教授"，在单元格C16和D16中分别输入"计算机系"和"副教授"，在E17单元格中输入">1700"，如图5.47所示。

图5.47 高级筛选

- 单击【数据】→〖排序和筛选〗→"高级"按钮，打开如图5.48所示的"高级筛选"对话框。

- 选择"将筛选结果复制到其他位置"单选项，选择"列表区域"为A3：I11，选择"条件区域"为C14：E17，选择"复制到"的开始单元格，如A18，单击"确定"按钮完成筛选，高级筛选结果如图5.49所示。

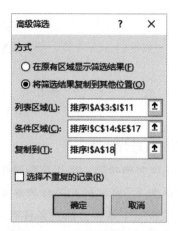

图 5.48 "高级筛选" 对话框

职工号	姓名	部门	职称	基本工资	洗理费	工龄	奖金	应发工资
						1	月份	
106	魏然	机械系	助教	546.00	100.00	8.00	450.00	1096.00
066	刘东方	机械系	教授	1250.00	100.00	25.00	800.00	2150.00
193	叶辉	机械系	教授	1500.00	175.50	27.00	850.00	2525.50
039	许珊珊	计算机系	副教授	750.00	175.50	11.00	550.00	1475.50
012	张薇	计算机系	副教授	840.00	175.50	13.00	650.00	1665.50
180	王子丹	计算机系	讲师	915.00	100.00	17.00	700.00	1715.00
165	刘力军	土木工程系	助教	450.00	100.00	3.00	300.00	850.00
112	金欣	土木工程系	副教授	1060.00	175.50	19.00	750.00	1985.50
总计人数（人）		8			合计金额（元）		13463.00	
制表人：	闫瑾		审核人：	郑派		日期：	2018年1月5日	
		部门	职称	应发工资				
		机械系	教授					
		计算机系	副教授					
				>1700				
职工号	姓名	部门	职称	基本工资	洗理费	工龄	奖金	应发工资
066	刘东方	机械系	教授	1250.00	100.00	25.00	800.00	2150.00
193	叶辉	机械系	教授	1500.00	175.50	27.00	850.00	2525.50
039	许珊珊	计算机系	副教授	750.00	175.50	11.00	550.00	1475.50
012	张薇	计算机系	副教授	840.00	175.50	13.00	650.00	1665.50
180	王子丹	计算机系	讲师	915.00	100.00	17.00	700.00	1715.00
112	金欣	土木工程系	副教授	1060.00	175.50	19.00	750.00	1985.50

工资明细表

图 5.49 高级筛选结果

5.4.3 分类汇总

分类汇总是指将数据按特定的类别并以某种方式对每一类数据分别进行统计。在分类汇总前，分类字段（列）必须是已经排好序的。在 Excel 2016 中，可以进行简单分类汇总及多级分类汇总，下面介绍这两种分类汇总的使用。

1. 简单分类汇总

在 Excel 中，我们通常把按单类进行的分类汇总称为简单分类汇总。

◇ 例：以如图 5.32 所示的工资明细表为例，按部门汇总基本工资、洗理费、奖金及应发工资。

● 打开工资明细表，并按"部门"排好序（升、降序都可）。

● 选择要分类汇总的区域 A3：I11，单击【数据】→〖分级显示〗→"分类汇总"按钮，打开如图 5.50 所示的"分类汇总"对话框。

● 在"分类字段"下拉列表中选择"部门"，从"汇总方式"下拉列表中选择"求和"，在"选定汇总项"列表中勾选"基本工资""洗理费""奖金""应发工资"。如果勾选"每组数据分页"复选框，则每组分类汇总结果将另起一页，反之则不分页。如果勾选"汇总结果显示在数据下方"复选框，则在数据下方显示汇总结果，反之则在数据上方显示汇总结果。单击"确定"按钮，完成按部门的分类汇总，简单分类汇总结果如图 5.51 所示。

图 5.50　"分类汇总"对话框

			A	B	C	D	E	F	G	H	I
1						工资明细表					
2										1 月份	
3			职工号	姓名	部门	职称	基本工资	洗理费	工龄	奖金	应发工资
4			066	刘东方	机械系	教授	1250.00	100.00	25.00	800.00	2150.00
5			106	魏然	机械系	助教	546.00	100.00	8.00	450.00	1096.00
6			193	叶辉	机械系	教授	1500.00	175.50	27.00	850.00	2525.50
7					机械系 汇总		3296.00	375.50		2100.00	5771.50
8			012	张薇	计算机系	副教授	840.00	175.50	13.00	650.00	1665.50
9			039	许珊珊	计算机系	副教授	750.00	175.50	11.00	550.00	1475.50
10			180	王子丹	计算机系	讲师	915.00	100.00	17.00	700.00	1715.00
11					计算机系 汇总		2505.00	451.00		1900.00	4856.00
12			112	金欣	土木工程系	副教授	1060.00	175.50	19.00	750.00	1985.50
13			165	刘力军	土木工程系	助教	450.00	100.00	3.00	300.00	850.00
14					土木工程系 汇总		1510.00	275.50		1050.00	2835.50
15					总计		7311.00	1102.00		5050.00	13463.00
16			总计人数（人）			8		合计金额（元）		24090.50	
17			制表人：	闫瑾			审核人：	郑派	日期：	2018年1月5日	

图 5.51　简单分类汇总结果

2. 多级分类汇总

分类汇总不仅可以按单类汇总一次，还可以分别对多类进行多次汇总，我们将这种汇总称为多级分类汇总。在进行多级分类汇总前，必须按汇总类的顺序进行排序。

◇ 例：以如图 5.32 所示的工资明细表为例，按部门分别汇总基本工资、洗理费、奖金和应发工资及不同职称的人数。

分析：本例要对两个字段分别进行分类汇总，因而首先要对两个字段进行排序，即第一排序关键字是"部门"，第二排序关键字是"职称"。

● 选中汇总（排序）的数据区域 A3：I11，单击【数据】→〖排序和筛选〗→"排序"按钮，打开如图 5.52 所示的"排序"对话框。

图 5.52 "排序"对话框

- 设置"主要关键字"为"部门"，"排序依据"为"单元格值"，"次序"为"升序"。
- 单击"添加条件"按钮，设置"次要关键字"为"职称"，"排序依据"为"单元格值"，"次序"为"升序"，单击"确定"按钮完成排序。
- 单击【数据】→〖分级显示〗→"分类汇总"按钮，打开"分类汇总"对话框。
- 选择"分类字段"为"部门"，"汇总方式"为"求和"，"选定汇总项"为"基本工资""洗理费""奖金""应发工资"，勾选"替换当前分类汇总"及"汇总结果显示在数据下方"复选框后，单击"确定"按钮。
- 再次单击【数据】→〖分级显示〗→"分类汇总"按钮，打开"分类汇总"对话框。
- 选择"分类字段"为"职称"，"汇总方式"为"计数"，"选定汇总项"为"职称"（取消勾选其他复选框），取消勾选"替换当前分类汇总"复选框，单击"确定"按钮完成对"职称"的分类汇总，多级分类汇总结果如图 5.53 所示。

职工号	姓名	部门	职称	基本工资	洗理费	工龄	奖金	应发工资
							1 月份	
066	刘东方	机械系	教授	1250.00	100.00	25.00	800.00	2150.00
193	叶辉	机械系	教授	1500.00	175.50	27.00	850.00	2525.50
			教授 计数	2				
106	魏然	机械系	助教	546.00	100.00	8.00	450.00	1096.00
			助教 计数	1				
		机械系 汇总		3296.00	375.50		2100.00	5771.50
012	张薇	计算机系	副教授	840.00	175.50	13.00	650.00	1665.50
039	许珊珊	计算机系	副教授	750.00	175.50	11.00	550.00	1475.50
			副教授 计数	2				
180	王子丹	计算机系	讲师	915.00	100.00	17.00	700.00	1715.00
			讲师 计数	1				
		计算机系 汇总		2505.00	451.00		1900.00	4856.00
112	金欣	土木工程系	副教授	1060.00	175.50	19.00	750.00	1985.50
			副教授 计数	1				
165	刘力军	土木工程系	助教	450.00	100.00	3.00	300.00	850.00
			助教 计数	1				
		土木工程系 汇总		1510.00	275.50		1050.00	2835.50
			总计数	8				
		总计		7311.00	1102.00		5050.00	13463.00
总计人数（人）		8			合计金额（元）		24090.50	
制表人：闫瑾				审核人：郑派		日期：	2018年1月5日	

工资明细表

图 5.53 多级分类汇总结果

3. 清除分类汇总

清除分类汇总的方法十分简单，单击【数据】→〖分级显示〗→"分类汇总"按钮，从打开的"分类汇总"对话框中，单击"全部删除"按钮即可清除分类汇总。

5.5　图表的使用

　　图表是工作表数据的图形表示。不同类型的图表可以直观清晰地表达不同类型数据之间的关系、趋势变化以及比例分配等，利用图表可以帮助用户增强对数据变化的理解。本节将重点介绍图表的类型、创建与编辑标准图表和迷你图的方法及格式设置。

5.5.1　图表类型

　　Excel 2016 提供了 15 种标准图表类型，包括柱形图、折线图、饼图、条形图、面积图、XY 散点图等，每种图表类型又分别包含了多种子图表类型，如图 5.54 所示。

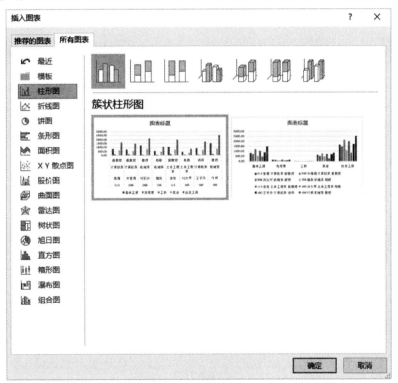

图 5.54　标准图表类型

　　迷你图是 Excel 2010 及以后版本新增加的功能，是在工作表单元格背景中嵌入的一个微型图，使数据能够以简捷直观的图形表示。当数据发生变化时，迷你图将随之改变。

　　迷你图有 3 种类型：折线图、柱形图、盈亏图。折线图用来显示数据的趋势变化；柱形图用来显示数据的变化及比较关系；盈亏图用来显示数据的亏损盈利。

5.5.2 创建和设置迷你图

案例三　创建销售统计表——迷你图

通过如图5.55所示的"微机销售表"中的销售数据创建并编辑迷你图，设置迷你图格式，学会使用迷你图。

微机销售表						
时间	一公司	二公司	三公司	四公司	总计	迷你图
1月	¥50,500.00	¥50,600.00	¥50,200.00	¥50,520.00	¥201,820.00	
2月	¥50,000.00	¥51,400.00	¥50,300.00	¥50,980.00	¥202,680.00	
3月	¥50,510.00	¥51,700.00	¥51,050.00	¥51,670.00	¥204,930.00	
4月	¥51,200.00	¥52,200.00	¥50,790.00	¥52,100.00	¥206,290.00	
5月	¥52,000.00	¥52,160.00	¥51,900.00	¥52,050.00	¥208,110.00	
6月	¥52,500.00	¥51,780.00	¥52,010.00	¥51,230.00	¥207,520.00	
合计	¥306,710.00	¥309,840.00	¥306,250.00	¥308,550.00	¥1,231,350.00	

图5.55　微机销售表

1. 创建迷你图

● 选择要创建迷你图的数据区域B3：E9。

● 单击【插入】→〖迷你图〗→"折线图"按钮；在"创建迷你图"对话框中确定迷你图的"数据范围"为B3：E9，迷你图放置的"位置范围"为＄G＄3：＄G＄9，如图5.56所示。

图5.56　"创建迷你图"对话框

● 单击"确定"按钮，折线图效果如图5.57所示。

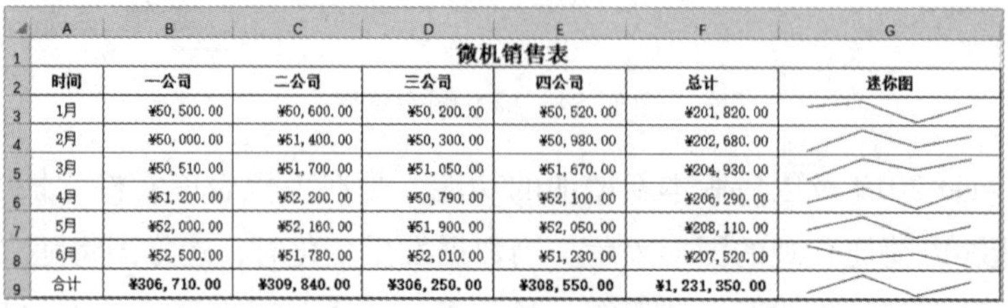

图5.57　创建迷你图

2. 设置迷你图格式

- 选中单元格，单击"迷你图工具""设计"选项卡，各组功能选项如图 5.58 所示。

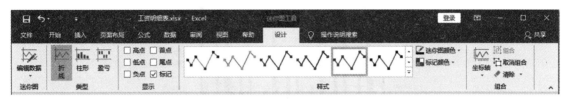

图 5.58　"迷你图工具""设计"选项卡各组功能选项

- 利用〖迷你图〗〖类型〗〖显示〗〖样式〗〖组合〗等各组功能选项，对已创建的迷你图可进行各种设计、设置和更改，创设出多样的迷你图效果。

在含有迷你图的单元格中可直接键入文本，并设置文本格式。如更改字体颜色、字号、对齐方式等，还可以为迷你图单元格填充背景颜色。

若要清除迷你图，只要选中要清除的迷你图单元格，单击〖组合〗→"清除"按钮，在下拉菜单中单击需要的清除项即可。

5.5.3　创建标准图表

案例四　创建标准图表

以如图 5.59 所示的"工资明细表"为例，创建工资明细图和应发工资比例图，如图 5.60 和图 5.61 所示，并进行图表编辑与格式设置。

	A	B	C	D	E	F	G	H	I
1				工资明细表					
2								1	月份
3	职工号	姓名	部门	职称	基本工资	洗理费	工龄	奖金	应发工资
4	012	张薇	计算机系	副教授	840.00	175.50	13.00	650.00	1665.50
5	039	许珊珊	计算机系	副教授	750.00	175.50	11.00	550.00	1475.50
6	066	刘东方	机械系	教授	1250.00	100.00	25.00	800.00	2150.00
7	106	魏然	机械系	助教	546.00	100.00	8.00	450.00	1096.00
8	112	金欣	土木工程系	副教授	1060.00	175.50	19.00	750.00	1985.50
9	165	刘力军	土木工程系	助教	450.00	100.00	3.00	300.00	850.00
10	180	王子丹	计算机系	讲师	915.00	100.00	17.00	700.00	1715.00
11	193	叶辉	机械系	教授	1500.00	175.50	27.00	850.00	2525.50
12	总计人数（人）		8			合计金额（元）		13463.00	
13	制表人：	闫瑾			审核人：	郑派	日期：	2018年1月5日	

图 5.59　工资明细表

1. 创建图表

Excel 2016 创建图表有多种方法，如使用快捷键创建标准图表、使用选项卡创建图表、使用对话框创建图表等。无论采用哪种方法，用户都可以很方便地完成创建图表的操作。

可以创建嵌入式图表和图表工作表。嵌入式图表是将图表作为数据对象嵌入源数据的工作表中。图表工作表则是图表独占一张工作表的工作表。

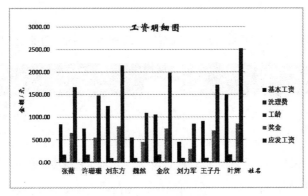

图 5.60　工资明细图

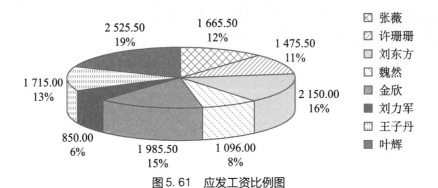

图 5.61　应发工资比例图

（1）使用快捷键创建标准图表。

● 在如图 5.59 所示的工资明细表中，选中数据区域 B3：B11；E3：I11（该表隐藏了 C：D 列）。

● 按快捷键 Alt＋F1，即创建如图 5.62 所示的嵌入式簇状柱形图；按 F11 键，即创建如图 5.63 所示的独占一张工作表的图表工作表。

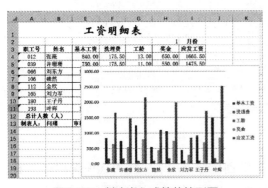

图 5.62　创建嵌入式簇状柱形图

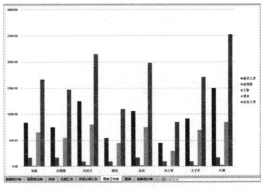

图 5.63　创建图表工作表

（2）使用选项卡创建图表。

● 选中数据区域 B3：I11，单击【插入】→〖图表〗，各图表选项如图 5.64 所示。

● 单击"柱形图",在如图 5.65 所示的"二维柱形图"框内单击"簇状柱形图",即在工作表中嵌入一张簇状柱形图图表。

图 5.64　〖图表〗组图表选项

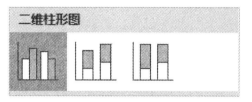

图 5.65　"柱形图"框内选择子图表类型

(3) 使用对话框创建图表。

● 选中数据区域 B3:B11;E3:E11,单击【插入】→〖图表〗右下角的小箭头,在"插入图表"对话框中选择"饼图"中的"三维饼图"。

● 单击"确定",即创建职工"基本工资"的三维饼图,如图 5.66 所示。

● 选中行数据区域 B3:I4,创建职工"张薇"工资的三维饼图,如图 5.67 所示。

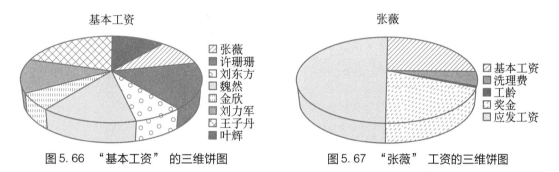

图 5.66　"基本工资"的三维饼图　　　　图 5.67　"张薇"工资的三维饼图

2. 编辑图表

Excel 2016 提供了更改图表类型、更新数据源、改变图表位置、图表的移动复制、设计布局样式、排列图表、设置图表的显示/隐藏以及辅助项设置等诸多编辑功能和方法,可以快速编辑或更新图表,使图表更准确合理地表达不同类别的数据关系。本教材只简单介绍更改图表类型的方法。

● 选中图表,单击"图表工具""设计"选项卡,各组功能选项如图 5.68 所示。

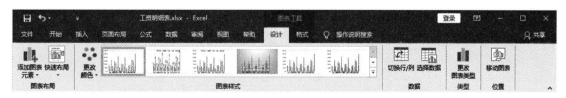

图 5.68　"图表工具""设计"选项卡各组功能选项

● 选中如图 5.68 所示的簇状柱形图图表,单击〖类型〗→"更改图表类型"按钮,在对话框中单击"折线图",选择"折线图",簇状柱形图即更改为折线图,如图 5.69 所示。

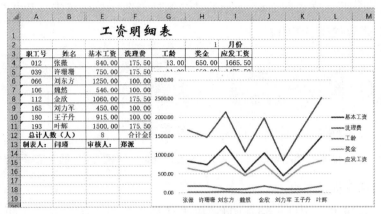

图5.69　更改后的折线图图表

5.6　实验指导

5.6.1　制作课程表

1. 实验目的

掌握使用 Excel 2016 建立和编辑文档的基本方法。

2. 实验要求

（1）掌握 Excel 2016 的启动和退出。

（2）熟悉 Excel 2016 的工作界面。

（3）掌握工作簿的创建、保存、打开和关闭等操作方法。

3. 实验内容和步骤

（1）打开 Word 2016，制作如图 5.70 所示的"课程表"表格，并保存文件名为"课程表.docx"。

课程表

		星期一	星期二	星期三	星期四	星期五
上午		语文	数学	语文	数学	数学
		数学	语文	数学	语文	语文
		政治	外语	政治	外语	外语
		外语	地理	信息技术	历史	地理
下午		体育	历史	外语	生物	音乐
		生物	信息技术	体育	美术	劳技
		自习	美术	劳技	音乐	班会
		自习	自习	自习	自习	班会

图 5.70　在 Word 2016 中制作的课程表

（2）在 Word 2016 中，选择整个课程表表格，单击【开始】→〖剪贴板〗→"复制"按钮。

（3）打开 Excel 2016，系统自动创建"工作簿 1"，选定单元格 A1，单击【开始】→〖剪贴板〗→"粘贴"按钮，则课程表表格复制到工作表中，如图 5.71 所示。

	A	B	C	D	E	F
1	课程表					
2		星期一	星期二	星期三	星期四	星期五
3	上午	语文	数学	语文	数学	数学
4		数学	语文	数学	语文	语文
5		政治	外语	政治	外语	外语
6		外语	地理	信息技术	历史	地理
7	下午	体育	历史	外语	生物	音乐
8		生物	信息技术	体育	美术	劳技
9		自习	美术	劳技	音乐	班会
10		自习	自习	自习	自习	班会

图 5.71　在 Excel 2016 中制作的课程表

（4）单击"快速访问工具栏"的"保存"按钮，打开"另存为"对话框，在"文件名"栏中输入名称"课程表"，在"保存位置"下拉列表中选择保存工作簿文档的文件夹，选择默认保存类型"Excel 工作簿（＊.xlsx）"，单击"保存"按钮，完成"课程表"的制作。

（5）单击"功能区"右上角的"关闭窗口"按钮，关闭"课程表"工作簿。以后如果需要进一步编辑此工作簿，可以打开"计算机"或"资源管理器"窗口，切换到工作簿文件所在的文件夹，双击该工作簿文件即可打开。也可以通过单击【文件】→"打开"按钮打开工作簿文件。

5.6.2　制作学生情况表

1. 实验目的

掌握 Excel 2016 电子表格的数据填充方法，单元格、区域和工作表的基本编辑方法。

2. 实验要求

（1）掌握数据输入的基本操作方法。

（2）掌握数据填充的基本操作方法。

（3）掌握数据编辑的基本操作方法。

（4）掌握数据查找和替换的基本操作方法。

（5）掌握工作表的基本操作方法。

（6）掌握单元格、行或列的基本操作方法。

（7）掌握单元格格式设置的基本操作方法。

（8）掌握美化工作表的基本操作方法。

3. 实验内容和步骤

（1）新建工作簿，把工作簿文件命名为"学生情况表.xlsx"，并确定文件的存放位置。

（2）创建"学生情况表"工作表，输入工作表数据如图5.72所示。

	A	B	C	D	E	F	G
1	学生情况表						
2	学号	姓名	性别	出生年月	电话	Email	班级活动费
3	057131001	曹晓兰	女	1976/1/3	139****3742	cxl@zjou.edu.cn	300
4	057131002	陈 珍	女	1978/7/21	139****3743	cz@zjou.edu.cn	100
5	057131003	冯珍晓	女	1978/7/22	139****3744	fzx@zjou.edu.cn	100
6	057131004	何 谢	女	1978/7/23	139****3745	hx@zjou.edu.cn	200
7	057131005	黄洁芳	女	1978/7/24	139****3746	hjf@zjou.edu.cn	100
8	057131006	李源琴	女	1978/7/25	139****3747	lyq@zjou.edu.cn	100
9	057131007	廖丹全	男	1978/7/26	139****3748	ldq@zjou.edu.cn	200
10	057131008	陆 梦	女	1978/7/27	139****3749	lm@zjou.edu.cn	100
11	057131009	罗圆琳	女	1978/7/28	139****3750	lyl@zjou.edu.cn	100
12	057131010	毛佳慧	女	1978/7/29	139****3751	mjh@zjou.edu.cn	300
13	057131011	潘芳丽	女	1978/7/30	139****3752	pfl@zjou.edu.cn	100

图5.72　学生情况表

① 输入表头：学生情况表。

② 输入标题行：学号、姓名、性别、出生年月、电话、Email、班级活动费。

③ 输入"学号"列数据：先在单元格A3中分别输入"'057131001"，然后选中单元格区域A3，将鼠标指针移到该单元格的填充柄上，使鼠标指针形状成为实心十字时，按住左键拖动鼠标即可完成学号的填充。

④ 输入"性别""电话""Email"列数据：性别列中的重复值可以直接利用填充柄复制，电话和Email可部分利用填充的方式复制后进行修改。

⑤ 对于没有规律的数据采用直接输入的方式，如"姓名""出生年月"等。

（3）打开"学生情况表.xlsx"工作簿文件。

（4）美化学生情况表，效果如图5.73所示。

	A	B	C	D	E	F	G	H	I
1	学生情况表								
2	学号	姓名	性别	出生年月	电话	Email	班级活动费	照片	
3	057131001	曹晓兰	女	1976/1/3	139****3742	cxl@zjou.edu.cn	300		
4	057131002	陈 珍	女	1978/7/21	139****3743	cz@zjou.edu.cn	100		
5	057131003	冯珍晓	女	1978/7/22	139****3744	fzx@zjou.edu.cn	100		
6	057131004	何 谢	女	1978/7/23	139****3745	hx@zjou.edu.cn	200		
7	057131005	黄洁芳	女	1978/7/24	139****3746	hjf@zjou.edu.cn	100		
8	057131006	李源琴	女	1978/7/25	139****3747	lyq@zjou.edu.cn	100		
9	057131007	廖丹全	男	1978/7/26	139****3748	ldq@zjou.edu.cn	200		
10	057131008	陆 梦	女	1978/7/27	139****3749	lm@zjou.edu.cn	100		
11	057131009	罗圆琳	女	1978/7/28	139****3750	lyl@zjou.edu.cn	100		
12	057131010	毛佳慧	女	1978/7/29	139****3751	mjh@zjou.edu.cn	300		
13	057131011	潘芳丽	女	1978/7/30	139****3752	pfl@zjou.edu.cn	100		
14	057131012	王萍玉	女	1978/7/31	139****3753	wpy@zjou.edu.cn	200		

图5.73　美化后的学生情况表

① 格式化表头。

● 选中第1行，设置行高为"40"。

● 选中单元格区域A1：I1，设置"合并后居中"（或跨列居中），设置字体为"微软雅黑"、字号为"18"。

② 格式化表体。

● 选中第 2 行~第 41 行，设置行高为"20"。

● 选中单元格区域 A2：G41，设置字体为"宋体"、字号为"12"，设置边框为"所有框线"。

● 设置"学号""姓名""性别""电话""Email""班级活动费"列数据"居中"。

③ 格式化标题行。选中单元格区域 A2：G2，设置"居中"显示，且字体"加粗"。

④ 插入"照片"列。

● 选中单元格 H2，输入"照片"。

● 选中单元格区域 H2：I2，设置"合并后居中"。

● H 列和 J 列分别从第 3 行开始，2 行"合并后居中"为 1 行。

● 选中单元格区域 H2：I41，设置边框为"所有框线"。

⑤ 在"照片"列插入图片。

5.6.3　制作学生成绩表

1. 实验目的

掌握 Excel 2016 电子表格的公式和函数的使用方法。

2. 实验要求

（1）掌握公式输入和编辑的基本方法。

（2）掌握公式中单元格引用的概念。

（3）掌握公式移动和复制的方法。

（4）掌握函数输入和编辑的基本方法。

3. 实验内容和步骤

（1）新建工作簿，确定文件的存放位置，并保存工作簿文件。

（2）建立学生成绩表，输入学号、姓名、形成性成绩、期中成绩、期末成绩等数据，如图 5.74 所示。

（3）输入总评成绩的计算公式，求出每个学生的总评成绩。

① 总评成绩计算方法：设总评成绩满分为 100 分，其中形成性成绩占 40%，期中成绩占 20%，期末成绩占 40%。

② 总评成绩计算公式：单元格 F5 的总评成绩公式为：$= C5 * 0.4 + D5 * 0.2 + E5 * 0.4$，

单元格 M5 的总评成绩公式为：$= J5 * 0.4 + K5 * 0.2 + L5 * 0.4$。

（4）统计应考和实考人数、各分数段人数，以及最高分、最低分、平均分。

① 统计 90~100 分的人数。利用 COUNTIF 函数统计总评成绩为 90~100 分的人数，其中统计条件可以设为"> = 90"，统计范围为单元格区域 F5：F31 和 M5：M16，公式可表示为：

	A	B	C	D	E	F	G	H	I	J	K	L	M
1	学生成绩表												
2	（2011/2012学年第一学期）												
3	课程名称：计算机应用基础			任课教师：XXX									
4	学号	姓名	形成性成绩	期中成绩	期末成绩	总评		学号	姓名	形成性成绩	期中成绩	期末成绩	总评
5	057131001	曹晓兰	84	58	83	78.4		057131028	李冬毅	79	80	82	80.4
6	057131002	陈　珍	85	93	98	91.8		057131029	林　孙	76	90	62	73.2
7	057131003	冯珍晓	90	85	98	92.2		057131030	商静盛	73	80	95	83.2
8	057131004	何　谢	81	80	64	74		057131031	施杰福	74	74	88	79.6
9	057131005	黄洁芳	85	92	67	79.2		057131032	童星钢	65	43	46	53
10	057131006	李源琴	84	53	62	69		057131033	汪君超	70	61	64	65.8
11	057131007	廖丹全	80	90	80	82		057131034	谢　丁	70	78	78	74.8
12	057131008	陆　梦	83	73	90	83.8		057131035	徐昕力	64	97	85	79
13	057131009	罗圆琳	81	90	90	86.4		057131036	应　进	66	57	51	58.2
14	057131010	毛佳慧	84	71	90	83.8		057131037	张博中	68	84	78	75.2
15	057131011	潘芳丽	77	74	62	70.4		057131038	郑　华	68	38	70	62.8
16	057131012	王萍玉	78	65	97	83		057131039	朱　非	63	77	58	63.8
17	057131013	王　剑	81	77	90	83.8							
18	057131014	王飞丽	75	94	62	73.6							
19	057131015	吴　晓	82	95	51	72.2							
20	057131016	徐晓星	81	77	90	83.8							
21	057131017	徐星颖	79	98	100	91.2							
22	057131018	姚　英	75	77	83	78.6							
23	057131019	郑　辉	78	75	68	73.4							
24	057131020	钟　建	79	65	35	58.6							
25	057131021	陈冬伟	70	97	68	74.6		考试成绩分析					
26	057131022	陈明辛	78	98	51	71.2		90分以上	3	人	应考	39	人
27	057131023	陈毅云	82	63	47	64.2		80-90分(不含)	9	人	实考	39	人
28	057131024	董　晓	77	82	71	75.6		70-80分(不含	19	人	最高分	92.2	分
29	057131025	方晔佳	75	65	78	74.2		60-70分(不含	5	人	最低分	53	分
30	057131026	何明一	80	80	76	78.4		不及格	3	人	平均分	75.64	分
31	057131027	李波冬	77	86	64	73.6		40分以下(不含	0	人			
32									教师			（盖章）	

图5.74　学生成绩表

=COUNTIF(F5:F31," >=90")+COUNTIF(M5:M16," >=90")

② 统计80~89分的人数。

③ 统计70~79分的人数。

④ 统计60~69分的人数。

⑤ 统计0~59分的人数。

⑥ 统计0~39分的人数。

⑦ 统计应考和实考人数。

可利用COUNT和COUNTA函数统计应考和实考人数。函数COUNT与COUNTA的区别：函数COUNT在计数时，将把数字、空值、逻辑值、日期或以文字代表的数统计进去，但是错误值或其他无法转化成数字的文字则被忽略。而COUNTA的参数值可以是任何类型，可以包括空字符（""），但不包括空白单元格。

⑧ 统计最高分、最低分、平均分。

5.6.4 数据的排序、筛选与分类汇总

1. 实验目的

掌握Excel 2016电子表格数据排序、筛选等数据分析方法。

2. 实验要求

（1）掌握单关键字、多关键字及自定义排序的基本方法。

（2）掌握自动筛选及高级筛选的基本方法。

（3）掌握简单分类汇总及多级分类汇总的基本方法。

3. 实验内容和步骤

（1）打开案例二的工作簿文件"工资明细表 . xlsx"，完成如下排序：

① 分别按"职工号"及"姓名"升序排序。

② 先按"职称"升序排序，在职称相同的情况下，按"应发工资"降序排序。

③ 先按"部门"排序，其排序次序为：计算机系、土木工程系、机械系。在部门相同的情况时，按"应发工资"降序排序。

（2）完成如下自动筛选：

① 筛选出部门为"机械系"及"计算机系"的所有记录。

② 使用搜索框筛选出职称中含有"教"字的全部记录。

③ 使用筛选条件筛选出职称中不含"教"字的全部记录。

④ 筛选出应发工资小于 1 200 元的所有记录。

⑤ 筛选出应发工资为 1 500 ~ 2 000 元的所有记录。

⑥ 筛选出应发工资高于平均工资的所有记录。

⑦ 筛选出应发工资最高的前 5 条记录。

⑧ 筛选出部门为"计算机系"或"机械系"，且应发工资大于 1 700 元的所有记录。

（3）完成如下高级筛选：

① 筛选出部门为"计算机系"的所有记录。

② 筛选出部门为"计算机系"或"机械系"的所有记录。

③ 筛选出职称为"教授"且部门为"机械系"的所有记录。

④ 筛选出应发工资小于 1 100 元或应发工资大于 2 000 元的所有记录。

⑤ 筛选出职称为"教授"或应发工资大于 1 500 元的所有记录。

（4）完成如下分类汇总：

① 汇总出各种职称的基本工资、洗理费、奖金及应发工资合计值。

② 汇总出各种职称的人数。

③ 分别汇总出各部门的人数，以及各部门、不同职称的职工的基本工资、洗理费、奖金和应发工资的合计值。

（5）以上每个操作任务结束后，注意保存文件。

5.6.5　在学生成绩统计表中创建图表

1. 实验目的

掌握 Excel 2016 图表创建、编辑和修饰的方法。

2. 实验要求

（1）掌握标准图表的创建和图表编辑的基本方法。

（2）掌握图表的格式设置与修饰美化的基本方法。

（3）掌握迷你图的创建和设置的基本方法。

3. 实验内容和步骤

（1）创建标准图表。

● 打开"学生成绩统计表.xlsx"文件"Sheet1"工作表，如图5.75所示，选中数据区域 B2：G9。

学号	姓名	计算机	英语	数学	总成绩	平均成绩
10212001	张罗风	94	74	64	232	77
10212002	吴影	85	60	73	218	73
10212003	钱铎余	55	45	52	152	51
10212004	胡严	71	91	83	245	82
10212005	梅谐	51	63	76	190	63
10212006	李布卿	60	87	95	242	81
10212007	萨伊欧娜拉	98	68	80	246	82
总分		514	488	523	1525	
平均分		73	70	75	218	

图5.75 打开"Sheet1"工作表

● 创建默认的簇状柱形图，调整图表文字及图表位置，如图5.76所示。

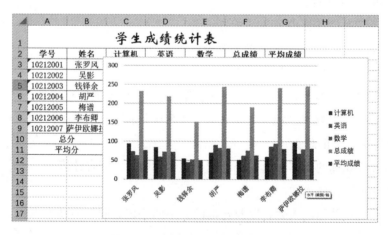

图5.76 创建默认的簇状柱形图

（2）更改图表位置、类型、选项设置。

● 复制工作表"Sheet1"为"Sheet1（2）""Sheet1（3）""Sheet1（4）""Sheet1（5）"。

● 在"Sheet1"表中复制图表，更改该图表位置生成"Chart1"图表工作表。

● 设置"Chart1"图表标题为"学生成绩统计分析图表"；纵轴标题为"分数"；添加"模拟运算表"；设置图表文本字号适宜，显示清晰，如图5.77所示。

● 选中工作表"Sheet1（2）"中的图表，切换行/列；复制该图表，将其拖拽到右下角，

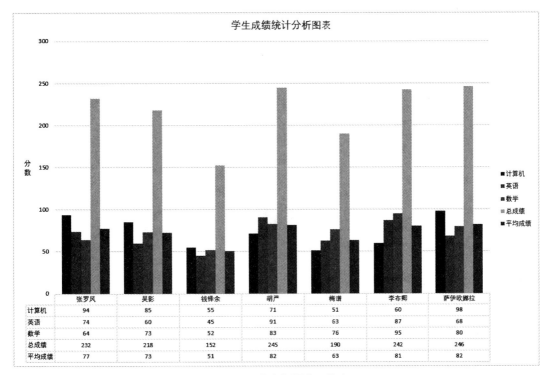

图 5.77　更改为图表工作表

隐藏原图表；更改图表类型为堆积折线图；添加数据标签在"上方"并更改图表最下方的数据系列线条颜色，如图 5.78 所示。

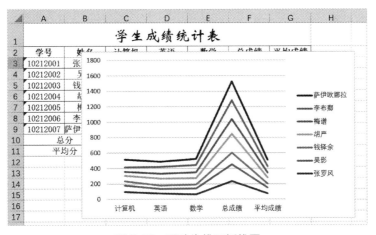

图 5.78　更改为堆积折线图

- 复制图表工作表"Chart1"为"Chart1（2）"；将簇状柱形图改为"饼图"；更改图表标题为"计算机成绩对比分析图"；将图例置于图表底部；添加数据标签"值""百分比""数据标签外""分行符"；调整饼图的分离度以实现分离饼图的效果，如图 5.79 所示。

（3）创建迷你图。

- 复制工作表"Sheet1"中的所有数据到"Sheet2"，调整数据区域第 1 行行高为 27，其他各行行高为 25；A：G 列列宽为 9；H：K 列列宽为 12；在单元格 H1 内输入"迷你图 1"，向右填充至单元格 I1、J1 为"迷你图 2""迷你图 3"。

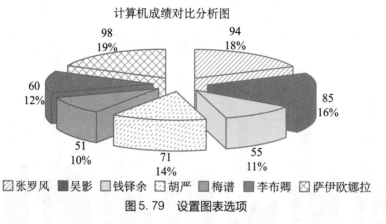

计算机成绩对比分析图

☑张罗风 ■吴影 □钱铎余 ☒胡严 ■梅谱 ■李布卿 ☒萨伊欧娜拉

图 5.79　设置图表选项

• 选中数据区域 C3：G9，创建迷你图于 H3：H9 区域中，如图 5.80 所示；选中列数据 C3：C9，创建迷你图于单元格 I3 中；依次选中 D3：G9 各列数据，创建各列数据迷你图于 I4：I7 区域中，如图 5.81 所示；选中行数据 C3：G3，创建迷你图于单元格 J3 中，将单元格 J3 拖拽填充至单元格 J9，生成行数据迷你图于 J4：J9 区域中，如图 5.82 所示。

学生成绩统计表

学号	姓名	计算机	英语	数学	总成绩	平均成绩	迷你图1
10212001	张罗风	94	74	64	232	77	
10212002	吴影	85	60	73	218	73	
10212003	钱铎余	55	45	52	152	51	
10212004	胡严	71	91	83	245	82	
10212005	梅谱	51	63	76	190	63	
10212006	李布卿	60	87	95	242	81	
10212007	萨伊欧娜拉	98	68	80	246	82	
总分		514	488	523	1525		
平均分		73	70	75	218		

图 5.80　创建折线图迷你图

学生成绩统计表

学号	姓名	计算机	英语	数学	总成绩	平均成绩	迷你图1	迷你图2
10212001	张罗风	94	74	64	232	77		
10212002	吴影	85	60	73	218	73		
10212003	钱铎余	55	45	52	152	51		
10212004	胡严	71	91	83	245	82		
10212005	梅谱	51	63	76	190	63		
10212006	李布卿	60	87	95	242	81		
10212007	萨伊欧娜拉	98	68	80	246	82		
总分		514	488	523	1525			
平均分		73	70	75	218			

图 5.81　创建列数据迷你图

学号	姓名	计算机	英语	数学	总成绩	平均成绩	迷你图1	迷你图2	迷你图3
					学生成绩统计表				
10212001	张罗风	94	74	64	232	77			
10212002	吴影	85	60	73	218	73			
10212003	钱铎余	55	45	52	152	51			
10212004	胡严	71	91	83	245	82			
10212005	梅谱	51	63	76	190	63			
10212006	李布卿	60	87	95	242	81			
10212007	萨伊欧娜拉	98	68	80	246	82			
总分		514	488	523	1525				
平均分		73	70	75	218				

图 5.82　拖拽生成行数据迷你图

✎ 本章练习

1. 简述清除单元格和删除单元格的区别。

2. Excel 2016 中，在单元格中输入前面带 "0" 的纯数字文本时，怎样才能保留数字文本前面的 "0"？

3. 在 Excel 2016 中，在单元格中输入文本、数值时，默认情况下的对齐方式是什么？

4. 在 Excel 2016 中，常用的单元格引用有几种？各有什么特点？

5. 在 Excel 2016 中，常用运算符有几类？它们的优先级如何？

6. 在 Excel 2016 的排序中，在什么情况下必须选择排序区域？在什么情况下只要单击排序关键字所在列的任意一个有数据的单元格，再单击排序命令即可？

7. 在 Excel 2016 中，在什么情况下使用自定义排序？自定义排序的依据是什么？

8. 在 Excel 2016 中，在什么时候使用自动筛选？在什么时候使用高级筛选？

9. 在 Excel 2016 的高级筛选中，可否将筛选结果复制到其他位置？

10. 在 Excel 2016 中，在什么情况下使用分类汇总？如何删除分类汇总？

11. 标准图表类型有哪些？创建图表有几种方法？

12. 什么叫迷你图？迷你图与图表有何区别？

💡 考核要点

- Excel 2016 的启动和退出
- Excel 2016 工作界面元素的使用
- 工作簿、工作表、单元格的使用
- 数据的输入、填充、复制与移动、修改与清除

- 操作的撤消与恢复
- 工作表的基本操作
- 公式和函数的概念
- 公式、函数的输入和编辑
- 单元格引用
- 常用函数的使用
- 表格数据的排序、筛选操作
- 数据的分类汇总
- 标准图表类型、创建图表
- 迷你图类型、创建迷你图

上机完成实验

⊙ 使用自测课件检查学习和掌握情况。

第6章　PowerPoint 2016 电子演示文稿系统

学习内容

1. PowerPoint 2016 基本知识
2. PowerPoint 2016 基本操作
3. PowerPoint 2016 格式操作
4. PowerPoint 2016 动画操作

✪ 学习目标 ....

1. 了解　PowerPoint 2016 的基本功能和编辑环境，幻灯片元素的概念和操作方法，演示文稿的保存与发送；幻灯片母版的设计及配色方案，审阅命令组的使用。

2. 理解　演示文稿的基本操作窗口；演示文稿的存储格式。

3. 掌握　新建演示文稿与模板的操作方法，幻灯片视图环境和版式的设置，幻灯片转换为 SmartArt 图形，音频和视频元素的使用方法；幻灯片背景设置，模板设计，页号、页眉和页脚的添加方法；自定义动画和动画效果的设置方法，高级动画设置与计时控制方法，幻灯片元素超链接的操作，幻灯片之间的切换设置；幻灯片的放映和放映的设置方法。

🖳 学习时间安排 ....

视频课	实验	定期辅导	自习 （包括作业）
2	10	2	12

6.1　PowerPoint 2016 概述

PowerPoint 电子演示文稿系统是微软公司 Microsoft Office 办公软件包中用于制作电子演示文稿的重要组件。

6.1.1　基本功能和编辑环境

1. 基本功能

（1）创建演示文稿。用户可以在计算机或者投影仪上演示由 PowerPoint 创建的演示文稿（简称 PPT），也可以将演示文稿打印出来，制作成胶片。使用 PowerPoint 还可以在互联网上召开远程会议或者在网上给观众进行演示。

（2）制作生动精美的幻灯片。演示文稿由一组幻灯片构成，幻灯片里可以插入丰富的元素，如文本、表格、图形、图片、音频、视频、动画、超链接等，因此，可以通过 PowerPoint 制作出生动活泼、富有感染力的幻灯片。PowerPoint 广泛应用于商业报告、竞标文案、多媒体教学、会议演讲等领域中，成为我们工作中不可缺少的工具。

（3）协作和共享 PPT。PowerPoint 引入了一些出色的工具，用户可以使用这些工具有效地创建、管理并与他人协作处理 PPT。可将 PPT 轻松携带以实现共享，也可将 PPT 转换为图片、视频、Flash 动画、广播幻灯片等，还可以使用 Office 组件间的共享和协作进行办公，与 Word 和 Excel 进行信息共享和调用。

（4）PowerPoint 2016 的新增功能。相对于以前的版本，PowerPoint 2016 新加了"告诉我您想要做什么…"的智能搜索框（Alt + Q），导航帮助功能是其最大的亮点。此外，新增幻灯片模板 100 多个，在插入选项中新增了屏幕录制功能。幻灯片切换和动画运行比以往更为平滑和丰富，并且它们在功能区中还有自己的选项卡。新增的 SmartArt 图形版式会带来意外惊喜。另外，PowerPoint 2016 提供了多种使用户可以更加轻松地发布和共享演示文稿的方式。

2. 编辑环境

PowerPoint 2016 随着 Microsoft Office 2016 的成功安装而出现，其启动和退出方式与其他 Office 应用程序（如 Word、Excel）相同。

（1）启动 PowerPoint 2016。单击任务栏中的【开始】→〖PowerPoint 2016〗，即可启动 PowerPoint 2016。在打开的界面中单击【空白演示文稿】，即可新建一个空白演示文稿。

此外，双击桌面上的 PowerPoint 2016 快捷图标，也可以启动 PowerPoint 2016。

（2）PowerPoint 2016 的工作界面。PowerPoint 2016 的工作界面是用户输入文本、插入图片、创建表格、设置颜色和动画、插入音视频等的工作区域，为用户提供了创建和处理 PPT

的许多重要功能和工具。典型的工作界面包括：幻灯片编辑窗格、幻灯片显示窗格、备注窗格、功能区、快速访问工具栏、状态栏和视图栏等，如图6.1所示。

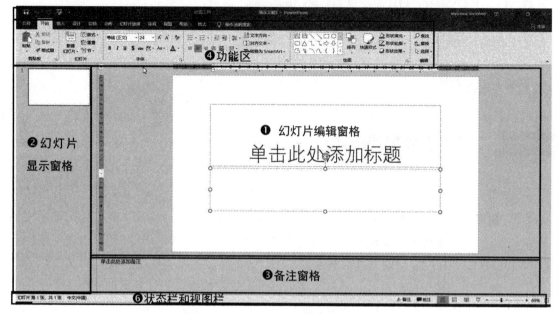

图6.1　PowerPoint 2016 的工作界面

① 幻灯片编辑窗格：幻灯片编辑窗格位于工作界面的中部，面积较大，用于显示和编辑当前幻灯片。在虚线边框的占位符中可以键入文本，或插入图片、图表或者其他幻灯片元素。

占位符是一种带有虚线或阴影线边缘的框，绝大部分幻灯片版式中都有这种框。在这种框内可以放置标题及正文，或者图表、表格和图片等对象。

② 幻灯片显示窗格：幻灯片显示窗格位于工作界面左侧，用于显示当前 PPT 中每个幻灯片的缩略图。单击某个幻灯片缩略图，则该幻灯片就显示在幻灯片编辑窗格中。可以按住鼠标左键拖动幻灯片缩略图对幻灯片重新进行排序，还可以执行添加、复制或删除幻灯片等操作。

③ 备注窗格：在备注窗格中可以键入当前幻灯片的备注，从而提示演示者容易遗忘的内容。备注可以打印为备注页，若将 PPT 保存为网页，则备注会自动显示。

④ 功能区：功能区位于工作界面的上方，帮助用户快速找到完成某个任务所需的命令。功能区由多个选项卡构成，如"文件""开始""插入""设计""动画"等。为提高工作效率，某些选项卡只有在需要时才会显示。选项卡由多个组构成，每个组内有多个命令按钮。

PowerPoint 2016 功能区选项卡中常用的组或命令如表6.1所示，这些常用命令可以在右击功能区或【文件】→〖选项〗→"PowerPoint 选项"选项卡的"自定义功能区"中进行添加或删除。

表 6.1　PowerPoint 2016功能区选项卡中常用的组或命令

选项卡	组或命令
文件	信息、新建、打开、保存、另存为、历史记录、打印、共享、导出、关闭、帐户、反馈、选项、加载项
开始	剪贴板、幻灯片、字体、段落、绘图、编辑
插入	幻灯片、表格、图像、插图、加载项、链接、批注、文本、符号、媒体
设计	主题、变体、自定义
切换	预览、切换到此幻灯片、计时
动画	预览、动画、高级动画、计时
幻灯片放映	开始放映幻灯片、设置、监视器
视图	演示文稿视图、母版视图、显示、显示比例、颜色/灰度、窗口、宏
帮助	帮助、操作说明搜索框

⑤ 快速访问工具栏：快速访问工具栏位于工作界面的左上角，由最常用的命令工具按钮组成，如图 6.1 所示的"保存""撤消""恢复""播放"等。单击快速访问工具栏最右侧的下拉按钮"▾"，在弹出的"自定义快速访问工具栏"下拉菜单中勾选或取消，可以添加或删除快速访问工具栏中的命令工具按钮。

⑥ 状态栏和视图栏：状态栏和视图栏位于工作界面的最下方，显示 PPT 的当前页码、总页数、输入法、视图按钮组、调节页面显示比例的控制杆、显示比例等信息。右击状态栏，在弹出的"自定义状态栏"快捷菜单中可以设置状态栏中要显示的内容。

PowerPoint 在运行时可以同时打开多个 PPT，每个窗口都是一个独立的任务，这样有利于在不同的 PPT 之间切换。

（3）退出 PowerPoint 2016。

● 关闭文件但不退出 PowerPoint 2016：单击【文件】→〖关闭〗或使用快捷键 Ctrl + F4，确认是否保存当前文件后关闭 PPT。

● 关闭文件并退出 PowerPoint 2016：单击工作界面右上角的"关闭"按钮✕或使用快捷键 Alt + F4，确认是否保存当前文件后关闭文件并且退出 PowerPoint 2016。

6.1.2　演示文稿的视图

PowerPoint 2016 提供了多种视图帮助用户创建、组织和展示演示文稿，包括普通、大纲视图、幻灯片浏览、备注页、阅读视图，可通过单击【视图】→〖演示文稿视图〗进行选择，如图 6.2 所示。此外，还可以在状态栏的"视图"区域直接单击相应的视图按钮进行选择，如图 6.3 所示。

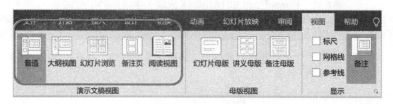

图6.2 演示文稿的视图

图6.3 状态栏的"视图"区域

1. 普通视图

普通视图就是刚刚创建或者打开一个PPT文件时出现的视图，也是最常用的视图，用于撰写和设计演示文稿。

启动PowerPoint 2016，单击【文件】→〖新建〗，然后双击右侧的"欢迎使用PowerPoint"演示文稿；或者单击这个PPT，在弹出的窗口中单击"创建"按钮。这是一个PowerPoint 2016系统自带的PPT，如图6.4所示。然后单击右下方状态栏中的"幻灯片放映"按钮"🖵"，依次单击鼠标就可以看到PPT中全部幻灯片的放映效果。

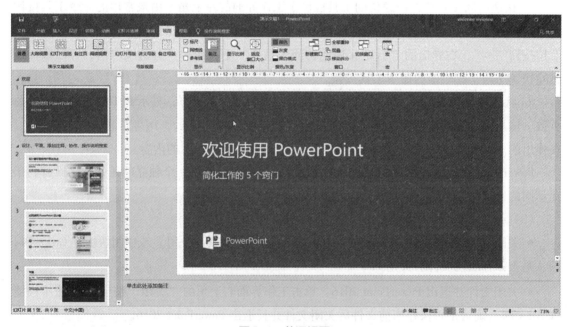

图6.4 普通视图

普通视图包含左侧的幻灯片显示窗格、右侧的幻灯片编辑窗格和下方的备注窗格。当鼠标指针在窗格边框变为"⟷"时，按住鼠标左键并拖动，可以调整各窗格的大小。

2. 大纲视图

大纲视图是以大纲的形式显示幻灯片文本，适合用来构思整个演示文稿的框架、把握总体思路、编排幻灯片的演示顺序等。在图6.4中单击"大纲视图"按钮，如图6.5所示。文本可以在大纲中进行编辑，但在该视图下不能显示各种图形和图像。

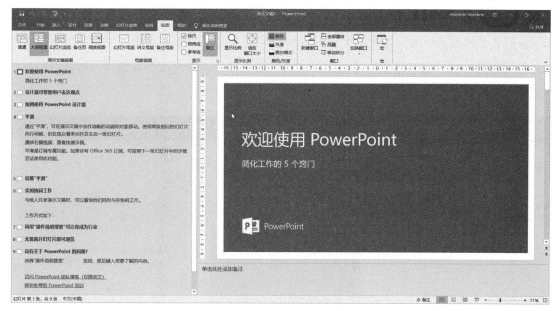

图 6.5　大纲视图

3. 幻灯片浏览视图

在幻灯片浏览视图下，可以查看全部幻灯片的缩略图，从而方便对 PPT 的顺序、前后搭配效果等进行排列和组织。在图 6.4 中单击"幻灯片视图"按钮，即可切换至幻灯片浏览视图，如图 6.6 所示。

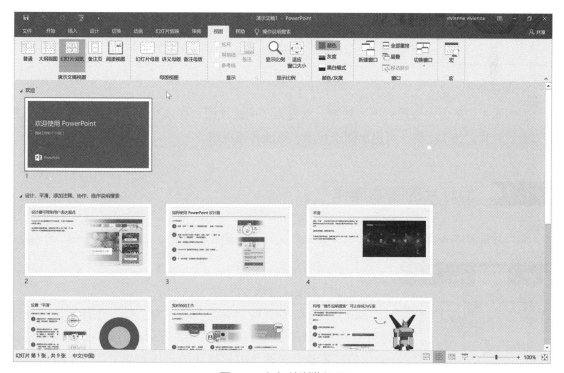

图 6.6　幻灯片浏览视图

4. 备注页视图

在图 6.4 中单击"备注页视图"按钮，可切换至备注页视图，如图 6.7 所示。备注可以在"普通视图"的"备注窗格"中输入，或者直接在"备注页视图"中输入。备注页可以打印出来，供演示 PPT 时进行参考。

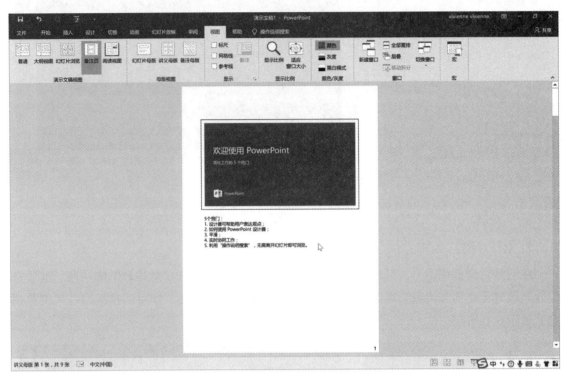

图 6.7　备注页视图

5. 阅读视图

在图 6.4 中单击"阅读视图"按钮，就进入了阅读视图。在该视图下可以通过全屏的方式查看幻灯片。按 Esc 键，可退出阅读视图，返回普通视图。

6.1.3　幻灯片的基本操作

幻灯片的基本操作包括新建、选择、复制、移动、删除和隐藏，以及幻灯片顺序的调整。

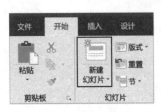

图 6.8　新建幻灯片

1. 新建幻灯片

在 PPT 中添加新幻灯片的方法如下：

（1）使用功能区的"开始"选项卡。单击【开始】→〖幻灯片〗→"新建幻灯片"，如图 6.8 所示，创建一个空白演示文稿。这时系统自动在当前幻灯片的后面新建了一个幻灯片，其缩略图出现在"幻灯片显示"窗格中。

（2）使用鼠标和快捷键。在"幻灯片显示"窗格的任意位置右击，在弹出的快捷菜单中选择"新建幻灯片"。或者使用快捷键 Ctrl + M，或者按下 Enter 键则新建一个幻灯片。

2. 选择幻灯片

对幻灯片的所有操作，都需要先将幻灯片选中。在演示文稿的制作过程中选择幻灯片的操作使用非常频繁，掌握快速选择幻灯片的操作技巧非常实用。常用方法如下：

（1）选择单个幻灯片。单击幻灯片缩略图，此时选中的幻灯片将显示一个外框。

（2）选择连续多个幻灯片。按住 Shift 键的同时，分别单击要选择的第一张幻灯片和最后一张幻灯片，选中的这些幻灯片都显示一个外框。

（3）选择不连续的多个幻灯片。按住 Ctrl 键的同时，依次单击需要选择的幻灯片即可。若需要取消某个选中的幻灯片，则再次单击取消即可。

（4）选择所有幻灯片。选中任意一张幻灯片，然后使用快捷键 Ctrl + A 即可选中所有幻灯片。

3. 复制幻灯片

（1）通过"剪贴板"复制幻灯片。选中要复制的幻灯片，单击【开始】→〖剪贴板〗→"复制"按钮 ▦，或者使用快捷键 Ctrl + C，如图 6.9 所示。然后再选中一个幻灯片，单击"粘贴"按钮，或者使用快捷键 Ctrl + V，即可在所选幻灯片下复制出一张新幻灯片。

（2）复制相邻幻灯片。选中要复制的幻灯片，在其缩略图上右击鼠标，在弹出的快捷菜单中选择"复制幻灯片"选项。此时将在选中幻灯片的下方复制出一个完全一样的幻灯片，如图 6.10 所示。PowerPoint 可以复制整张幻灯片及其上面的内容，也可以复制同时选中的多张幻灯片。

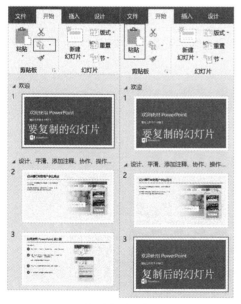

图 6.9　通过 "剪贴板" 复制幻灯片

图 6.10　通过鼠标右键快捷菜单复制相邻幻灯片

4. 移动幻灯片

移动幻灯片可以实现对幻灯片顺序的重新调整，其方法是选中要移动的幻灯片缩略图，按住鼠标左键不放，将其拖至目标位置释放即可。此外，在普通视图下，选中幻灯片缩略图后，按住 Ctrl 键的同时，使用上、下方向键也可以移动幻灯片。还可以选择多张幻灯片，实现批量移动操作。

🔔

幻灯片移动后，PowerPoint 将对所有幻灯片重新进行编号。因此，不能通过编号来查看移动的效果，只能通过幻灯片的内容进行查看。

5. 删除幻灯片

通过删除操作可以快速清理 PPT 中多余的幻灯片。首先选中要删除幻灯片的缩略图，直接按键盘上的 Delete 键即可；或者右击需要删除的幻灯片，在弹出的快捷菜单中选择"删除幻灯片"选项。同样可以选择多张幻灯片，实现统一删除。

🔔

幻灯片被删除后，演示文稿中就没有这张幻灯片了。如果误操作，可以按快捷键 Ctrl + Z 或通过"快速访问工具栏"的"撤消"按钮↶进行恢复。

6. 隐藏幻灯片

被隐藏的幻灯片在放映时不会播放，但该幻灯片并没有被删除。在幻灯片视图中被隐藏幻灯片的编号出现"\"标记。

选中要隐藏的幻灯片缩略图，然后鼠标右击，在弹出的快捷菜单中选择"隐藏幻灯片"选项。若要取消隐藏，则只需选中相应的幻灯片，再进行一次上述操作，如图 6.11 所示。

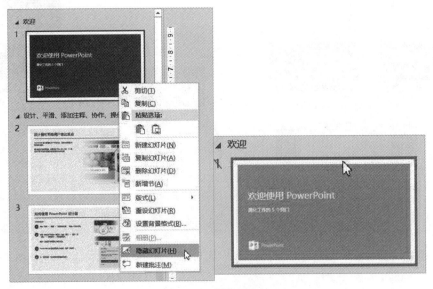

图 6.11　隐藏幻灯片

6.1.4　演示文稿的保存和发送

编辑好的 PPT 要及时保存，及时保存是一种良好的工作习惯，避免由于断电、死机或操作不当而引起信息的丢失。

1. 保存演示文稿

单击【文件】→〖保存〗选项，或者使用快捷键 Ctrl + S。可以按 F12 键快速打开"另存为"对话框。首次保存时，会打开"另存为"对话框。单击"浏览"选择 PPT 保存的路径、文件名及保存类型，然后单击"保存"按钮，如图 6.12 所示。

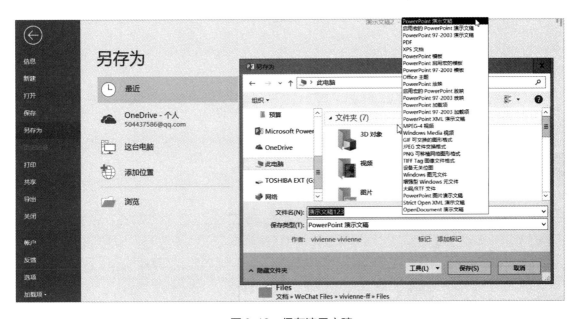

图 6.12　保存演示文稿

PowerPoint 2016 默认的保存类型为"PowerPoint 演示文稿"（扩展名为".pptx"）文件格式，若要保存为其他文件格式，单击"保存类型"下拉列表，从中选择所需的文件格式即可。如 PowerPoint 97 - 2003 演示文稿、PowerPoint 模板、PDF、MPEG - 4 视频等。

重要的 PPT 文件可以加密保存，单击【文件】→〖信息〗，选择"保护演示文稿"下拉菜单中的"用密码进行加密"，在弹出的"加密文档"框中设置密码，然后单击"确定"按钮即可。若要再次打开这个 PPT，则需要输入密码。

2. 发送演示文稿

保存好的演示文稿还可以通过 Internet 远程发送，使用这个功能需要有计算机网络服务。如图 6.13 所示，单击【文件】→〖共享〗，可以选择"与人共享""电子邮件""联机演示"等方式共享演示文稿。

图6.13　发送演示文稿

6.2　PowerPoint 2016 基本操作

6.2.1　创建空白演示文稿

1. 通过鼠标右键的快捷菜单进行创建

在计算机桌面上右击鼠标，在弹出的快捷菜单中选择"新建"，然后从下一级菜单中选择"Microsoft PowerPoint 演示文稿"，如图6.14（a）所示，随后桌面上便出现了一个新建的空白演示文稿图标，如图6.14 所示（b）。

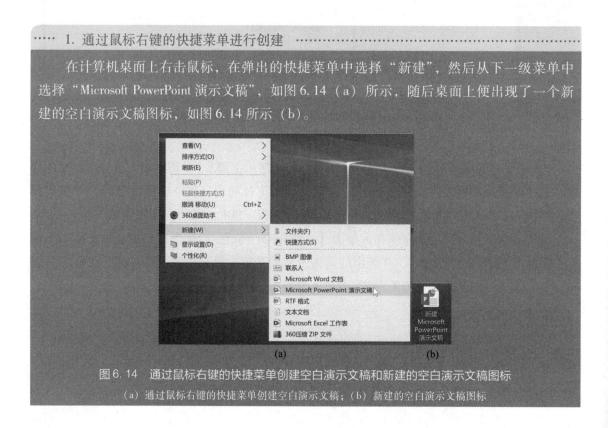

图6.14　通过鼠标右键的快捷菜单创建空白演示文稿和新建的空白演示文稿图标

（a）通过鼠标右键的快捷菜单创建空白演示文稿；（b）新建的空白演示文稿图标

······ 2. 通过"文件"选项卡创建 ··

启动 PowerPoint 2016，单击【文件】→"新建"，此时可以根据需要选择不同的模板，若在右侧单击"空白演示文稿"，就创建了一个空白演示文稿，如图 6.15 所示。

图 6.15　通过"文件"选项卡创建空白演示文稿

······ 3. 通过快捷键创建 ··

在 PowerPoint 2016 中，按快捷键 Ctrl + N 可立即创建出一个如图 6.1 所示的空白演示文稿。

6.2.2　选择幻灯片版式

1. 幻灯片版式

幻灯片板式就是幻灯片的版面布局格式，包含要在幻灯片上显示的全部内容的格式设置、位置和占位符。在 PowerPoint 2016 中单击【开始】→〖幻灯片〗→"版式"，如图 6.16 所示。Office 主题提供了"标题幻灯片""标题和内容""空白"等共 11 种内置的幻灯片版式，每种版式中都用虚线标识了在幻灯片中添加文本、图形等元素的占位符。

2. 常用的幻灯片版式

启动 PowerPoint 2016，双击"空白演示文稿"，新建一个空白演示文稿，如图 6.17 所示。这就是一个"标题幻灯片"，可以在占位符框中双击以添加标题和副标题。

使用快捷键 Ctrl + M 或者单击【开始】→〖幻灯片〗→"新建幻灯片"下方的下拉按钮，在弹出的"Office 主题"下拉菜单（图 6.16）中选择"标题和内容"，于是在空白演示文稿的第一张标题幻灯片的下方便出现了一个"标题和内容"幻灯片，如图 6.18 所示。

图 6.16　PowerPoint 2016 内置的幻灯片版式

图 6.17　创建空白演示文稿

如果要更改已添加幻灯片的版式，先选择这个幻灯片，单击【开始】→〖幻灯片〗→"版式"右侧的下拉按钮" ▼ "，在弹出的"Office 主题"下拉菜单中选择新的版式，如"图片与标题"，即可将这个幻灯片的版式改为新版式，如图 6.19 所示。

根据 PPT 中幻灯片要展现的内容来选择并添加不同版式的幻灯片，可以使得整个 PPT 规

图6.18　添加一个 "标题和内容" 幻灯片

范合理、图文并茂、美观大方，兼具逻辑性和观赏性，还节省了设计时间。

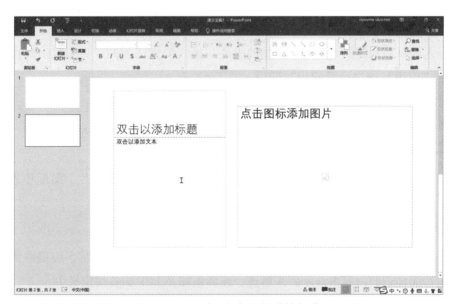

图6.19　更改已添加幻灯片的版式

3. 插入幻灯片编号

打开 "欢迎使用 PowerPoint" PPT，单击【插入】→〖文本〗→ "幻灯片编号"，如图 6.20（a）所示。在打开的如图 6.20（b）所示的 "页眉和页脚" 对话框中，勾选 "幻灯片编号" 复选框，单击 "应用" 按钮，则在当前幻灯片的右下角插入幻灯片编号。如果要给全部幻灯片添加全部应用编号，则须单击 "全部应用" 按钮。

使用 "页眉和页脚" 对话框还可以插入日期和时间、页脚，只要勾选相应的复选框即

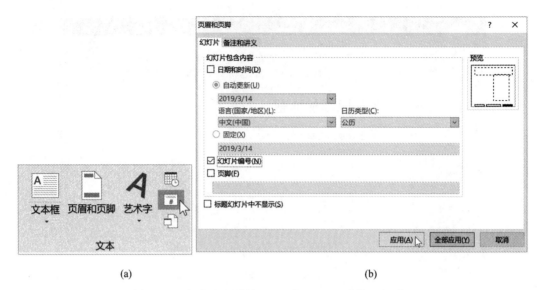

(a)   (b)

图6.20　插入幻灯片编号和 "页眉和页脚" 对话框

（a）插入幻灯片编号；（b）"页眉和页脚" 对话框

可，可以在对话框右侧的预览中查看插入的日期和时间、编号、页脚的位置。如果不希望幻灯片首页显示这些信息，勾选 "标题幻灯片中不显示" 即可。

取消插入的日期和时间、编号、页脚的方法与插入的方法相同，只需取消勾选相关的复选框，单击 "应用" 或 "全部应用" 即可。

6.2.3　文字、图片、图形、表格和图表的基本操作

下面结合一个主题为 "工作总结" 的具体演示文稿介绍文字、图片、图形和表格的基本操作。

1. 文字操作

文字是PPT中最基本的元素，但要避免在幻灯片中出现大量的文字，应提取关键词展现在幻灯片中，而详细的内容由演示者来解说，或者添加在PPT的备注窗格中。

一个完整的PPT包括封面、目录、内容和封底。

（1）封面。在桌面创建一个空白演示文稿，命名为 "工作总结"。单击 "单击以添加标题" 文本占位符，输入文字 "工作总结"，单击 "单击以添加副标题" 文本占位符，输入汇报人及汇报日期，如图6.21所示。

设置字体。选择文字 "工作总结"，单击【开始】→〖字体〗→ "字体" 右侧的下拉按钮，选择 "微软雅黑"。随后 "微软雅黑" 就出现在 "字体" 下拉列表的 "最近使用的字体" 中，方便后面继续使用。

"字体" 组可以设置字体、字号、增大字号、减少字号，加粗、倾斜、下划线、文字阴

图 6.21　PPT 封面

影，删除线、字符间距、更改大小写，以及文字的颜色。更多功能需单击"字体"组右下方的"字体"按钮 ，打开"字体"对话框，进一步对文字进行设置，如图 6.22 所示。

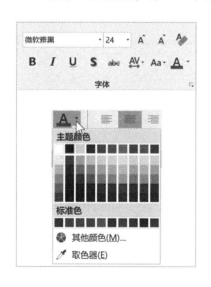

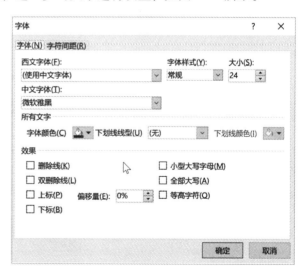

图 6.22　设置文字的字体

（2）目录。单击【开始】→〖幻灯片〗→"新建幻灯片"下方的下拉按钮，选择"标题和内容"，输入文字、创建目录幻灯片，如图 6.23 所示。

设置段落。选择"目录"下面的 4 行文字，单击【开始】→〖段落〗→"行距"右侧

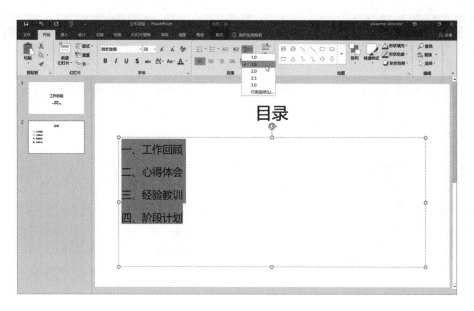

图6.23 PPT目录

的下拉按钮，选择"1.5倍行距"。调整段落的间距，使得幻灯片更加美观大方。

"段落"组可以设置项目符号、编号、降低/提高列表级别、行距，左对齐、居中、右对齐、两端对齐、分散对齐、添加或删除栏，文字方向、对齐文本、转换为SmartArt图形。更多功能需单击"段落"组右下方的"段落"按钮 ⌐﹂，打开"段落"对话框，进一步对段落进行设置，"段落"对话框中的段前间距、段后间距和多倍行距可以满足行距的任意要求，如图6.24所示。

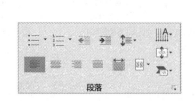

图6.24 设置段落

（3）内容。根据目录幻灯片，至少需要4张展示演示文稿内容的幻灯片。新建版式为"标题和内容"的4张幻灯片，在幻灯片标题处复制、粘贴目录的4个内容，如图6.25所示。

（4）封底。封底幻灯片一般为致谢信息、联系方式等，单击工作界面右下方"幻灯片浏

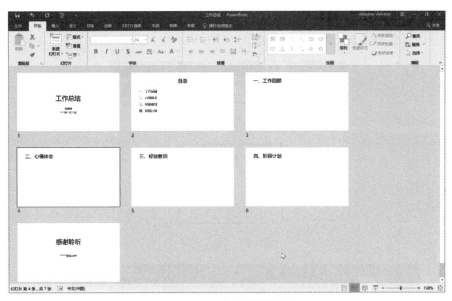

图 6.25　幻灯片浏览视图

览"按钮，如图 6.25 所示。单击【视图】→〖演示文稿视图〗→"大纲视图"，如图 6.26 所示，大纲视图下也能输入文本，调整幻灯片次序等。

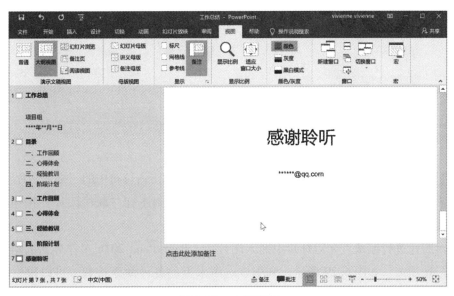

图 6.26　大纲视图

在 PowerPoint 幻灯片文本中可以像在 Word 中一样插入符号和公式等。单击【插入】→〖符号〗→"公式"或者"符号"即可。

2. 图片操作

在 PPT 中插入图片可以提升视觉传达力，图文并茂更有助于表达演示文稿的主题。

（1）插入图片。选择第 3 张幻灯片"工作回顾"，单击【插入】→〖图像〗→"图片"，如图6.27所示。在打开的"插入图片"对话框中选择要插入的图片或者照片，单击"打开"，于是在幻灯片中插入了图片，效果如图6.28所示。

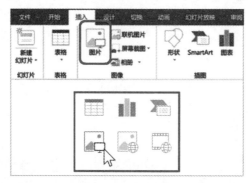

图6.27　插入图片

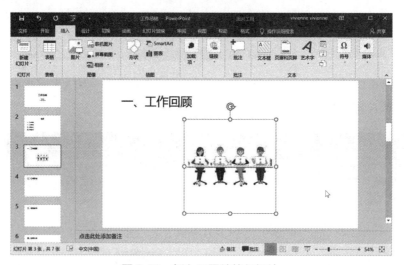

图6.28　插入了图片的幻灯片

可以通过单击幻灯片中部的占位符来快速插入图片。单击占位符中的"插入图片"按钮，如图6.27所示，同样可以打开"插入图片"对话框。右侧还有"联机图片"按钮，方便快速插入联机图片。

（2）对图片进行编辑。在幻灯片中插入图片后，PowerPoint 2016工作界面的功能区中出现"格式"选项卡，如图6.29所示。利用该选项卡上的各种命令按钮，可以根据需要对图片进行调整，如位置、大小、旋转、叠放次序、组合，设置图片的颜色效果、艺术效果、压缩、裁剪等。

图6.29　"格式"选项卡

- 调整图片的大小：选中图片，将鼠标指针移至图片四周的尺寸控制点"⚐"上。按住鼠标左键拖拽，可放大或者缩小图片，松开鼠标左键即可完成操作。
- 裁剪图片：若要保留图片的局部内容，可以通过裁剪方式将多余的部分剪掉。选中图片，单击"裁剪"按钮，此时图片周围出现 8 个由较黑粗线组成的裁剪标志。将鼠标指针移到裁剪标志上，当鼠标指针形状变为"⊥"或者"⌐"时按住鼠标左键，这时图片中要裁剪的部分变暗。释放鼠标，图片中变暗的部分就被裁掉了，如图 6.30 所示。在"裁剪"的下拉菜单中还可以设置更多的图片裁剪方式，如裁剪为特定形状、通过裁剪来填充形状等。
- 压缩图片：单击【格式】→〖调整〗→"压缩图片"按钮，打开"压缩图片"对话框，如图 6.31 所示。压缩将改变图片文件的大小，可节省磁盘空间。但是压缩图片后，压缩的图片就不能恢复到图片的原始大小了。

图 6.30　裁剪图片

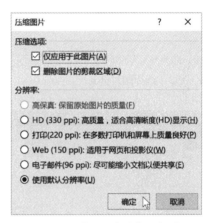

图 6.31　"压缩图片"对话框

- 旋转图片：选中图片，然后将鼠标指针移至图片上方的控制点"⚭"，当鼠标指针形状变为"⚬"时，按住鼠标左键并移动鼠标即可旋转图片，在旋转的过程中鼠标指针形状显示为"↻"。单击【格式】→〖排列〗→"旋转 🔄旋转·"右侧的下拉按钮，可以左右旋转或上下翻转图片。
- 设置图片样式：图片样式是指阴影、发光、映像、柔化边缘、凹凸和三维旋转等效果，用于增加图片感染力。选择图片，单击【格式】→〖图片样式〗组左侧的"其他"下拉按钮，可以看到很多图片样式。当鼠标指针停留在某个样式上时，可以预览图片的变化效果。单击选中的样式即可，如图 6.32 所示。单击〖图片样式〗组的 🖼️图片效果· 按钮，在下拉菜单中有很多效果可供选择，如图 6.33 所示。
- 设置图片颜色效果：图片颜色效果有颜色浓度（饱和度）和色调，设置图片颜色效果包括对图片重新着色或者更改图片中某个颜色的透明度等。单击【格式】→〖调整〗→"颜色"按钮，如图 6.34 所示，在下拉列表中可以设置颜色饱和度、色调、重新着色，还可以设置图片的艺术效果，如铅笔、蜡笔、水彩、塑封等。选中图片，单击【格式】→〖调整〗→"艺术效果"按钮，如图 6.35 所示，在下拉列表中选择适合表现的艺术效果即可。

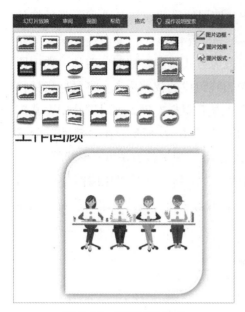

图 6.32　选择图片样式

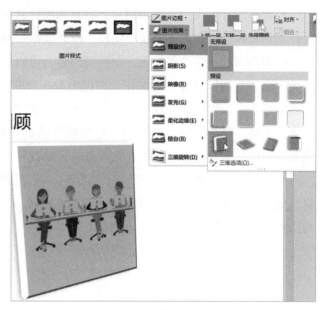

图 6.33　选择图片效果

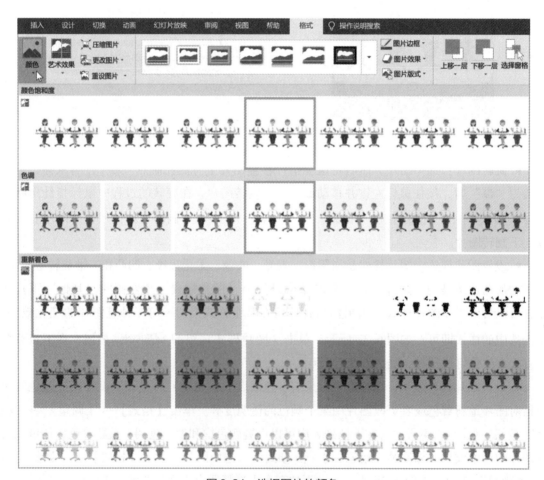

图 6.34　选择图片的颜色

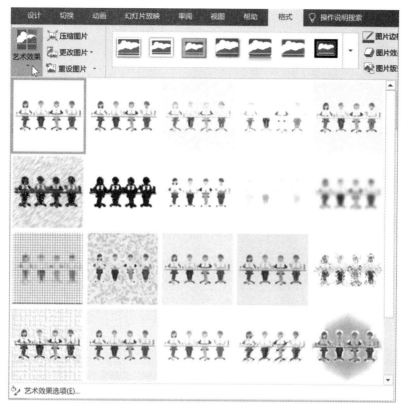

图 6.35　选择图片的艺术效果

3. 图形操作

PowerPoint 2016 提供了强大的绘图工具用于在幻灯片中加入形状，如线条、形状、箭头、公式、流程图、标注、动作按钮等。

选中需要绘图的幻灯片，单击【开始】→〖绘图〗→"文本框"按钮，如图 6.36 所示。这时鼠标变为"↓"，按住鼠标左键不放拖动鼠标进行绘制，绘制完成后，释放鼠标左键。在 PPT 中绘图与在 Word 中绘制图形类似。

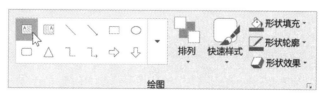

图 6.36　"绘图"工具

绘制了一个文本框后，单击鼠标右键，在弹出的快捷菜单中选择"编辑文字"，这时文本框中出现闪烁的光标，就可以输入文字了，还可以调整文字的字体、字号、段落间距等，如图 6.37 所示。单击"绘图"右侧的"其他"按钮，在下拉列表中可以选择需要绘制的各种形状。图形绘制完成后，还可以根据需要添加文字、调整图形的位置和大小、对图形进行旋转或翻转、设置叠放次序、进行对象的组合等。

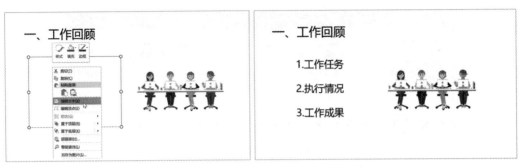

图 6.37　编辑文本框中的文字以及绘制好的图形

4. 表格和图表操作

表格和图表是表达数据的两类强大工具，使用这两类工具可以使数据一目了然、简洁直观。

（1）使用表格。在"工作总结"PPT 的第 4 个幻灯片中插入表格，单击【插入】→〖表格〗→"表格"按钮，将鼠标指针移至下拉菜单中的小栅格处，如图 6.38 所示。可以看到，随着鼠标指针的移动，被选中的小栅格变色，幻灯片中出现表格预览。确定了表格的行和列后单击鼠标即可。

图 6.38　插入表格

图 6.39　"插入表格"
对话框

若要插入比较复杂的表格，可以在"表格"按钮的下拉菜单中单击"插入表格"，此时弹出"插入表格"对话框，如图 6.39 所示。在该对话框中设置表格的列数和行数，单击"确定"按钮即可。

快速插入表格还可以使用幻灯片中部的占位符。单击占位符中的"插入表格"按钮▦，同样可以打开"插入表格"对话框。

在幻灯片中插入表格后，功能区会出现"表格工具"的"设计"和"布局"两个选项卡，如图 6.40 所示。

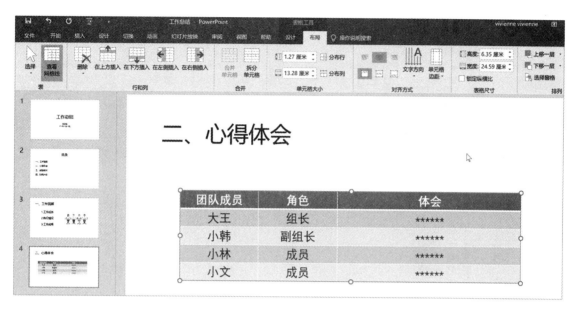

图 6.40　"表格工具"的"设计"和"布局"选项卡

在表格中输入文字，然后单击【设计】→〖表格样式〗→"其他"下拉按钮，在弹出的菜单中选择适合的表格样式。

表格可以像文本框一样被选中、移动、调整大小和删除。还可以使用选项卡中的其他命令设计表格样式，如插入表格的行和列、改变行高和列宽、进行单元格的拆分和合并等。

（2）创建图表。图表是通过图形来表达表格数据的一种直观、有效的方法。图表根据表格内的数据自动生成，如果表格中的数据被修改，则相应的图表也随之变化。图表的创建方法如下：

在"工作总结"PPT 的第 5 个幻灯片中插入图表，单击【插入】→〖插图〗→"图表"按钮，随即弹出"插入图表"对话框。在该对话框中先单击图表类型，如"柱形图"，然后在右侧选择某种柱形图，如"簇状柱形图"，如图 6.41 所示。单击"确定"按钮，插入图表后的界面如图 6.42 所示。

快速插入图表可以使用单击幻灯片中部的占位符。单击占位符中的"插入图表"按钮，同样可以打开"插入图表"对话框。

插入图表后进入图表编辑状态，系统显示 Excel 数据表窗口，这时用户需要输入自己的数据以替代原来的模板数据，使图表符合自己的需要。在功能区的"设计"和"格式"两个选项卡中，可以更改图表的样式、布局、形状和字体等，如图 6.43 所示。

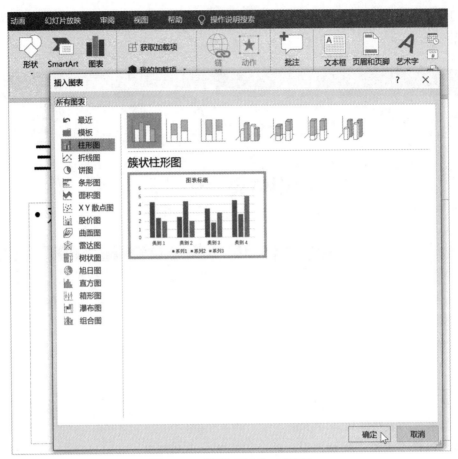

图6.41 "插入图表"对话框

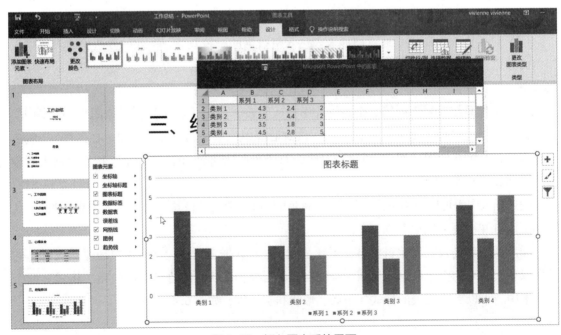

图6.42 插入图表后的界面

图 6.43　"图表工具" 的 "设计" 和 "格式" 选项卡

下面介绍一下各种图表的功能：折线图适用于显示一段时间内连续的数据，展现数据变化的趋势；饼图和圆环图一般用来显示个体与整体的比例关系，但圆环图可以绘制多行或多列的数据；条形图适用于比较两项或多项之间的差异；面积图适用于连续显示的数据；曲面图适用于找到两组数据之间的最佳组合；散点图通常用于比较跨类别的非重复值；气泡图是一种特殊的散点图，可显示 3 个变量的关系，雷达图可以显示 4 ~ 6 个变量的关系。

6.2.4　创建 SmartArt 图形

SmartArt 是 PowerPoint 中用图形来表现信息的一种工具。PowerPoint 提供了多种 SmartArt 图形，从而快速、轻松、有效地创建具有设计师水准的图形。

1. 插入 SmartArt 图形

在"工作总结"PPT 的第 6 个幻灯片中插入 SmartArt 图形，单击【插入】→〖插图〗→"SmartArt"按钮，随即弹出"选择 SmartArt 图形"对话框，如图 6.44 所示。在该对话框中选择所需的类型和布局，单击"确定"按钮即可。

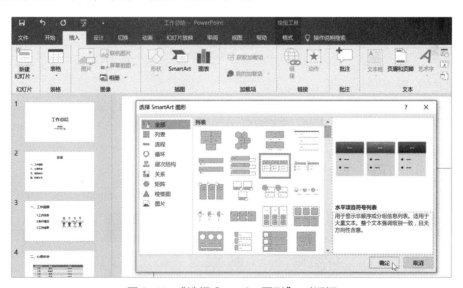

图 6.44　"选择 SmartArt 图形" 对话框

插入 SmartArt 图形后，新增了"SmartArt 工具"功能区，有"设计"和"格式"两个选项卡。单击图形中的文本框直接输入文字，也可以在左侧的"在此处键入文字"窗口中输入文字，如图 6.45 所示。

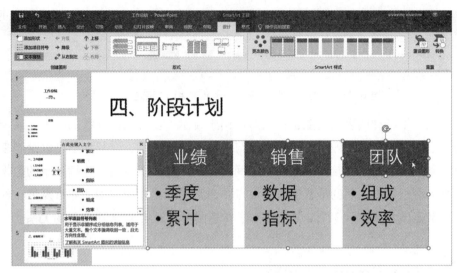

图6.45　插入 SmartArt 图形

（1）在现有 SmartArt 图形中添加形状。单击幻灯片中的 SmartArt 图形，然后单击距离要添加新形状位置最近的现有形状，如"团队"。单击"SmartArt 图形"的【设计】→〖创建图形〗→"添加形状"右侧的下拉按钮，在弹出的菜单中选择"在后面添加形状"，如图6.46 所示。于是在"团队"的后面添加了一个新的形状，如图6.47 所示。可以单击"在此处键入文字"窗口，将指针移到"团队"文本之前，然后按 Enter 键，于是在"团队"之前添加了一个形状。

图6.46　在现有 SmartArt 图形中添加形状

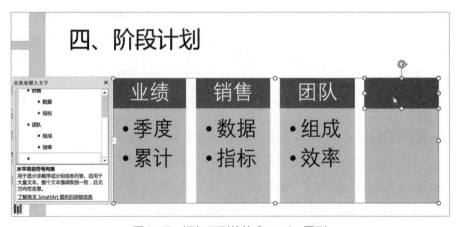

图6.47　添加了形状的 SmartArt 图形

（2）删除 SmartArt 图形的形状。单击要删除的 SmartArt 图形的形状，按 Delete 键即可。如果要删除整个 SmartArt 图形，先单击 SmartArt 图形的边框，即选中 SmartArt 图形，然后按 Delete 键即可。

2. 编辑 SmartArt 图形

（1）更改 SmartArt 图形的布局。创建 SmartArt 图形后，还可以通过更改布局，换用其他 SmartArt 图形来表示。

选中 SmartArt 图形，单击 "SmartArt 工具" 的【设计】→〖版式〗→"其他" 按钮 ▼，在弹出的菜单中选择 "表层次结构"，幻灯片中 SmartArt 图形的布局立刻随之改变，如图 6.48 所示。选择合适的布局，使得 SmartArt 图形的表现力达到最佳。

图 6.48　更改 SmartArt 图形的布局

还有一种方法，选中 SmartArt 图形后，鼠标右击，在弹出的快捷菜单中选择 更改布局(A)…，于是会弹出 "选择 SmartArt 图形" 对话框，在此选择适合的 SmartArt 图形，单击 "确定" 即可。

（2）更改 SmartArt 图形的样式。选择好适合的 SmartArt 图形后，还可以进一步更改其颜色和图形的呈现效果。

选中 SmartArt 图形，单击 "SmartArt 工具" 的【设计】→〖SmartArt 样式〗→"更改颜色" 按钮，在弹出的菜单中选择 "彩色"，幻灯片中 SmartArt 图形的颜色立刻随之改变，如图 6.49（a）所示。改变颜色后，SmartArt 图形变得更加鲜亮。

下面再更改样式。选中 SmartArt 图形，单击 "SmartArt 工具" 的【设计】→〖SmartArt

样式〗→"其他"按钮 ▼，在弹出的菜单中选择"鸟瞰场景"，幻灯片中 SmartArt 图形的样式立刻随之改变，如图 6.49（b）所示，SmartArt 图形显得更活泼。

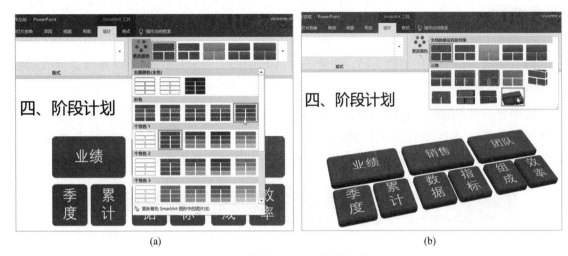

图 6.49　更改 SmartArt 图形的样式

（3）更改 SmartArt 图形中形状的样式。如果还需要进一步更改 SmartArt 图形中的形状，可以先选中形状，如"团队"，单击"SmartArt 工具"的【格式】→〖形状样式〗→"其他"按钮 ▼，在弹出的菜单中选择"金色"，幻灯片中"团队"形状的样式立刻随之改变，如图 6.50 所示。此外，还可以更改形状的颜色、边框和立体效果、形状中的文字效果，更换形状、放大缩小形状等，从而制作出更具个性化的幻灯片。

图 6.50　更改 SmartArt 图形中形状的样式

●●●●● **3. 文本转换为 SmartArt 图形** ●●●●●●●●●●●●●●●●●●●●●●●●●●●●●●●●●●●●●●●

为了制作图文并茂的幻灯片，可将幻灯片中的文本转换为 SmartArt 图形。

以"工作总结"PPT 的第 3 张幻灯片为例，选中文本框，单击【开始】→〖段落〗→ "转换为 SmartArt 图形"按钮 ，在弹出的菜单中单击选中的 SmartArt 图形布局即可， 如图 6.51 所示。

图 6.51　将幻灯片文本转换为 SmartArt 图形

还有一个方法，先选中文本框，鼠标右击，在弹出的快捷菜单中单击"转换为 Smart-Art"按钮 ，在下拉菜单中选择合适的 SmartArt 图形即可。

6.2.5　音频和视频的基本操作

在演示文稿中插入音频和视频可以增加幻灯片的感染力。

1. 插入音频

音频的来源主要分为来自 PC 上的音频和录制音频，下面分别进行介绍。

（1）插入来自 PC 上的音频。打开"工作总结"PPT，在第 4 张幻灯片中插入音频作为背景音乐，单击【插入】→〖媒体〗→"音频"按钮，如图 6.52 所示，在弹出的下拉列表中单击"PC 上的音频"，随即打开"插入音频"对话框，找到所需的音频文件，单击"插入"即可。这时幻灯片中出现一个喇叭状的音频图标 ，当将鼠标指针移到该图标时，会出现音频播放条，单击播放按钮即可，如图 6.53 所示。如果对插入的音频不满意，选中音频图标 ，按 Delete 键删除即可。

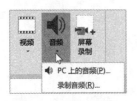

图 6.52　插入音频

图 6.53　插入音频后

图 6.54　录制音频

（2）插入录制音频。单击【插入】→〖媒体〗→"音频"按钮，在弹出的下拉列表中单击"录制音频"，如图 6.52 所示，随即打开"录制声音"对话框，如图 6.54 所示，单击录制按钮，录制结束后单击"确定"按钮，这时幻灯片中出现喇叭状的音频图标 🔊，单击该图标就可以听到刚录制的声音了。

（3）设置播放选项。在幻灯片中选择音频后，顶部出现"音频工具"工具栏，单击"播放"选项卡，如图 6.55 所示。在"音频选项"组中设置音量大小、播放方式、播放时是否隐藏音频等，在"编辑"组中可以剪裁音频，在"书签"组中可以插入书签以指定音频剪辑中的关注时间点等。

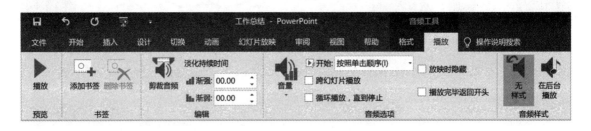

图 6.55　"音频工具"的"播放"选项卡

2. 插入视频

添加视频可以为演示文稿增添活力，给观众留下深刻的印象，具有无可比拟的效果。

（1）插入联机视频。打开"工作总结"PPT，在第 2 张幻灯片中插入视频，单击【插入】→〖媒体〗→"视频"按钮，如图 6.56 所示，在弹出的下拉列表中单击"联机视频"，随即打开"插入视频"对话框。

（2）插入 PC 上的视频。单击【插入】→〖媒体〗→"视频"按钮，如图 6.56 所示，在弹出的下拉列表中单击"PC 上的视频"，随即打开"插入视频"窗口，找到所需的视频文件，单击"插入"即可，如图 6.57 所示。这时幻灯片中出现一个视频窗口，当将鼠标指针移到视频窗口时，出现播放条，单击播放按钮即可。如果对插入的视频不满意，选中视频窗口，按 Delete 键删除即可。

图 6.56　插入联机视频

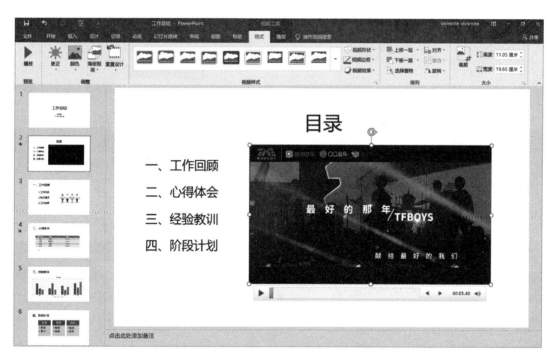

图 6.57　插入 PC 上的视频文件

　　上面的方法是在演示文稿中插入视频文件，还有一种方法是链接视频文件，这样可以避免演示文稿文件太大的问题。方法就是在插入时，选择"链接到文件"命令即可，如图 6.58 所示。

　　（3）设置视频效果。选中幻灯片中的视频，单击"视频工具"下的"格式"选项卡，在"调整"组中可以对视频的颜色、对比度等进行设置，或者可以在"视频样式"组中设置样式、边框和形状，如图 6.59 所示。还可以对视频的播放方式进行设置，单击"播放"选项卡，在"视频选项"组中设置音量等，如图 6.60 所示。

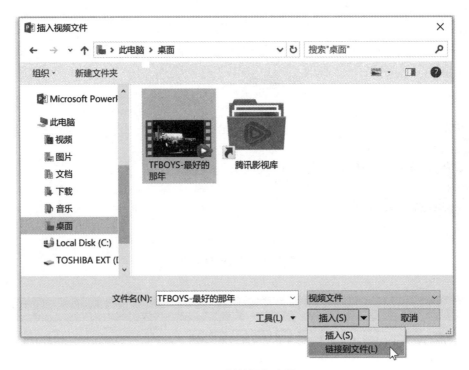

图6.58 链接视频文件

图6.59 "格式" 选项卡

图6.60 "播放" 选项卡

6.2.6 幻灯片的放映

制作好幻灯片，检查无误后就可以进行放映了。

1. 放映幻灯片

打开"工作总结"演示文稿，按 F5 键或单击【幻灯片放映】→〖开始放映幻灯片〗→

"从头开始"，如图 6.61 所示。

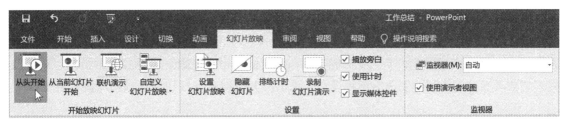

图 6.61　"幻灯片放映" 选项卡

● 从头开始。单击"从头开始"按钮，表示从演示文稿的第 1 张幻灯片开始放映，或直接按 F5 键。单击鼠标，或者 Enter 键，或者空格键，或者按键盘上的上、下、左、右方向键可以切换幻灯片。如果要中断放映，按 Esc 键退出即可。

● 从当前幻灯片开始。选择某张幻灯片，按快捷键 Shift + F5 或单击"从当前幻灯片开始"按钮，可从当前幻灯片开始放映。还可以单击任务栏中"幻灯片放映"按钮 ▽，从幻灯片窗格中的当前幻灯片开始放映。

说明：如果演示文稿中设置了隐藏的幻灯片，那么在全屏放映时这些隐藏的幻灯片就不会被放映。设置了隐藏的幻灯片编号上有个斜线，如 2 。

2. 自定义幻灯片放映

自定义放映是指在放映演示文稿时，可以指定放映其中的某些幻灯片，这些幻灯片之间可以是连续的，也可以是不连续的，用户可以自行确定幻灯片的放映顺序。

（1）打开演示文稿，单击图 6.61 中的"自定义幻灯片放映"按钮，从列表中选择"自定义放映"选项。打开"自定义放映"对话框，如图 6.62 所示。

（2）单击"新建"按钮，打开"定义自定义放映"对话框，如图 6.63 所示。输入幻灯片放映名称，从"在演示文稿中的幻灯片"列表框中选中想要放映的幻灯片，单击"添加"按钮，然后单击"确定"按钮，返回上一级对话框，单击"关闭"按钮即可。

图 6.62　"自定义放映" 对话框　　　　图 6.63　"定义自定义放映" 对话框

在图 6.63 的"在自定义放映中的幻灯片"列表框中，选择需要删除的幻灯片，单击"删除"按钮可将其删除；单击列表框右侧的"上一个"和"下一个"按钮，可以调整幻灯片的放映顺序。

3. 联机演示

联机演示功能可以向通过 Web 浏览器观看的远程观众广播幻灯片。单击【幻灯片放映】→〖开始放映幻灯片〗→"联机演示"，弹出"联机演示"对话框，如图 6.64 所示。单击"连接"按钮，进入连接服务状态。联机成功后，该对话框中会出现一个可共享的链接。将该链接复制或者通过电子邮件发送给远程观众，单击"开始演示"按钮即可远程广播了。

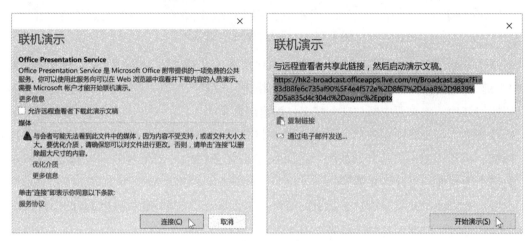

图 6.64 "联机演示" 对话框

远程广播结束后，按 Esc 键可退出全屏放映模式。单击【联机演示】→〖联机演示〗→"结束联机演示"按钮，在弹出的对话框中确认后即可结束联机演示，如图 6.65 所示。

图 6.65 结束联机演示

4. 设置幻灯片放映

在 PowerPoint 2016 中，演示文稿的放映分为 3 种类型：演讲者放映、观众自行浏览和在展台浏览。

单击【幻灯片放映】→〖设置〗→"设置幻灯片放映"按钮，如图 6.61 所示。在弹出的"设置放映方式"对话框中可以看到 3 种放映类型，如图 6.66 所示。

- 演讲者放映：指由演讲者自行放映幻灯片，如进行学术报告、专题讲座等。
- 观众自行浏览：指由观众自己动手在计算机上放映幻灯片，体现交互效果。

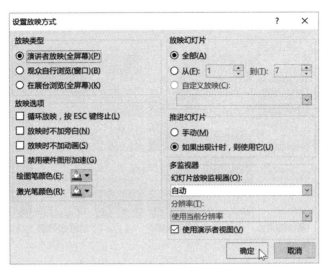

图 6.66　"设置放映方式" 对话框

● 在展台浏览：这种方式是让幻灯片自动循环放映，无须操作，如展会等。

这 3 种放映类型适合不同的应用场景。图 6.66 中有可选择的放映选项，如放映时不加旁白、放映时不加动画等；既可以放映全部幻灯片，也可以选择部分幻灯片进行放映。

6.3　PowerPoint 2016 格式操作

6.3.1　设计主题

演示文稿的主题包括主题颜色、主题字体和主题效果等，在实际操作中应用非常普遍。

1. 应用内置主题

在默认情况下，新建的 PPT 主题是"空白页"，这样显得单调且呆板，可以通过以下方法快速应用 PowerPoint 2016 内置的主题。

（1）打开"工作总结"PPT，单击"设计"选项卡，如图 6.67 所示。

图 6.67　"设计" 选项卡

（2）在"主题"组中单击右侧的"其他"按钮 ▼，在弹出的列表中要选择一种适合的主题样式，如图 6.68 所示。

图 6. 68　PowerPoint 2016 内置的主题

（3）在内置主题中单击"徽章"。更改主题后，"项目总结" PPT 中所有幻灯片的背景、文字颜色都更换为该主题中的样式，效果如图 6. 69 所示。

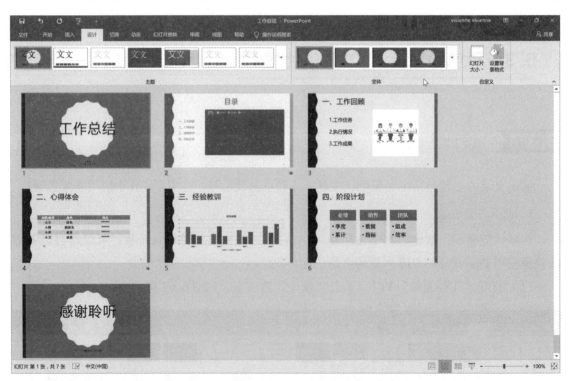

图 6. 69　应用 "徽章" 主题后的 PPT 效果

（4）应用"徽章"主题后，在"设计"选项卡的"变体"组中出现了不同颜色的"徽章"主题，单击"变体"组中的"徽章"，查看幻灯片的颜色变化，最终确定某种颜色。

2. 确定配色方案

对于主题，PowerPoint 还提供了若干种内置的配色，方便用户更改配色。

单击【设计】→〖变体〗→"其他"按钮 ▼，在下拉列表中单击"颜色"，如图 6.70 所示，通过观察幻灯片的应用效果来选择合适的颜色。如果内置的颜色样式不能满足要求，单击"自定义颜色"选项，在打开的"新建主题颜色"对话框中自行设置，完成后单击"保存"按钮即可，如图 6.71 所示。

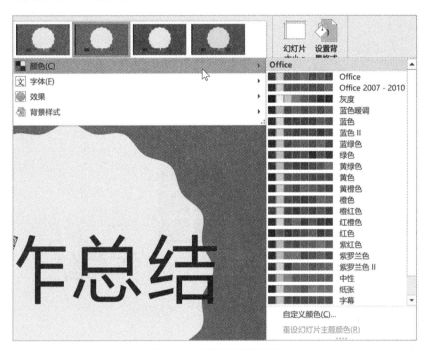

图 6.70　系统内置的颜色

图 6.71　"新建主题颜色"对话框

如果还需要修改主题的字体、效果等，可在"变体"组中单击相应的按钮进行设置。

6.3.2 设置背景

PowerPoint 2016 自带了多种背景样式，用户可以根据需要进行选择使用。

1. 设置背景样式

单击【设计】→〖变体〗→"其他"按钮 ▼，在下拉列表中单击"背景样式"，如图6.72 所示，通过观察幻灯片的应用效果来选择合适的背景样式。

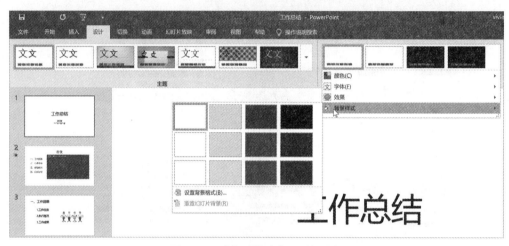

图6.72 "背景样式" 下拉列表

2. 设置背景格式

如果当前下拉列表中没有合适的背景样式，单击"设置背景格式"，于是在工作界面的右侧出现"设置背景格式"窗格，如图6.73 所示。单击"纯色填充"，可以设置各种纯色的背景；单击"渐变填充"，可以设置各种渐变色；单击"图片或纹理填充"，可以插入图片或选择纹理；单击"图案填充"，可以选择图案作为背景。

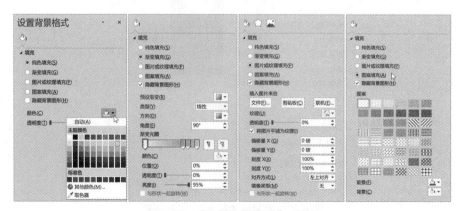

图6.73 "设置背景格式" 窗格

6.3.3　使用模板

PowerPoint 2016 模板的扩展名为 ".potx" 文件。模板是一张幻灯片或一组幻灯片，其中包含了幻灯片的版式、主题颜色、主题字体、主题效果和背景样式，甚至还可以包含内容。对于不太了解 PPT 结构的用户来说，根据模板创建演示文稿可以大大节省时间。

🔔

版式是幻灯片上标题和副标题文本、列表、图片、表格、图表、形状和视频等元素的排列方式。主题颜色是文件中使用的颜色的集合。主题字体是应用于文件中的主要字体和次要字体的集合。主题效果是应用于文件中元素的视觉属性的集合。主题颜色、主题字体和主题效果三者构成一个主题。

····· 1. 使用内置模板 ··

　　启动 PowerPoint 2016，单击【文件】→"新建"，在右侧"新建"区域中，选择一个系统已有的模板，如"木材纹理"，如图 6.74 所示。在打开的窗口中，单击"创建"按钮。"新建"区域里有很多"特别推荐"的内置模板可供大家选择。

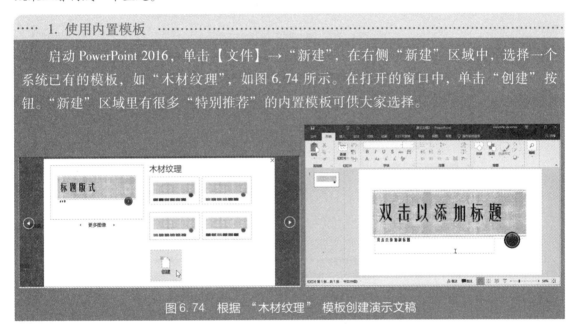

图 6.74　根据 "木材纹理" 模板创建演示文稿

2. 使用网络模板

Office.com 和其他合作伙伴网站上提供了丰富的免费模板，可供用户下载使用。

单击【文件】→"新建"，在右侧"新建"区域中可以看到"搜索联机模板和主题"搜索框。在搜索框中输入"论文"，单击搜索按钮，如图 6.75 所示。

在搜索结果中单击需要的模板。这里单击"毕业答辩"模板，在弹出的窗口中单击"创建"按钮，可自动从网上下载该模板，并创建基于这个模板的新演示文稿，如图 6.76、图 6.77 所示。这个模板完全可以直接用于毕业论文答辩，还可以修改得更加漂亮。

下载后的各类 PPT 模板均保存在"新建"区域的"特别推荐"中，下次直接使用就可以了。

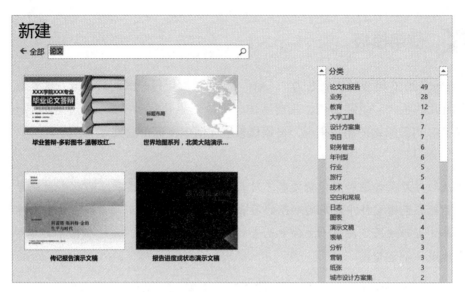

图6.75　搜索联机模板和主题

图6.76　搜索到的论文联机模板

图6.77　从 Office. com 下载的论文模板

6.3.4　设计母版

幻灯片母版是存储关于设计模板信息的幻灯片，如字体、占位符的大小或位置、背景设计和配色方案等，也包含标题样式和文本样式。通过幻灯片母版，可以轻松地批量设计和修改幻灯片，统一幻灯片的制作风格以及节省制作时间。

打开"工作总结"PPT，单击【视图】→〖母版视图〗→"幻灯片母版"按钮，进入"幻灯片母版"视图，如图 6.78 所示。下面主要介绍幻灯片母版的设计。

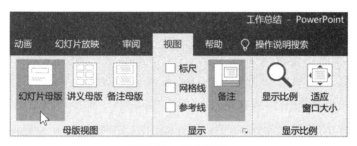

图 6.78　母版视图

在"幻灯片母版"视图中的幻灯片缩略图窗格中，幻灯片母版表现为较大的幻灯片图像，而母版相关的版式较小，位于幻灯片母版下面，如图 6.79 所示。其中①为幻灯片母版，②为母版的相关版式。

图 6.79　"幻灯片母版"视图

1. 创建幻灯片母版

创建工作包括创建母版、设置母版背景和设置占位符等操作。

在 PowerPoint 的"幻灯片母版"视图下，工具栏上出现"幻灯片母版"选项卡，如图 6.80 所示。

图 6.80 "幻灯片母版" 选项卡

（1）编辑母版。在"编辑母版"组中，通过"插入幻灯片母版""插入版式""删除"命令，可以插入和删除幻灯片母版和版式。通过"重命名"命令可以给幻灯片母版定义个性化的名字，可以帮助用户快速了解母版内容，方便用户查询和调用。

（2）修改母版版式。下面介绍添加占位符。单击图 6.80 的"母版版式"组中的"插入占位符"按钮，在弹出的如图 6.81 所示的下拉菜单中选择某一选项，这里选中"图片"。在"标题和内容"幻灯片区域中单击并按住鼠标左键不放，拖动绘制一个矩形区域。这个区域就是图片的区域，可以根据需要调整图片区域的排列位置，修改后幻灯片母版的效果如图 6.82 所示。

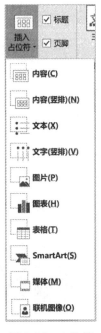

图 6.81 占位符

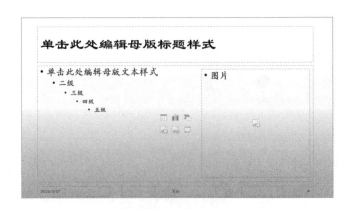

图 6.82 修改后幻灯片母版的效果

（3）设置母版文本。单击"背景"组中的"字体"按钮，在下拉列表中选择合适的字体，如"隶书"，设置完成后的效果如图 6.82 所示。设置完成后，单击"关闭母版视图"。回到幻灯片普通视图下，单击【开始】→〖幻灯片〗→"新建幻灯片"下拉按钮，插入一个"标题和内容"幻灯片，可以看到这个新插入的幻灯片完全就是按照刚才的母版设计出来的，如图 6.83 所示。

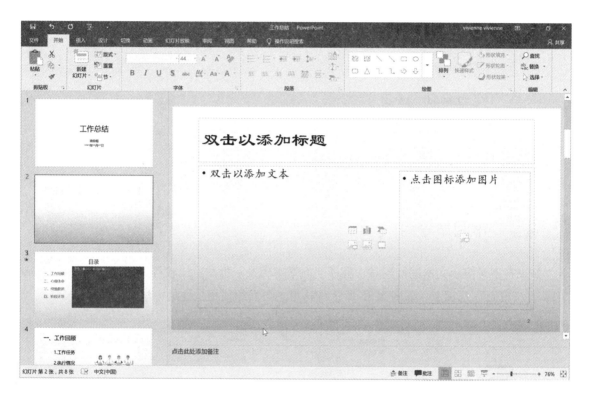

图 6.83　插入的幻灯片与母版的设计一致

2. 在母版中插入页眉和页脚

在母版中插入页眉和页脚可以将页眉和页脚应用于整个演示文稿，页眉和页脚可以是个人标记，也可以是特别的备注。

（1）通过"母版版式"功能区进行设置。在"幻灯片母版"视图下，勾选"母版版式"组中的"标题"和"页脚"复选框，如图 6.80 所示。设置完成后的效果如图 6.82 所示。

（2）通过"文本"功能区进行设置。在"幻灯片视图"下，单击【插入】→〖文本〗→"页眉和页脚"按钮，可在弹出的"页眉和页脚"对话框中进行设置，如勾选"日期和时间""幻灯片编号""页脚"复选框，如图 6.84 所示。设置完成后单击"全部应用"按钮即可。

图 6.84　"页眉和页脚" 对话框

审阅命令组

如果希望对演示文稿进行校对、翻译、简繁字转换、批注、比较等，可以使用 PowerPoint 2016 的"审阅"选项卡，如图 6.85 所示。这里主要介绍使用批注的方法。

图 6.85　"审阅" 选项卡

批注是对幻灯片上文字或者整张幻灯片的一条注释，方便他人审阅演示文稿并提出反馈意见。

1. 添加批注

打开"工作总结"PPT，单击【审阅】→〖批注〗→"新建批注"，如图 6.85 所示。此时会自动在右侧添加"批注"窗格，在该窗格的文本框中输入文本，然后按 Enter 键，即可添加批注，如图 6.86 所示。加入批注后，幻灯片上会出现批注图标。可以向一张幻灯片加入多处批注，然后单击"关闭"按钮，关闭"批注"窗格。

2. 查看和答复批注

选择幻灯片上的批注图标，"批注"窗格随即打开，即可看到批注内容。在"答复"的文本框中可以回复批注。选择"上一条"或"下一条"按钮可以查看、回复批注。

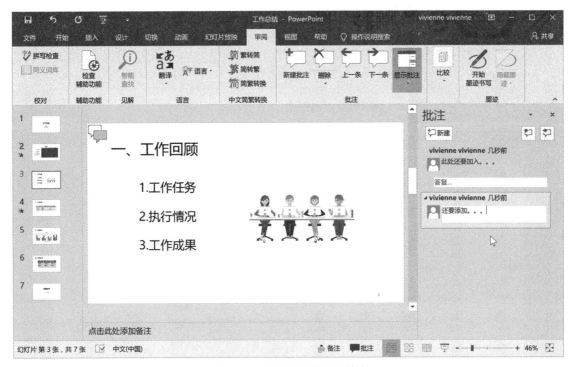

图 6.86　在幻灯片中加入批注

3. 删除批注

在"批注"窗格中，选择要删除的批注，然后单击"批注"组中"删除"按钮，或者按 Delete 键，即可删除该批注。在幻灯片中，右击批注图标 💬，然后单击"批注"组中的"删除"按钮，也可以删除批注。

6.4　PowerPoint 2016 动画操作

6.4.1　自定义动画

自定义动画是 PowerPoint 2016 系统自带的，能使幻灯片上的文本、图片、形状、图表、SmartArt 图形或其他对象具有动画特征，这样就可以控制信息的流程，强调视觉效果，增加演示文稿的趣味性。下面介绍如何创建动画，包括进入、强调、退出、路径和组合动画等。

······ 1. 进入动画 ······

进入动画是指幻灯片中的元素进入幻灯片中出现的动画效果，如飞入的、跳入的、逐渐淡入等。打开"工作总结"PPT，选中第 3 张幻灯片的文字部分，单击【动画】→【动画】→"其他"按钮▽，弹出一个下拉列表，如图 6.87 所示。在"进入"组中单击"飞入"，这时占位符前面显示动画符号标记 1。可以单击【动画】→〖预览〗→"预览"按钮查看添加动画后的文字飞入效果。

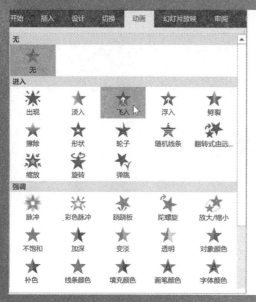

图 6.87 "动画"选项卡和带动画标记的幻灯片

····· 2. 强调动画 ·······

图 6.87 中还有强调动画效果，如跷跷板、透明、放大/缩小等，选中幻灯片中的图片，单击【动画】→〖动画〗→"其他"按钮▽，在"强调"组单击"放大/缩小"，这时占位符前面显示动画符号标记 2，如图 6.88 所示。单击预览查看动画效果，如图 6.89 所示，发现图片被放大了。

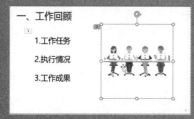

图 6.88 为图片添加强调动画　　　　　图 6.89 强调动画的显示效果

····· 3. 退出动画 ·······

退出动画效果包括使对象飞出幻灯片、在幻灯片中旋出或者弹跳等。选中封底幻灯片中的"感谢聆听"，单击【动画】→〖动画〗→"其他"按钮▽，在"退出"组单击"旋转"。单击预览查看动画效果。还可以选择其他退出动画，查看添加后的效果。

如果对添加的动画效果不满意，选中设置了动画的幻灯片元素，重新添加想要设置的动画效果；如果要移除动画，可选中动画符号标记数字，按 Delete 键删除或单击【动画】→〖动画〗→"无"按钮即可。

····· 4. 路径动画 ···

设置路径动画可以使幻灯片元素向上、向下、向左、向右移动，或者沿着圆、弧等曲线移动。选中封底幻灯片中的 E-mail 地址，单击【动画】→〖动画〗→"其他"按钮 ▾，在"动作路径"组单击"形状"，如图 6.90 所示。幻灯片放映时这个 E-mail 地址将沿着椭圆顺时针移动一周。

图 6.90　为 E-mail 地址添加路径动画

····· 5. 组合动画 ···

以上所讲的都是幻灯片中单一元素的动画，如果要为幻灯片中的多个元素一起设置动画，要先将这些元素组合起来，然后再设置动画效果。

以封底幻灯片为例，先将"感谢聆听"与 E-mail 地址组合起来。按住 Shift 键，同时选中两个占位符，然后单击【动画】→〖动画〗→"其他"按钮 ▾，在"强调"组单击"波浪形"，如图 6.91 所示。这时两处文字显示同一动画标记。

图 6.91　添加组合动画

当为幻灯片元素设置了某一动画后，单击【动画】→〖动画〗→"效果选项"，在弹出的下拉菜单中还可以进一步选择这个动画效果的显示方式，如图 6.92 所示。在"随机线条"效果的"效果选项"中就可以进一步选择"水平"或者"垂直"方式。

图6.92 动画的"效果选项"

6.4.2 高级动画设置与计时控制

1. 使用动画窗格

如图6.93所示，这张幻灯片信息量大，由于演示需要设置了很多动画，动画之间有确定的顺序关系，这时就要用到"动画窗格"。

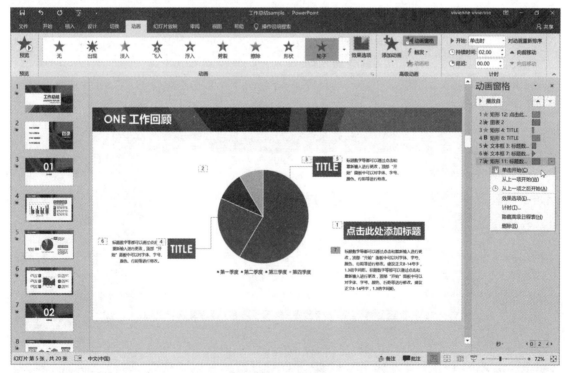

图6.93 动画窗格

单击【动画】→〖高级动画〗→"动画窗格"按钮，则在幻灯片的右侧出现"动画窗格"。先介绍一下"动画窗格"中各个项目的含义。

- 编号：编号表示动画效果的播放顺序，图中共有 7 个动画，按从 1 到 7 的顺序进行播放。这个编号与幻灯片上元素前面的动画标记是一一对应的。

- 图标：图标代表动画的类型和效果，当单击图标时，幻灯片中这个动画的标记变亮，浮窗显示动画的类型，是进入动画还是强调动画等；动画的效果，如进入动画的淡入效果等；幻灯片元素，如图形、图表、文本框等。

- 时间线：时间线表示动画效果持续的时间。

- 菜单图标：单击动画后面的下拉箭头，可以弹出下拉菜单。选择下拉菜单中的"删除"选项可以移除动画。

2. 调整动画顺序

动画窗格主要用于调整幻灯片中动画的顺序。

选择"动画窗格"中需要调整顺序的动画，例如，选择图中的动画 7，然后单击"动画窗格"上方的向上按钮 ▲ 或者向下按钮 ▼ 进行调整即可。

此外，还可以通过使用"动画"选项卡调整动画顺序。例如，打开"工作总结"PPT，第 3 张幻灯片已经设置了两处动画，如图 6.94 所示。选择动画 1，单击【动画】→〖计时〗→"对动画重新排序"中的"向后移动"按钮，则将动画 1 向后移动一个序号，从幻灯片中可以看到动画编号的变化。

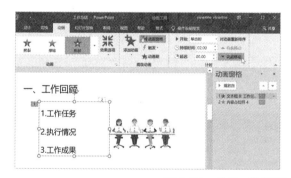

图 6.94　使用"动画"选项卡调整动画顺序

3. 设置动画时间

动画时间是指动画如何开始、持续多长时间或者延迟放映时间。

打开"工作总结"PPT，以第 3 张幻灯片上的图片为例，已经设置为"放大/缩小"的强调类型动画。单击【动画】→〖计时〗→"开始"右侧的下拉箭头，从下拉列表中选择"单击时"这个开始方式，调整"持续时间"的上下微调按钮，将其设置为 03.50，调整"延迟"为 01.00，如图 6.95 所示。然后单击窗口右下的"幻灯片放映"，感受图片动画放映时的变化。

图 6.95　高级动画和计时

4. 触发动画和动画刷

触发动画是指设置动画的特殊开始条件。打开"工作总结"PPT，以封底幻灯片上"感谢聆听"动画为例，单击图 6.95 中的"触发"按钮，在下拉菜单的"通过单击"的下一级菜单中选择"副标题 2"。创建触发动画后，动画编号改为 ⚡。单击"幻灯片放映"，我们发现鼠标指针在 E-mail 地址上变为"小手"的形状，这时单击鼠标则触发"感谢聆听"的动画。

图 6.95 中的"动画刷"是一个非常好用的工具。选择需复制的动画，单击"动画刷"按钮，这时鼠标指针变为动画刷的形状 ⬚，用鼠标单击要复制动画的新对象，就使新对象也具有复制动画同样的效果。

6.4.3　超链接

超链接就是一个跳转的快捷方式，单击幻灯片中含有超链接的文本、图形、图片等元素，将会自动跳转到指定的幻灯片，或者打开某个文件夹、网页以及邮件等。超链接使得演示文稿的放映方式不再是简单的线性结构，而是具有了一定的交互性。

1. 插入超链接

打开 PPT，选中需要创建超链接的对象，单击【插入】→〖链接〗→"链接"按钮，如图 6.96 所示。

图 6.96　"链接"功能区

随后弹出"插入超链接"对话框，如图 6.97 所示。

超链接的插入方式归纳为以下几种：

（1）链接到现有文件或网页。单击图 6.97 中的"链接到：现有文件或网页"。在右侧的对话框中查找需要链接的文件位置。当链接到的文件为 PPT 时，还可以进一步单击右侧的"书签"按钮，打开"在文档中选择位置"对话框，链接到某个具体的幻灯片。幻灯片中的对象还可以链接到 Internet 网页，在图 6.97 底部的"地址"文本框中输入要链接的网页地址即可。

图 6.97　"插入超链接" 对话框

（2）链接到本文档中的位置。单击图 6.97 中的"链接到：本文档中的位置"，则右侧对话框显示出了当前演示文稿中所有幻灯片的编号和标题，单击需要链接的幻灯片标题即可，如图 6.98 所示。

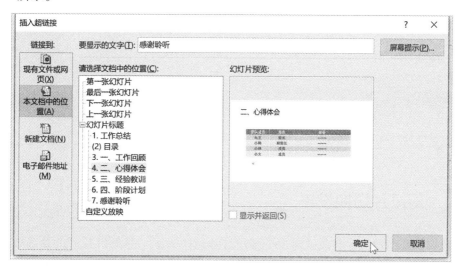

图 6.98　链接到本文档中的位置

（3）链接到新建文档。单击图 6.97 中的"链接到：新建文档"，用户可以插入一个新的演示文稿。

（4）链接到电子邮件地址。单击图 6.97 中的"链接到：电子邮件地址"，在右侧对话框内输入要链接电子邮件的文字、电子邮件地址和主题，即可为选中的对象添加超链接。

超链接只有在幻灯片放映状态下才被激活，在编辑幻灯片时不起作用。在幻灯片放映时，当鼠标指针移至超链接时，其指针会变成一个"小手"的形状，即 🖑。此外，文本的超链接会显示下画线，单击超链接前后该超链接的颜色会有变化。

可以使用鼠标右击添加超链接的文本、图片等对象，在弹出的快捷菜单中使用编辑、打开、复制和删除超链接命令编辑超链接。

2. 插入动作按钮

动作按钮是预先设置好的一组带有特定动作的图形按钮，如指向前一张、后一张、第一张、最后一张幻灯片等，实现幻灯片的跳转，并可用于播放音频和视频。

打开 PPT，单击【插入】→〖插图〗→"形状"按钮，在下拉列表中选择"动作按钮"中的某一项，如图 6.99 所示。选择动作按钮后，鼠标指针变为"＋"形状，在幻灯片中单击并拖动鼠标就可以画出该动作按钮，同时弹出"操作设置"对话框，用于设置该按钮的动作，如图 6.100 所示。

图 6.99 添加动作按钮

图 6.100 "操作设置" 对话框

6.4.4 幻灯片切换设置

幻灯片切换是指幻灯片在放映时，一张幻灯片切换为下一张幻灯片时的动画效果。通过设置幻灯片切换，让幻灯片摆脱单调的放映方式，更加生动有趣，吸引观众的注意力。

1. 添加幻灯片切换效果

单击【切换】→〖切换到此幻灯片〗→选择合适的切换效果，如图 6.101 所示。

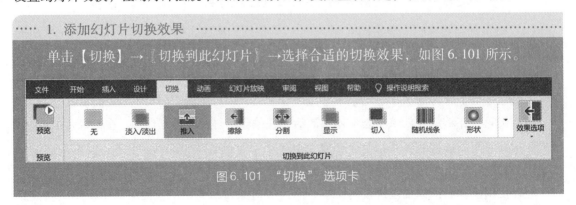

图 6.101 "切换" 选项卡

当单击选中的切换效果时，可以单击【切换】→〖预览〗→"预览"按钮，来预览幻灯片的切换效果。若删除幻灯片的切换效果，直接在"切换到此幻灯片"功能区中选择"无"即可。

在"幻灯片浏览"视图中，设置了动画和切换效果的幻灯片的左边会出现"切换标志"，单击该标志，可以预览幻灯片应用的动画和切换效果。

2. 设置切换效果的计时

在设置完幻灯片的切换效果后，可以通过以下操作设置幻灯片切换效果的计时，实现更加理性的效果。

单击【切换】→〖计时〗，勾选"单击鼠标时"复选框，之后可以进一步设置幻灯片的自动切换时间，如图 6.102 所示。

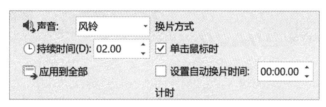

图 6.102　在"计时"功能区设置切换时的声音

3. 为幻灯片切换效果添加声音

在设置完幻灯片的切换效果后，在"计时"功能区中还可以设置幻灯片换片的声音，以在放映幻灯片时引起观众的注意。

单击【切换】→〖计时〗，将"声音"设置为"风铃"，如图 6.102 所示。

6.5　实验指导

6.5.1　PowerPoint 2016的基本操作

1. 实验目的

掌握 PowerPoint 2016 演示文稿的基本操作方法。

2. 实验要求

（1）掌握 PowerPoint 2016 的启动和退出方法。

（2）掌握 PowerPoint 2016 多种视图的使用方法。

（3）掌握幻灯片的剪辑和放映方法。

（4）掌握演示文稿的保存方法。

3. 实验内容和步骤

（1）启动 PowerPoint 2016，观察启动后其工作界面，然后退出 PowerPoint 2016。

（2）启动 PowerPoint 2016，打开 PowerPoint 2016 自带的一个演示文稿"欢迎使用 Power-Point"，如图 6.103 所示。观察此时的工作界面，特别是幻灯片编辑窗格、幻灯片显示窗格、备注窗格、功能区、快速访问工具栏等，单击查看功能区上各个选项卡的内容。单击查看"欢迎使用 PowerPoint"的全部幻灯片，单击幻灯片中的文字、图片、超链接等幻灯片元素。

图 6.103 "欢迎使用 PowerPoint" 演示文稿

（3）单击【视图】→〖演示文稿视图〗，依次选择普通、大纲视图、幻灯片浏览、备注页、阅读视图这 5 种视图，观察幻灯片在不同视图下呈现方式的变化。（退出阅读视图，按 Esc 键即可）

（4）幻灯片的基本操作包括新建、选择、复制、隐藏和删除，以及幻灯片顺序的调整。在封面幻灯片后面新建一个幻灯片；选择一个幻灯片、多个连续的幻灯片、多个不连续的幻灯片、全部幻灯片；对选择的幻灯片进行复制；删除复制的幻灯片；选择幻灯片设置为隐藏，观察隐藏的幻灯片编号的标记；移动幻灯片，对幻灯片顺序重新排列。

（5）放映幻灯片。单击【幻灯片放映】→〖开始放映幻灯片〗，选择从头开始、从当前幻灯片开始、联机演示、自定义幻灯片放映等不同的放映方式。单击【幻灯片放映】→〖设置〗→"设置幻灯片放映"按钮，在弹出的"设置放映方式"对话框中设置演讲者放映、观众自行浏览和在展台浏览这 3 种放映类型，观察幻灯片放映的效果。

（6）将编辑、修改后的"欢迎使用 PowerPoint"演示文稿另存为"PowerPoint 练习"，记住保存路径，保存类型为"*.pptx"，关闭演示文稿。还可以将其另存为其他文件类型，如 PDF，观察其变化。

6.5.2 制作图文并茂的 PPT

1. 实验目的

掌握在新建演示文稿中添加文字、图片、表格和 SmartArt 图形的方法。

2. 实验要求

（1）掌握 PowerPoint 2016 新建演示文稿与幻灯片版式的操作方法。

（2）掌握文字、图片、表格等幻灯片元素的基本操作方法。

（3）掌握将幻灯片文本转换为 SmartArt 图形的方法。

3. 实验内容和步骤

下面将制作一个具体的 PPT，如会议、培训、报告、介绍、企划案、宣传、相册、答辩等演示型或者报告型的演示文稿，请大家自由选定类型。

（1）在桌面上新建空白演示文稿，命名为"PowerPoint 实验—作者名"。或者启动 Power-Point 2016，并创建空白演示文稿。

（2）在 PowerPoint 2016 中，为空白演示文稿添加封面、目录、4 页内容、封底，共不少于 7 张幻灯片。幻灯片版式要求如下：封面和封底为标题幻灯片、目录为标题和内容、4 页内容幻灯片版式为两栏内容、内容与标题、空白、图片与标题。

（3）在幻灯片中添加文字，如封面的 PPT 标题、作者和日期等；封底的致谢和电子邮箱等；目录的文字内容；内容页，根据目录的逻辑结构每一个内容页对应一行目录。

注意：在制作 PPT 之前，要先构思好，文字要以少胜多，只展示中心思想。文字的字体、字号、颜色、艺术字等都可以设计成自己喜欢的样子。

（4）根据幻灯片的内容，在内容页中插入至少一张图片和一个表格。根据页面调整图片和表格的大小、位置、颜色等。

（5）插入一个 SmartArt 图形，编辑其中的文字；选择一段至少有 3 行的文本，将其转换为 SmartArt 图形。

注意：随时保存你的"PowerPoint 实验"演示文稿，养成良好的工作习惯。

6.5.3　在 PPT 中添加多媒体

1. 实验目的

掌握在演示文稿中添加音频和视频的方法。

2. 实验要求

（1）掌握添加音频的方法。

（2）掌握添加视频的方法。

（3）掌握幻灯片设计的基本方法。

3. 实验内容和步骤

（1）准备一段音频，如录音文件、音乐、歌曲等。

（2）将音频插入"PowerPoint 实验"PPT 中，观察插入音频文件后幻灯片上的喇叭标记；

放映幻灯片，查看音频播放效果。

（3）准备一段视频文件。

（4）在内容页的空白页上插入视频文件，放映幻灯片，查看视频播放效果。

（5）应用 PowerPoint 2016 内置的设计主题，选择一种喜欢的主题样式，查看 PPT 幻灯片的变化情况。改变配色方案，查看幻灯片的显示效果。

（6）对于 PowerPoint 2016 自带的背景样式，根据需要进行选择使用。修改后的 PPT 要及时保存。

6.5.4 使用模板

1. 实验目的

掌握使用模板创建演示文稿，以及将演示文稿保存为模板的方法。

2. 实验要求

（1）掌握幻灯片设计模板的操作方法。

（2）掌握幻灯片编号、页眉与页脚的设置方法。

3. 实验内容和步骤

（1）打开"PowerPoint 实验"PPT，将其保存为幻灯片模板，文件类型为"*.potx"。

（2）下载一个网络模板。单击【文件】→"新建"，在右侧"新建"区域中可以看到"搜索联机模板和主题"搜索框。例如，在"搜索联机模板和主题"搜索框中输入"答辩"，单击"搜索"按钮，如图 6.104 所示。单击该模板，再单击"创建"按钮，将模板下载到本地。

图 6.104　搜索联机模板

（3）放映下载的幻灯片模板，查看其设计版式、设计主题、幻灯片的切换方式等，学习其专业的设计思路和表现力。该模板可以在今后毕业设计答辩中使用。

（4）在"PowerPoint 实验"PPT 中插入幻灯片编号、页眉与页脚。在"幻灯片视图"下，单击【插入】→〖文本〗→"页眉和页脚"按钮，在弹出的"页眉和页脚"对话框中进行设置。例如，页眉为作者姓名、页脚为 PowerPoint 实验等。

6.5.5　设置动画效果

1. 实验目的

掌握为幻灯片添加动画和超链接的方法。

2. 实验要求

（1）掌握幻灯片自定义动画和高级动画的设置方法。

（2）掌握幻灯片元素的超链接设置方法。

（3）掌握幻灯片之间切换的设置方法。

3. 实验内容和步骤

（1）打开"PowerPoint 实验"PPT，至少在一个幻灯片中设计自定义动画，要求有进入、强调、退出、路径动画，设置后使用"预览"按钮查看添加的动画效果。

（2）打开"动画窗格"。对照左侧的幻灯片查看动画窗格中各个动画的内容，并调整动画的顺序，查看调整后的效果。修改动画的开始、触发、持续和延迟时间，查看修改效果。

（3）设置超链接。至少设置一处，例如，为封底的电子邮箱设置超链接，为 PPT 中提到的某一地点、单位、名词设置超链接等。

（4）为"PowerPoint 实验"PPT 设置幻灯片切换效果。至少设置 3 处。

"PowerPoint 实验"PPT 完成后，作为本章的实验作业上交给老师评定。

✎ 本章练习

1. 简述 PowerPoint 2016 的基本功能。

2. PowerPoint 2016 中的幻灯片元素有哪些？

3. PowerPoint 2016 有几种幻灯片视图？

4. 幻灯片的放映方法有哪些？

5. PowerPoint 2016 默认的演示文稿保存类型是什么？

6. PowerPoint 2016 新建演示文稿有哪几种方式？

7. 为什么要使用模板创建幻灯片？

8. 什么是幻灯片的版式？

9. 被隐藏幻灯片的编号中有什么样的标记？

10. 如何保存演示文稿？

11. 幻灯片文本如何转换为 SmartArt 图形？

12. 插入音频和视频的方式有哪些？

13. 如何设置幻灯片背景？

14. 怎样设置自定义动画？

15. 如何在幻灯片中添加页眉和页脚？

16. 使用"动画窗格"可以实现哪些功能？

17. 如何在幻灯片中设置超链接？

18. 如何设置幻灯片的切换效果？

考核要点

- PowerPoint 2016 基本功能和编辑环境
- PowerPoint 2016 幻灯片元素的概念和操作方法
- PowerPoint 2016 演示文稿的基本操作窗口
- PowerPoint 2016 新建演示文稿与模板的基本操作
- 幻灯片视图环境、幻灯片版式的选择操作
- 文字、表格、图片等幻灯片元素的基本操作
- 将幻灯片文本转换为 SmartArt 图形
- 音频、视频元素的基本操作
- 幻灯片的剪辑与隐藏的基本操作
- 幻灯片的放映设置与放映操作
- PowerPoint 2016 文件的存储操作
- 幻灯片背景的设置操作
- 幻灯片设计模板的设置操作
- 幻灯片编号、页眉与页脚设置操作
- 幻灯片自定义动画和动画效果设置操作
- 幻灯片高级动画设置与计时控制设置操作
- 幻灯片元素的超链接操作
- 幻灯片之间切换效果的设置

上机完成实验

⊙ 使用自测课件检查学习和掌握情况。

第 7 章 计算机安全

学习目标

1. **了解**　计算机安全涵盖的内容，计算机安全的属性，影响计算机安全的主要因素。主动攻击和被动攻击的概念和区别，数据加密、身份认证、访问控制、入侵检测的基本概念，防火墙的基本知识。计算机病毒的基本知识，计算机病毒的主要特征与表现，计算机病毒与木马的区别及其预防，常见防病毒软件及其基本使用方法。系统更新和系统还原。

2. **理解**　网络道德的基本要求。

学习时间安排

视频课	实验	定期辅导	自习 （包括作业）
1	0	1	2

7.1　计算机安全基本知识

对于任何一个信息系统，要保证其能够正常工作，就必须保护该系统的安全。要做到预防与消除隐患，一方面要防止未经授权的用户进入系统，另一方面要防止信息被干扰甚至被破坏。

总的来说，信息共享与信息安全是互相冲突和矛盾的。而 Internet 的迅猛发展使信息安全的概念发生了根本性的变化。信息安全已不仅局限于单台计算机范围，还扩展到由计算机网络连接的全球范围，从而促进了安全技术的发展。

特别要指出的是，在信息安全管理上，除了采取必要的技术措施外，管理者的素质以及管理者所采取的安全措施的力度，在某种程度上也起到了决定性的作用。

7.1.1　计算机安全概述

从技术角度看，计算机安全涉及计算机科学、网络技术、通信技术、密码技术、信息安全技术等技术领域范畴，它涉及下述概念。

计算机信息系统（computer information system），是由计算机及其相关和配套的设备、设施（含网络）构成的，并按一定的应用目标和规则对信息进行采集、加工、存储、传输、检索等处理的人机系统。

国际标准化组织（International Organization for Standardization，ISO）将"计算机系统安全"定义为："为数据处理系统建立和采用的技术和管理的安全保护，保护计算机硬件、软件数据不因偶然和恶意的情况而遭到破坏、更改和泄露。"此概念偏重静态信息保护。

也有人将"计算机系统安全"定义为："计算机的硬件、软件和数据受到保护，不因偶然和恶意的情况而遭到破坏、更改和泄露，系统连续正常运行。"该定义着重动态意义描述。

7.1.2　计算机系统安全的属性

所谓计算机系统安全，通常是指计算机系统在信息采集、传递、存储和应用的过程中的可用性、可靠性、完整性、保密性和不可抵赖性[①]。这 5 个属性定义如下：

（1）可用性（availability）。得到授权的实体在需要时可访问资源和服务。可用性是指无

---

① 这是美国国家信息基础设施（National Information Infrastructure，NII）的文献中给出的计算机系统安全的主要属性。

论何时，只要用户需要，信息系统必须是可用的，也就是说信息系统不能拒绝服务。

（2）可靠性（reliability）。可靠性是指系统在规定条件下和规定时间内，完成规定功能的概率。可靠性是系统安全最基本的要求之一，系统不可靠，事故不断，也就谈不上系统的安全。

（3）完整性（integrity）。信息具有不被偶然或蓄意删除、修改、伪造、乱序、重放、插入等破坏的特性。只有得到允许的人才能修改实体或进程，并且能够判别出实体或进程是否已被篡改，即信息的内容不能被未授权的第三方修改。信息在存储或传输时不被修改、破坏，不出现信息包的丢失、乱序等。

（4）保密性（confidentiality）。保密性是指确保信息不暴露给未授权的实体或进程，即信息的内容不会被未授权的第三方所知。

（5）不可抵赖性（non-repudiation）。不可抵赖性也称作不可否认性。不可抵赖性是面向通信双方（人、实体或进程）信息真实同一的安全要求，它包括收、发双方均不可抵赖。一是原发证明，它提供给信息接收者以证据，这将使信息发送者谎称未发送过这些信息或者否认其内容的企图不能得逞；二是交付证明，它提供给信息发送者以证明，这将使信息接收者谎称未接收过这些信息或者否认其内容的企图不能得逞。

除此之外，计算机系统在信息采集、传递、存储和应用的过程中还具备其他的属性：

（1）可控性。可控性是指对信息及信息系统实施安全监控。管理机构对危害国家信息的来往、使用加密手段从事非法通信活动等进行监视审计，对信息的传播及内容具有控制能力。

（2）可审查性。通过使用审计、监控、防抵赖等安全机制，对使用者（包括合法用户、攻击者、破坏者、抵赖者）的行为有证可查，并能够对网络出现的安全问题提供调查依据和手段。审计是将网络上发生的各种访问情况记入日志，并对日志进行统计分析，这是对资源使用情况进行事后分析的有效手段，也是发现和追踪事件的常用措施。审计的主要对象为用户、主机和节点，主要内容为访问的主体、客体、时间和成败情况等。

（3）认证。保证信息使用者和信息服务者都是真实声称者，防止冒充和重演的攻击。

（4）访问控制。保证信息资源不被非授权使用。访问控制根据主体和客体之间的访问授权关系，对访问过程做出限制。

7.1.3 影响计算机安全的主要因素

计算机安全工作的目的就是在法律、法规、政策的支持与指导下，通过采用合适的安全技术与安全管理措施，维护计算机信息安全。我们应当保障计算机及其相关和配套的设备、设施（含网络）的安全，保障运行环境的安全，保障信息的安全，保障计算机功能的正常发挥，以维护计算机信息系统的安全运行。计算机安全主要涉及计算机系统安全、信息安全和网络安全 3 个方面因素。

1. 计算机系统安全

计算机系统安全包括实体安全（硬件安全）、软件安全、数据安全和运行安全等内容。

（1）实体安全。实体安全是指保护计算机设备、设施（含网络）及其他物理媒介免遭地震、水灾、火灾、有害气体和其他环境事故（如电磁污染等）破坏的措施、过程。特别需要注意的是避免由于电磁泄漏引起信息泄露，从而干扰他人或受他人干扰。保证计算机系统硬件安全、可靠地运行，确保其在对信息的采集、处理、传送和存储过程中，不会受到由人为因素或者其他因素而造成的危害。实体安全包括环境安全、设备安全和媒体安全 3 个方面。

（2）软件安全。软件安全是指使用的软件（包括操作系统和应用软件）本身是正确的、可靠的，即不但要确保它们在正常的情况下，运行结果是正确的，而且也不会因某些偶然的失误或特殊的条件而得到错误的结果。软件安全还指对软件的保护，即软件应当具有防御非法使用、非法修改和非法复制的能力（如操作系统本身的用户帐号、口令、文件、目录存取权限的安全措施）。

（3）数据安全。数据安全主要是保护数据的完整性、可靠性、保密性，防止其被非法修改、删除、使用和窃取。

（4）运行安全。运行安全是指对运行中的计算机系统的实体和数据进行保护。保护范围包括计算机的软件系统和硬件系统。为保障系统功能的安全实现，计算机系统提供一套安全措施（如风险分析、审计跟踪、备份与恢复、应急等）以保护信息处理过程的安全。它侧重于保证系统正常运行，避免因为系统的崩溃和损坏而对系统存储、处理和传输的信息造成破坏。

2. 信息安全

保证信息安全的目的是防止信息资源被故意地或偶然地非授权泄露、更改、破坏或信息被非法系统辨识、控制，即确保信息的完整性、保密性、可用性和可控性，避免攻击者利用系统的安全漏洞进行窃听、冒充、诈骗等有损于合法用户的行为。

信息通常是根据敏感性来确定其保密程度的，一般可分为：

（1）非保密的：非保密的信息是指无须保护的信息。例如，出版的年度报告、新闻信件等。

（2）内部使用的：内部使用的信息是指在公司和组织内部无须保护的信息，可任意使用，但不对外公开。例如，策略、标准、备忘录和组织内部的电话记录本等。

（3）受限制的：受限制的信息是指泄露后不会损害公司和组织的最高利益的信息。例如，客户数据和预算信息等。

（4）保密的：保密的信息是指泄露后会严重损害公司和组织利益的信息。例如，市场策略和专用软件等。保密数据根据其保密程度可分为秘密、机密、绝密 3 类，按照数据泄露后对公司和组织利益的损害程度进行排序，敏感性程度依次递增。

3. 网络安全

网络安全是指通过采取各种技术和管理的安全措施，确保网络数据的可用性、完整性和保密性，其目的是确保经过网络传输和交换的数据不会发生增加、修改、丢失和泄露等。网络安全涉及的因素很多，主要可以分为物理因素、网络因素、系统因素、应用因素和管理因素。

（1）物理因素。物理因素主要是指由于自然灾害、人为破坏、设备自然损坏等而造成网络的中断、系统的破坏、数据的丢失等安全威胁。

（2）网络因素。网络因素主要包括网络自身存在的安全缺陷，如网络协议和服务机制存在问题，Internet 本身是一个开放的、无控制机构的网络，黑客经常会侵入网络中的计算机系统。

（3）系统因素。系统因素主要指计算机软件程序的复杂性、编程的多样性，以及程序本身安全的局限性，使得信息系统软件中存在漏洞。

（4）应用因素。应用因素是指在信息系统使用中，不正确的操作或人为破坏所带来的安全问题。

（5）管理因素。管理因素主要是指由于管理人员对信息系统管理不当而带来的安全问题。

7.2　计算机安全服务的主要技术

以 Internet 为代表的计算机网络技术的应用正日益普及，伴随网络的普及，计算机安全（包括网络安全）日益成为重要的问题，计算机安全不仅要保护计算机网络设备安全和计算机网络系统安全，还要保护数据安全等。如何有效地防止或检测对计算机网络系统的攻击成为当务之急。目前，涉及计算机安全服务的主要技术包括身份认证技术、访问控制、数据加密、入侵检测、防火墙等。

7.2.1　主动攻击与被动攻击——黑客的攻击手段

主动攻击包含攻击者访问他所需信息的故意行为。例如，远程登录指定机器的端口 25，找出公司运行的邮件服务器的信息；利用伪造无效的 IP 地址连接服务器，使接收到错误 IP 地址的系统浪费时间去连接那个非法地址。攻击者是在主动地做一些不利于你或你公司系统的事情。主动攻击包括拒绝服务攻击、信息篡改、资源使用、欺骗等攻击方法。

被动攻击主要是收集信息而不是进行访问，数据的合法用户对这种活动毫无察觉。被动攻击包括嗅探、信息收集等攻击方法。

这样分类不是说主动攻击不能收集信息或被动攻击不能被用来访问系统。在多数情况下，这两种攻击类型被联合用于入侵一个站点。但是，大多数被动攻击不一定包括可被跟踪的行为，因此更难被发现。从另一个角度看，主动攻击容易被发现，但多数公司都没有发现，因此发现被动攻击的机会几乎为零。

再往下一个层次看，当前网络攻击的方法没有规范的分类模式，方法的运用往往非常灵活。从攻击的目的来看，可以有拒绝服务（denial of service，DoS）、获取系统权限的攻击、获取敏感信息的攻击；从攻击的切入点来看，有缓冲区溢出攻击、系统设置漏洞的攻击等；从攻击的纵向实施过程来看，有获取初级权限攻击、提升最高权限的攻击、后门攻击、跳板攻击等；从攻击的类型来看，有对各种操作系统的攻击、对网络设备的攻击、对特定应用系统的攻击等。所以说，很难以一个统一的模式对各种攻击手段进行分类。

实际上，黑客为达到他的攻击目的，在实施一次入侵行为时，会结合采用多种攻击手段，在不同的入侵阶段使用不同的方法和可利用的攻击工具。

7.2.2　安全服务技术的有关概念

要想解决网络安全问题，需要制定出一整套完整的网络安全防范策略，并以此策略结合具体的技术条件和经费，再制定出具体的网络安全解决方案。下面简单介绍有关安全服务技术的一些概念。

（1）数据加密技术。数据加密技术是网络信息安全系统中使用最普遍的技术之一。未经加密的消息被称为明文，用某种方法伪装消息以隐藏其内容的过程称为加密。已被加密的消息称为密文，把密文转变为明文的过程称为解密。

在对明文进行加密时所采用的一组规则称为加密算法，而在对密文进行解密时所采取的一组规则称为解密算法。加密算法和解密算法通常在一对密钥控制下进行，分别称为加密密钥和解密密钥。

加密算法通常分为对称密码算法和非对称密码算法两类。对称密码算法使用的加密密钥和解密密钥相同，并且从加密过程能够推导出解密过程。其优点是具有很高的保密强度，其主要缺点是只要拥有加密能力就可以实现解密，因此必须加强对密钥的管理。非对称密码算法正好相反，它使用不同的密钥对数据进行加密和解密，而且从加密过程不能推导出解密过程。其优点是适合开发的使用环境，密码管理方便，可以安全地实现数字签名和验证，其缺点是保密强度远远不如对称密码算法。

（2）身份认证。身份认证是指对用户身份的正确识别和校验，它包括识别和验证两方面的内容。其中，识别是指要明确访问者的身份，为了区别不同的用户，每个用户使用的标识各不相同。验证则是指在访问者声明其身份后，系统对其身份进行检验，以防止假冒。目前广泛使用的验证有口令验证、信物验证，以及利用个人独有的特性进行验证等方法。

（3）访问控制技术。访问控制的基本任务是防止非法用户进入系统，以及合法用户对系统资源非法使用。访问控制包括两个处理过程：识别与认证用户，这是身份认证的内容，通过对用户的识别和认证，可以确定该用户对某一系统资源的访问权限。访问控制技术主要可以根据实现技术和应用环境进行分类：

① 根据实现技术不同。根据实现技术不同，主要的访问控制类型分为 3 种：自主访问控制（discretionary access control，DAC）、强制访问控制（mandatory access control，MAC）和基于角色的访问控制（role-based access control，RBAC）。

● 自主访问控制。自主访问控制是自主访问控制机制允许对象的属主来制定针对该对象的保护策略。通常自主访问控制通过授权列表（或访问控制列表）来限定哪些主体针对哪些客体可以执行什么操作。如此将可以非常灵活地对策略进行调整。由于其易用性与可扩展性，自主访问控制机制经常被用于商业系统。

● 强制访问控制。强制访问控制用来保护系统确定的对象，对此对象用户不能进行更改。也就是说，系统独立于用户行为强制执行访问控制，用户不能改变他们的安全级别或对象的安全属性。这样的访问控制规则通常对数据和用户按照安全等级划分标签，访问控制机制通过比较安全标签来确定授予还是拒绝用户对资源的访问。强制访问控制进行了很强的等级划分，所以经常用于军事方面。

● 基于角色的访问控制。角色（role）是一定数量的权限的集合，指完成一项任务必须访问的资源及相应操作权限的集合。基于角色的访问控制是通过对角色的访问所进行的控制，使权限与角色相关联，用户通过成为适当角色的成员而得到其角色的权限。基于角色的访问控制可极大地简化权限管理。

② 根据应用环境的不同。根据应用环境的不同，主要的访问控制类型分为 3 种：网络访问控制，主机、操作系统访问控制和应用程序访问控制。

● 网络访问控制。访问控制机制应用在网络安全环境中，主要用于限制用户可以建立什么样的连接以及通过网络传输什么样的数据，这就是传统的网络防火墙。网络防火墙作为网络边界阻塞点来过滤网络会话和数据传输。根据防火墙的性能和功能，这种控制可以达到不同的级别。

● 主机、操作系统访问控制。目前，主流的操作系统均提供不同级别的访问控制功能。通常，操作系统借助访问控制机制来限制对文件及系统设备的访问。例如，Windows 操作系统应用访问控制列表对本地文件进行保护，访问控制列表指定某个用户可以读、写或执行某个文件。文件的所有者可以改变该文件访问控制列表的属性。

● 应用程序访问控制。访问控制往往嵌入应用程序（或中间件）中以提供更细粒度的数据访问控制。当访问控制需要基于数据记录或更小的数据单元实现时，应用程序将提供其内置的访问控制模型。比较典型的例子是电子商务应用程序，该程序认证用户的身份并将其置于特定的组中，这些组对应用程序中的某一部分数据拥有访问权限。

（4）入侵检测。入侵检测是对入侵行为的检测。它通过收集和分析网络行为、安全日志、审计、数据、其他网络上可以获得的信息及计算机系统中若干关键点的信息，检查网络或系统中是否存在违反安全策略的行为和被攻击的迹象。入侵检测作为一种积极主动的安全防护技术，提供了对内部攻击、外部攻击和误操作的实时保护，在网络系统受到危害之前拦截和响应入侵。因此，入侵检测被认为是防火墙之后的第二道安全闸门，在不影响网络性能的情况下，它能对网络进行监测。入侵检测通过执行以下任务来实现：

- 监视、分析用户及系统活动。
- 系统构造和弱点的审计。
- 识别反映已知进攻的活动模式并向相关人士报警。
- 异常行为模式的统计分析。
- 评估重要系统和数据文件的完整性。
- 操作系统的审计跟踪管理。
- 识别用户违反安全策略的行为。

7.2.3　防火墙

1. 防火墙的概念和特征

（1）防火墙（firewall）。防火墙是指一种计算机硬件和软件的结合，将内部网和公众访问网（如 Internet）分开的方法，它实际上是一种隔离技术。防火墙主要由服务访问规则、验证工具、包过滤和应用网关 4 个部分组成。它采用由系统管理员定义的规则，对一个安全网络和一个不安全网络之间的数据流加以控制。防火墙示意图如图 7.1 所示。

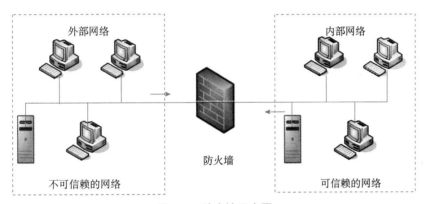

图 7.1　防火墙示意图

设置防火墙的目的是保护内部网络资源不被外部非授权用户使用，防止内部网络受到外部非法用户的攻击。防火墙通过检查所有进出内部网络的数据包，检查数据包的合法性，判断该数据包是否会对网络安全构成威胁，为内部网络建立安全边界（security perimeter）。

（2）防火墙的特征。防火墙置于两个网络之间，具有以下特征：

- 所有进出网络的数据流，都必须经过防火墙。
- 只有授权的数据流才允许通过。

2. 防火墙的作用

（1）网络的安全屏障。防火墙能极大地提高内部网络的安全性，并通过过滤不安全的服务而降低风险。只有经过授权，通信才能通过防火墙，所以网络环境变得更安全。同时，防火墙可以保护网络免受基于路由的攻击。

（2）强化网络安全策略。以防火墙为中心的安全策略方案配置能将很多安全控制，如口令、加密、身份认证等，配置在防火墙上。同很多网络安全策略相比，这种防火墙的集中安全管理更为经济、有效。

（3）对网络存取和访问进行监控审计。当所有的访问都经过防火墙时，防火墙就能够记录下这些访问，同时提供网络应用的统计数据。当发生可疑动作时，防火墙能进行适当的报警，并提供网络是否受到监测和攻击的详细信息。

（4）防止内部信息的外泄。利用防火墙对内部网络进行划分，可实现内部网络中重点网段的隔离，从而缩小局部网络安全问题对全局网络造成的影响。另外，一个内部网络中不引人注意的细节可能包含了有关安全的线索，从而引起外部攻击者的兴趣，甚至因此暴露了内部网络的某些安全漏洞，使用防火墙就可以隐蔽这些内部细节。

3. 防火墙的缺点

在实际应用中，防火墙还是有缺点的，主要表现在：不能防范恶意的知情者、不能防范不通过它的连接、不能防备全部的威胁、不能防范病毒。

4. 防火墙系统的组成

构成防火墙系统的两个基本部件是包过滤路由器（packet filtering router）和应用级网关（application gateway）。最简单的防火墙由一个包过滤路由器组成，而复杂的防火墙系统则由包过滤路由器和应用级网关组合而成。

防火墙技术根据其防范的方式和侧重点的不同可分为多种类型，但总体可分为两大类：一类基于包过滤（packet filtering），另一类基于代理服务（proxy service）。它们的区别是：基于包过滤的防火墙可以直接转发报文，对用户完全透明，因此速度较快；基于代理服务的防火墙需要通过代理服务器建立连接，因此有更强的身份验证和日志功能。

（1）包过滤路由器。包过滤防火墙实际上基于路由器，因此它也称为筛选路由器。包过滤防火墙工作在网络层，有选择地让数据包在内部网和外部网之间进行交换。只有满足过滤逻辑的数据包才被转发到相应的目的出口端，其余数据包则从数据流中丢弃。

（2）应用级网关。应用级网关是基于代理服务的防火墙，是运行在代理服务器上的一些特定的应用程序或服务器程序。应用级网关工作在应用层，掌握着应用系统中可用作安全决策的全部信息。通过对每种应用服务编制专门的代理程序来监视和控制应用层通信流。

所谓代理服务，即防火墙内外的计算机系统应用层的链接是通过在两个终止于代理服务的链接来实现的，这样便成功地实现了防火墙内外计算机系统的隔离。当代理服务器代表用户与建立连接时，可以用自己的 IP 地址代替内部网络的 IP 地址，所有内部网络中的站点对外部都是不可见的。

应用级网关是防火墙技术中使用得较多的一种技术，也是一种安全性能较高的技术。在使用中，外部用户只能看到代理服务器，内部网络只接收代理服务器的服务请求。与包过滤防火墙相比，应用级网关更安全，还可加速访问。

7.3　计算机病毒及其防治

计算机病毒是借用生物病毒的概念。生物病毒可传播、传染，使生物受到严重的损害，甚至导致生物死亡。计算机病毒也如此地危害着计算机系统。目前，计算机病毒已成为社会的新"公害"。计算机病毒的出现及迅速蔓延，给计算机世界带来了极大的危害，严重地干扰了科技、金融、商业、军事等各部门的信息安全。

7.3.1　计算机病毒的概念

我们可以从不同角度给出计算机病毒的定义。

一种定义是：通过将磁盘、磁带和网络等作为媒介传播扩散，能"传染"其他程序的程序。另一种定义是：能够实现自身复制且借助一定的载体存在的具有潜伏性、传染性和破坏性的程序。

还有一种定义是：一种人为制造的程序，它通过不同的途径潜伏或寄生在存储媒体（如磁盘、内存）或程序里。当某种条件或时机成熟时，它会自生复制并传播，使计算机的资源受到不同程序的破坏等。

这些说法在某种意义上借用了生物学病毒的概念，计算机病毒同生物病毒的相似之处在于其扮演着能够侵入计算机系统和网络、危害正常工作的"病原体"。它能够对计算机系统进行各种破坏，同时能够自我复制，具有传染性。因此，计算机病毒就是能够通过某种途径潜伏在计算机存储介质（或程序）里，当达到某种条件时即被激活的具有对计算机资源进行破坏作用的一组程序或指令集合。

与生物病毒不同的是，所有的计算机病毒都是人为制造出来的，有时一旦扩散出来连编者自己也无法控制。它已经不是一个简单的纯计算机学术问题，而是一个严重的社会问题了，特别是在计算机网络化的今天，一次计算机病毒发作造成的危害可能比一场瘟疫还要厉害。

7.3.2　计算机病毒的主要特征与表象

1. 计算机病毒的特征

（1）自执行性。计算机病毒具有正常程序的一切特性：可存储性、可执行性。它隐藏在合法的程序或数据中，当用户运行正常程序时，病毒伺机窃取到系统的控制权，得以抢先运行。

（2）隐蔽性。计算机病毒是一种具有很高编程技巧、短小精悍的可执行程序。它通常黏附在正常程序之中或磁盘引导扇区中，这是它的非法可存储性。病毒想方设法隐藏自身，就是为了防止用户察觉。

（3）传染性。传染性是计算机病毒最重要的特征，是判断一段程序代码是否为计算机病毒的依据。病毒程序一旦侵入计算机系统就开始搜索可以传染的程序或者磁介质，然后通过自我复制迅速传播。由于目前计算机网络日益发达，计算机病毒可以在极短的时间内，通过Internet网络传遍世界。

（4）潜伏性。计算机病毒具有依附于其他媒体而寄生的能力，我们将这种媒体称为计算机病毒的宿主。依靠病毒的寄生能力，病毒传染合法的程序和系统后，潜伏性是相对于破坏性来说的，计算机中毒后病毒不立即发作，而是在用户毫无察觉的情况下进行传播。这样，病毒的潜伏性越好，它在系统中存在的时间也就越长，病毒传染的范围也越广，其危害性也越大。

（5）表现性或破坏性。无论何种病毒程序一旦侵入系统都会对操作系统的运行造成不同程度的影响，即使不直接产生破坏作用的病毒程序也会占用系统资源（如占用内存空间、磁盘存储空间以及延长系统运行时间等）。绝大多数病毒程序都会显示一些文字或图像，影响系统的正常运行，还有一些病毒程序会删除文件、加密磁盘中的数据，甚至摧毁整个操作系统和数据，造成无可挽回的损失。因此，计算机中毒后轻则降低操作系统的工作效率，重则会导致系统崩溃、数据丢失。病毒程序的表现性或破坏性体现了病毒设计者的真正意图。

（6）可触发性。恶意的破坏性病毒往往会设置一个触发条件，触发的实质是一种条件的控制，病毒程序可以依据设计者的要求，在一定的条件下实施破坏。这个条件可以是键入特定字符、使用特定文件、到达某个特定日期或特定时间，或者是病毒内置的计数器达到一定次数等。

2. 计算机病毒常见的表象

我们可以将计算机病毒按照不同的表现进行如下分类：

（1）按表现性质，其可分为良性病毒和恶性病毒。良性病毒危害性小，不破坏系统和数据，本身可能只是恶作剧的产物。良性病毒一旦发作，一般只是大量占用系统开销，将使机器无法正常工作。恶性病毒则要猛烈得多，其不但可能会毁坏数据文件，而且可能使计算机停止工作，甚至毁坏计算机硬件，如CIH病毒。

（2）按激活时间，其可分为定时病毒和随机病毒。定时病毒仅在某一特定时间才发作，而随机病毒则一般不是由时钟来激活的。

（3）按入侵方式，其可分为操作系统型病毒、原码病毒、外壳病毒和入侵病毒。操作系统型病毒具有很强的破坏力，可以导致整个操作系统瘫痪。原码病毒在程序被编译之前插入高级语言编制的源程序里，完成这一工作的病毒程序一般是在语言处理程序或连接程序中。外壳病毒常附在主程序的首尾，对源程序不做更改，这种病毒较常见，易于编写，也易于发现，一般测试可执行文件的大小即可知。入侵病毒可侵入主程序，替代主程序中部分不常用到的功能模块或堆栈区，这种病毒一般是针对某些特定程序而编写的。

（4）按是否有传染性，其可分为不可传染性病毒和可传染性病毒。不可传染性病毒有可能比可传染性病毒更具有危险性和难以预防。

（5）按传染方式，其可分为磁盘引导区传染的计算机病毒、操作系统传染的计算机病毒和一般应用程序传染的计算机病毒。

（6）按病毒攻击的机种分类则有攻击微、小型计算机的病毒，攻击工作站的病毒，攻击网络设备的病毒，其中以攻击微、小型计算机的病毒最多。

7.3.3　计算机病毒与木马的区别与预防

1. 计算机病毒与木马的区别

在《中华人民共和国计算机信息系统安全保护条例》中，计算机病毒被定义为"编制或者在计算机程序中插入的破坏计算机功能或者破坏数据，影响计算机使用并且能够自我复制的一组计算机指令或者程序代码"。病毒必须满足两个条件：

（1）它必须能自行执行。它通常将自己的代码置于另一个程序的执行路径中。

（2）它必须能自我复制传染。病毒既可以传染桌面计算机，也可以传染网络服务器。

一些病毒被设计为通过损坏程序、删除文件或重新格式化硬盘来损坏计算机。有些病毒不损坏计算机，而只是复制自身，并通过显示文本、视频和音频消息表明它们的存在。即使是这些良性病毒也会给计算机用户带来困扰。通常它们会占据合法程序使用的计算机内存，从而引起操作异常，甚至导致系统崩溃。另外，许多病毒包含大量错误，这些错误可能导致系统崩溃和数据丢失。

木马是指一种带有恶意性质的远程控制软件，它通过一段特定的程序来控制其他的计算机。木马一般分为客户端（控制端）和服务器端（被控制端）两部分，被植入木马的计算机一旦运行服务器端后，远程客户端与服务端即可建立连接通信，服务器端的计算机就能够完全被控制，成为被操纵的对象。

木马具有隐蔽性和非授权性的特点。隐蔽性是指木马的设计者为了防止木马被发现，会采用多种手段隐藏木马，这样服务器端即使发现感染了木马，由于不能确定其具体位置，往往只能望"马"兴叹。非授权性是指一旦控制端与服务器端连接后，控制端将享有服务器端的大部分操作权限，包括修改文件、修改注册表、控制鼠标和键盘等，而这些权限并不是由服务器端赋予的，而是通过木马程序窃取的。

木马的基本功能包括远程监视和控制、远程视频检测、远程管理等。

计算机病毒与木马最主要的区别就是，计算机病毒是以破坏机器的运行为目的，而木马则是以控制用户与窃取用户的资料为目的。

2. 计算机病毒与木马的预防

（1）计算机病毒的预防。计算机病毒的预防主要通过技术手段和管理手段来实施，下面主要介绍网络病毒的预防方法。计算机网络中最主要的软硬件实体就是服务器和工作站，所以防治计算机网络病毒应该首先考虑这两个部分。

● 基于工作站的防治病毒技术。基于工作站的防治病毒的方法有 3 种：一是软件防治，即定期或不定期地用反病毒软件检测工作站的病毒传染情况。二是在工作站上插防病毒卡。防病毒卡可以达到实时检测的目的。三是在网络接口卡上安装防病毒芯片。它将工作站存取控制与病毒防护合二为一，可以更加实时、有效地保护工作站及通向服务器的桥梁。

● 基于服务器的防治病毒技术。网络瘫痪的一个重要标志就是网络服务器瘫痪，其造成的损失是灾难性的、难以挽回的和无法估量的。目前，基于服务器的防治病毒的方法大都采用防病毒可加载模块（NetWare loadable module，NLM），以提供实时扫描病毒的能力。有时也结合利用在服务器上的插防毒卡等技术，其目的在于保护服务器不受病毒的攻击，从而切断病毒进一步传播的途径。

● 加强管理。单纯依靠技术手段防治计算机网络病毒是不可能十分有效地杜绝和防止其蔓延的，只有把技术手段和管理机制紧密结合起来，提高人们的防范意识，才有可能从根本上保护网络系统的安全运行。首先，应在硬件设备及软件系统的使用、维护、管理、服务等各个环节制定出严格的规章制度，对网络系统的管理员及用户加强法制教育和职业道德教育，规范工作程序和操作规程，严惩从事非法活动的集体和个人。其次，应有专人负责具体事务，及时检查系统中出现病毒的症状，汇报出现的新问题、新情况，在网络工作站上经常做好病毒检测的工作。除在服务器主机上采用防病毒手段外，还要定期用查毒软件检查服务器的病毒情况。提高自身的防毒意识，应跟踪网络病毒防治技术的发展，尽可能采用行之有效的新技术、新手段，建立"防杀结合、以防为主、以杀为辅、软硬互补、标本兼治"的最佳网络病毒安全模式。

（2）木马的预防。当前主要用技术手段进行木马预防，可以采用以下几种方法：

● 安装杀毒软件和个人防火墙，并及时升级。

● 设置好个人防火墙的安全等级，防止未知程序向外传送数据。

● 考虑使用安全性比较好的浏览器和电子邮件客户端工具。使用浏览器，应该防止恶意网站在自己电脑上安装不明软件和浏览器插件，以免被木马趁机侵入。另外，很多木马主要感染的是 Microsoft 的 Outlook 和 Outlook Express 的邮件客户端软件，如果选用其他的邮件软件，如 Foxmail 等，受到木马攻击的可能性将减小，此外也可以直接通过 Web 方式来访问信箱，这样就能大大降低木马的传染概率。

● 不要执行任何来历不明的软件。

● 不要随意打开邮件附件。现在绝大部分木马都是通过邮件来传递的，而且有的还会连环扩散，因此对邮件附件的运行尤其需要注意。

● 尽量少用共享文件夹。注意千万不要将系统目录设置成共享。

- 建立防火墙和运行反木马实时监控程序。在上网时最好运行反木马实时监控程序，再加上一些专业的最新杀毒软件、个人防火墙等进行监控。
- 经常升级系统，安装软件厂家最新发布的系统安全补丁程序。

7.3.4 常见安全软件及其使用

目前流行的安全软件比较多，常见的是卡巴斯基、360 安全卫士、瑞星等。

（1）卡巴斯基安全软件。卡巴斯基安全软件是一种互联网安全软件，可保护计算机、数据和个人身份安全。卡巴斯基安全软件结合了大量易用、严格的网页安全技术，可保护计算机免遭各类恶意软件和基于网络威胁的侵害。它通过以下技术保证计算机和存储在其上的所有重要文件和数据的安全。

- 反恶意软件保护：实时防御计算机病毒和网络威胁。
- 网络保护：在用户办理网上银行业务、进行网上购物等活动时保护数据和资金安全。
- 身份保护：通过卡巴斯基虚拟键盘和安全键盘技术保护个人身份信息。
- 反钓鱼保护：阻止网络罪犯收集个人信息。
- 高级家长控制：帮助孩子安全上网。

卡巴斯基安全软件同时还提供卡巴斯基反病毒软件的所有功能，以及许多可防御互联网上多类复杂威胁的创新技术。

（2）360 安全卫士。360 安全卫士是一款由奇虎 360 推出的功能强、效果好、受用户欢迎的上网安全软件。360 安全卫士拥有查杀木马、电脑清理、修复漏洞、电脑体检、保护隐私、优化加速、软件管家等多种功能，并独创了"木马防火墙"，依靠抢先侦测和云端鉴别，可全面、智能地拦截各类木马，保护用户的帐号等重要信息。

（3）计算机安全软件的使用。在使用安全软件进行杀病毒前应该先做好以下几件事：

- 备份重要的数据文件。
- 断开网络连接。
- 及时更新安全软件版本与病毒库，以便发现并清除最新的病毒与木马。

7.4 系统更新与还原

随着应用技术的不断发展与突破，即使是最优秀的操作系统在与其他应用软件和硬件的配合上也会出现不兼容问题。因此，微软公司提供了一个更新网站，使 Windows 用户可以通过互联网连接到该站点得到更新的 Windows 信息和资料。

Windows 10 操作系统提供了自动更新功能。在默认状态下，只要用户连接了互联网，系统就会自动连接到微软的站点上，下载更新内容并在适当的时候提醒用户对本机的操作系统进行更新。

由于系统的更新和还原涉及的操作不是本课程要求掌握的，读者如有兴趣可以参阅相关书籍或网络信息自行体验。

✎ 本章练习

1. 什么是计算机安全？
2. 计算机安全的主要属性有哪些？
3. 影响计算机安全的主要因素是什么？
4. 如何对计算机系统安全进行评估？
5. 什么是主动攻击与被动攻击？
6. 什么是数据加密？
7. 什么是身份认证？
8. 什么是访问控制？
9. 什么是入侵检测？
10. 设置防火墙的目的是什么？
11. 什么是计算机病毒？
12. 计算机病毒的主要特征是什么？
13. 什么是木马？
14. 如何预防计算机病毒与木马？
15. 什么是系统更新？

💡 考核要点

- 计算机安全定义
- 计算机安全的主要属性
- 影响计算机安全的主要因素
- 安全服务的几个内容（数据加密、身份认证、访问控制、入侵检测）
- 访问控制的分类（根据实现技术不同和根据应用环境的不同）
- 防火墙的基本概念
- 计算机病毒的基本知识
- 计算机病毒与木马的区别与预防
- 系统更新和还原

参考文献

［1］郑纬民．计算机应用基础（专科起点本科）．修订版．北京：中央广播电视大学出版社，2007.

［2］郑纬民．计算机应用基础——Windows 7 操作系统．北京：中央广播电视大学出版社，2012.

［3］郑纬民．计算机应用基础——Word 2010 文字处理系统．北京：中央广播电视大学出版社，2012.

［4］郑纬民．计算机应用基础——Excel 2010 电子表格系统．北京：中央广播电视大学出版社，2012.

［5］石志国，薛为民，尹浩．计算机网络安全教程．2 版．北京：清华大学出版社，2011.

［6］付永钢．计算机信息安全技术．北京：清华大学出版社，2012.

［7］范泽剑，范泽宇．Office 2010 全解析．北京：机械工业出版社，2010.

［8］王国胜．PPT 实战技巧精粹辞典：2010 超值全彩版．北京：中国青年出版社，2012.

［9］凌弓创作室．办公高手"职"通车：简单高效制作精美商务 PPT．北京：科学出版社，2012.

计算机应用基础

形成性考核册

理工教学部　编

考核册为附赠资源，适用于本课程采用纸质形考的学生。

若采用**网上形考**或有其他疑问请咨询课程教师。

学校名称：＿＿＿＿＿＿＿＿

学生姓名：＿＿＿＿＿＿＿＿

学生学号：＿＿＿＿＿＿＿＿

班　　级：＿＿＿＿＿＿＿＿

形成性考核是学习测量和评价的重要组成部分。在教学过程中，对学生的学习行为和成果进行考核是教与学测评改革的重要举措。

　　《形成性考核册》是根据课程教学大纲和考核说明的要求，结合学生的学习进度而设计的测评任务与要求的汇集。

　　为了便于学生使用，现将《形成性考核册》作为主教材的附赠资源提供给学生，采用纸质形考的学生可将各次作业按需撕下，完成后自行装订交给老师。若采用**网上形考**或有其他疑问请咨询课程教师。

"计算机应用基础"
课程作业 1

姓　　名：＿＿＿＿＿

学　　号：＿＿＿＿＿

得　　分：＿＿＿＿＿

教师签名：＿＿＿＿＿

本次作业满分为 25 分。其中选择题 15 分，实操题 10 分。

一、基础知识选择题（1 分/题，共 5 题 5 分）

1. 以微处理器为核心组成的微型计算机属于（　　）计算机。

A. 机械　　　　　　B. 电子管　　　　　C. 晶体管　　　　　D. 集成电路

2. 第一台电子计算机使用的主要逻辑元件是（　　）。

A. 晶体管　　　　　　　　　　　B. 电子管

C. 小规模集成电路　　　　　　　D. 大规模集成电路

3. 一个完整的计算机系统应当包括（　　）。

A. 计算机与外设　　　　　　　　B. 硬件系统与软件系统

C. 主机、键盘与显示器　　　　　D. 系统硬件与系统软件

4. 微型计算机的核心部件是（　　）。

A. 总线　　　　　　B. 微处理器　　　　C. 硬盘　　　　　　D. 内存储器

5. 目前使用的防杀病毒软件的作用是（　　）。

A. 检查计算机是否感染病毒，消除已感染的任何病毒

B. 杜绝病毒对计算机的侵害

C. 检查计算机是否感染病毒，消除部分已感染病毒

D. 查出已感染的任何病毒，消除部分已感染病毒

二、Windows 10 选择题（1 分/题，共 5 题 5 分）

1. Windows 10 是一种（　　）的操作系统。

A. 单任务　　　　　B. 单用户　　　　　C. 网络　　　　　　D. 单用户/多任务

2. 关闭 Windows 10 ，相当于（　　）。

A. 切换到 DOS 环境　　　　　　B. 关闭一个应用程序

C. 关闭计算机　　　　　　　　　D. 切换到另一个程序

3. 在 Windows 10 中，（　　）是操作系统的控制管理中心。

A. 资源管理器　　B. 设置面板　　　　C. 写字板　　　　　D. 剪贴板

4. 在资源管理器中，当删除一个或一组文件夹时，该文件夹或该文件夹组下的（　　）将被删除。

A. 文件　　　　　　　　　　　　B. 所有文件夹

C. 所有子文件夹及其所有文件　　　D. 所有文件夹下的所有文件（不含子文件夹）

5. 在 Windows 10 中，任务栏（　　）。

A. 不能隐藏　　　　　　　　　　　B. 只能显示在屏幕下方

C. 可以显示在屏幕任一边　　　　　D. 图标不能删除

三、网络选择题（0.5 分/题，共 10 题 5 分）

1. 计算机联网的主要目的是（　　）。

A. 代替传统的电话　　　　　　　　B. 方便交友

C. 共享软/硬件和数据资源　　　　D. 增加游戏人数

2. 个人和 Internet 连接需要一台计算机、（　　）、电话线和通信软件。

A. UPS　　　　　　B. 打印机　　　　　C. 调制解调器　　　　D. 光驱

3. Internet 是（　　）类型的网络。

A. 局域网　　　　　B. 城域网　　　　　C. 广域网　　　　　D. 企业网

4. 分离器的主要作用是（　　）。

A. 保证上网和打电话两不误　　　　B. 保证上网

C. 保证打电话　　　　　　　　　　D. 保密

5. （　　）是计算机接入网络的接口设备。

A. 网卡　　　　　　B. 路由器　　　　　C. 网桥　　　　　　D. 网关

四、实操题（10 分/题，共 1 题 10 分）

资源管理器应用题

（1）在 D 盘根目录下创建"我的练习一"文件夹，在此文件夹下创建"文字""图片""多媒体"3 个子文件夹。

（2）在 Program Files 文件夹中查找时间最早的 3 个 txt 文件，并分别复制到"文字""图片""多媒体"文件夹中。

（3）将"文字"文件夹中的文件属性设置为隐藏和存档。

（4）将"图片""多媒体"文件夹中的文件复制到"文字"文件夹中。

（5）将"文字"文件夹改名为"综合"。

"计算机应用基础"
课程作业 2

本次作业满分为 25 分。其中选择题 10 分，实操题 15 分。

一、Word 2016 选择题（1 分/题，共 10 题 10 分）

1. 在 Word 2016 中编辑文本时，编辑区显示的"网格线"在打印时（　　）出现在纸上。

　　A. 不会　　　　　　B. 全部　　　　　　C. 一部分　　　　　D. 大部分

2. Word 2016 处理的文档内容输出时与页面显示模式显示的（　　）。

　　A. 完全不同　　　　B. 完全相同　　　　C. 一部分相同　　　D. 大部分相同

3. Word 2016 的文档以文件形式存放于磁盘中，其文件的默认扩展名为（　　）。

　　A. txt　　　　　　　B. exe　　　　　　　C. docx　　　　　　D. sys

4. Word 2016 文档转换成纯文本文件时，一般使用（　　）命令项。

　　A. 新建　　　　　　B. 保存　　　　　　C. 全部保存　　　　D. 另存为

5. 在 Word 2016 中，要复制选定的文档内容，可按住（　　）键，再用鼠标拖拽至指定位置。

　　A. Ctrl　　　　　　B. Shift　　　　　　C. Alt　　　　　　　D. Ins

6. 在 Word 2016 中，在选定文档内容之后单击工具栏上的"复制"按钮，是将选定的内容复制到（　　）。

　　A. 指定位置　　　　　　　　　　　B. 另一个文档中

　　C. 剪贴板　　　　　　　　　　　　D. 磁盘

7. Word 2016 给选定的段落、表单元格、图文框添加的背景称为（　　）。

　　A. 图文框　　　　B. 底纹　　　　　C. 表格　　　　　　D. 边框

8. 在 Word 2016 表格中，表格内容的输入和编辑与文档的编辑（　　）。

　　A. 完全一致　　　　B. 完全不一致　　　C. 部分一致　　　　D. 大部分一致

9. 在 Word 2016 中，如果要在文档中加入一幅图片，可单击（　　）选项卡→"插图"功能区中的"图片"按钮。

　　A. 编辑　　　　　　B. 视图　　　　　　C. 插入　　　　　　D. 工具

10. 在 Word 2016 中，如果要在文档中插入符号，可单击【插入】选项卡→（　　）功能区中的"符号"按钮。

　　A. 表格　　　　　　B. 插图　　　　　　C. 页眉和页脚　　　D. 符号

← 每次作业做完后，由此剪下，请自行装订。

二、Word 2016 实操题（15 分/题，共 1 题 15 分）

输入下列文字并以 Word1.docx 名存盘：

＊＊内容提要＊＊

建筑艺术是表现性艺术，通过面、体形、体量、空间、群体和环境处理等多种艺术语言，创造情绪氛围，体现深刻的文化内涵。

执行下列编辑操作：

（1）将第一行标题改为粗黑体 4 号居中；

（2）用符号 Symbol 字符 190 来替换字符"＊"，标题与正文间空一行；

（3）正文中的所有中文改为黑体 5 号（带下画双线）；

（4）上述操作完成后保存。

"计算机应用基础"课程作业 3

本次作业满分为 25 分。其中选择题 10 分，实操题 15 分。

一、Excel 2016 选择题（1 分/题，共 10 题 10 分）

1. 在 Excel 环境中用来存储和处理数据的文件称为（　　）。

A. 工作簿　　　　　B. 工作表　　　　　C. 图表　　　　　D. 数据库

2. 单元格地址是指（　　）。

A. 每一个单元格

B. 每一个单元格的大小

C. 单元格所在的工作表

D. 单元格在工作表中的位置

3. 如果需要在公式所在单元格位置发生变化时，公式中的单元格地址也发生相应的变化，可通过（　　）数据来实现。

A. 绝对引用　　　　B. 相对引用　　　　C. 单元格引用　　　D. 混合引用

4. Average 函数的功能是计算（　　）。

A. 总和　　　　　　B. 最小值　　　　　C. 条件总和　　　　D. 平均值

5. 把 E5 单元格中的公式"＝B5＋C$1＋10"复制到 F6 单元格，则 F6 单元格的公式将会是（　　）。

A. ＝B5＋C$1＋10　　　　　　　　B. ＝C6＋D$1＋10

C. ＝C6＋C$1＋10　　　　　　　　D. ＝B6＋D$1＋10

6. 在 Excel 中，数据（　　）进行排序。

A. 可依据单元格值、单元格颜色、字体颜色及单元格图标

B. 只能依据单元格值

C. 不能依据单元格颜色、字体颜色及单元格图标

D. 可依据任何方式

7. 要在多列数据中快速找出一组数据，可通过（　　）功能将满足条件的数据显示出来。

A. 分类汇总　　　　B. 筛选　　　　　　C. 定位　　　　　　D. 排序

8. 在 Excel 2016 中，迷你图的图表类型有（　　）。

A. 折线图、柱形图、饼图　　　　　　B. 折线图、柱形图、直方图

C. 折线图、柱形图、盈亏图   D. 折线图、柱形图、散点图

9. 图表在产生图表的基础数据发生变化后，将（   ）。

A. 发生相应的改变   B. 发生改变，但与数据无关

C. 不会改变   D. 被删除

10. Excel 对工作表的打印，（   ）。

A. 只能打印整个工作表   B. 只能选择打印工作表的特定页码

C. 可以打印选定的单元格区域   D. 不可以打印选定的单元格区域

二、Excel 2016 实操题（15 分/题，共 1 题 15 分）

建立下表并以 Exc1. xlsx 名存盘：

企业 AI 领域投资表（单位：万元）				
企业	2015 年投资额	2016 年投资额	2017 年投资额	合 计
A 公司	300	295	361	
B 公司	220	264	295	
C 公司	630	550	610	
总计				

请按以下要求操作：

根据上表，分别计算每个企业三个年度的投资总额和三个企业每个年度的总投资额，并均以人民币形式表现，带两个小数（例：￥5 850.00）。

"计算机应用基础"课程作业4

姓　　名：_____

学　　号：_____

得　　分：_____

教师签名：_____

本次作业满分为 25 分。其中选择题 10 分，实操题 15 分。

一、PowerPoint 2016 选择题（1 分/题，共 10 题 10 分）

1. 在 PowerPoint 处理的对象是（　　　）。

A. 文档 　　　　　　　　　　　B. 电子表格

C. 电子演示文稿 　　　　　　　D. 数据库

2. 在 PowerPoint 2016 中保存的电子演示文稿的默认文件扩展名是（　　　）。

A. docx 　　　　B. xlsx 　　　　C. dbf 　　　　D. pptx

3. PowerPoint 2016 提供了多种不同的视图，各种视图的切换可以用窗口底部的 4 个按钮来实现。这 4 个按钮分别是（　　　）。

A. 普通视图、幻灯片浏览视图、阅读视图、幻灯片放映视图

B. 普通视图、幻灯片浏览视图、幻灯片编辑视图、阅读视图

C. 普通视图、幻灯片浏览视图、幻灯片版式视图、幻灯片放映视图

D. 普通视图、幻灯片查看视图、幻灯片编辑视图、幻灯片放映视图

4. 在 PowerPoint 中，实现段落对齐的对齐方式有（　　　）。

A. 左对齐、右对齐、居中、分散对齐

B. 左对齐、右对齐、居中、两端对齐

C. 左对齐、右对齐、居中、分散对齐、两端对齐

D. 左对齐、右对齐、两头对齐、中间对齐、两端对齐

5. 在 PowerPoint 中，下列有关幻灯片超链接叙述正确的是（　　　）。

A. 演示文稿可以对文字、图片做超链接

B. 演示文稿只能对文字做超链接

C. 演示文稿只能对图片做超链接

D. 演示文稿只能超链接到演示文稿

6. 母版的主要作用是使演示文稿（　　　）。

A. 美观 　　　　　　　　　　　B. 保持一致的外观

C. 便于编辑 　　　　　　　　　D. 易于交流

7. 下列退出 PowerPoint 2016 的方法中，正确的是（　　　）。

A. 选择文件菜单中的"关闭"命令

B. 按 ALT + F5 键

C. 单击 PowerPoint 窗口标题栏左上角的控制菜单按钮

D. 单击 PowerPoint 窗口标题栏右上角的"关闭"按钮

8. 在 PowerPoint 2016 中，下列有关幻灯片动画叙述，正确的是（　　）。

A. 动画设置有预设动画和自定义动画两种

B. 动画效果只有自定义动画效果

C. 动画中不能播放自己建立的符合系统要求的声音文件

D. 片内动画的顺序是不可改变的

9. 在 PowerPoint 中按功能键 F5 的功能是（　　）。

A. 打印预览　　　　B. 观看放映　　　　C. 样式检查　　　　D. 打开文件

10. 在 PowerPoint 中为用户提供了一个（　　）功能区，用于编辑剪贴画及图片。

A. 剪贴画　　　　B. 图片　　　　C. 插图　　　　D. 图像

二、PowerPoint 2016 实操题（15 分/题，共 1 题 15 分）

建立下列演示文稿并以 PPT1. pptx 名存盘：

第一张幻灯片内容为："平板电脑将逐渐获得企业用户的接受，从长期来看能够替代笔记本成为主要的计算设备。"

第二张幻灯片内容为："2012 年，戴尔重新进军手持设备市场，推出了 Streak 移动互联网设备。Streak 集成 5 英寸触摸屏，采用 Android 操作系统。"

上述幻灯片内容字体、段落使用默认格式。

请按以下要求操作：

（1）插入一张新幻灯片作为第一张，并输入"戴尔 CFO 称平板电脑将替代笔记本"，设置字体字号为：黑体，48 磅，居中；

（2）删除第二张幻灯片；

（3）设置第三张幻灯片文字的自定义切换效果为"棋盘"。

完成以上操作后，以原文件名保存。